臨床検査学講座 第3版

生物学 ――人の生命科学

佐々木史江
鶴見大学名誉教授

堀口　毅
日本大学元教授

岸　邦和
杏林大学名誉教授

西川　純雄
鶴見大学名誉教授

医歯薬出版株式会社

第3版の序

　ヒトゲノムの解読が完了した現在，多くの日本人科学者のノーベル賞受賞に自然科学への関心がたかまって，まさに「生命科学」の時代にあり，そしてポストゲノムの段階に入っている．私たちに直接かかわる医学，医療の研究技術の開発は，急速な発展をとげて，将来医療に従事しようとする皆さんにとって，基礎科目である「生命科学」は巾広い生物学・医学的基礎知識と高度な専門技術が求められる時代となってきている．

　平成13年度に，全国の医学，歯学の共通教育の新カリキュラムの「準備教育モデル，コア，カリキュラム」が提示され，今後の医療系教育の基準として重要視されております．生命科学の基礎としての生物学の教育目標は，科学的・論理的思考力を育て，人間性を磨き，自由で主体的な判断と行動を培うと同時に，生命倫理・人の尊厳を巾広く理解することである．さらに国際化および情報化社会に対応できる能力を養成することをふまえて，科学的思考の基盤や人間生活へのかかわりを教科内容に盛り込むこととした．

　また，高等学校の教育の多様化後，新入生の生物学に対する基礎知識も巾広くなった．本書は，未修得のレベルの学生さんにも理解できるように配慮しながら，内容は幾分，専門的な分野にまで言及して作成したものである．用語は，生命科学の分野で汎用される「岩波生物学辞典第4版」(1996年)を基本用語として使用し，医療系の専門用語は括弧内に提示するようにつとめた．

　本書は，ヒトを中心にした生命の探究の内容を以下の章だてに組み込んだ．—地球生物圏の生物集団から原子・分子のレベルにおける生命体の構成物質，生命の単位としての細胞の構造と機能，個体の構成と機能，生命活動とエネルギー，細胞の増殖の基本からヒトの生殖・配偶子形成，ヒトの遺伝を中心としたメンデルの法則と遺伝情報(DNA)のはたらき，ヒトの染色体と遺伝子および遺伝様式，動物の初期発生の基本からヒトの器官形成，化学進化・原始生命の誕生そしてヒトへの進化，生態系のしくみにおける人間活動と地球環境—．理解しやすいように前著の章だてを大幅に整理し組み換えた．第3版では，形態やその構造の変化を理解してもらうためには図や写真が役立ち，模式図だけでなく光学顕微鏡，電子顕微鏡写真ものせて補足するようにつとめ，また説明も図と対照的に記した．コラムは学習者が広く，深く生物学に触れる参考知見になるようにし，そして各章ごとの目標とするまとめと問題を挙げたので，主体的学習に努めてほしい．

　限られた紙数の中で，生物学の基礎から学び，専門科目の生命科学関連科目を消化す

ることができるように，巻末の参考図書などを利用してさらに理解を深めていってほしい．

　本書を発刊するにあたり，渡辺強三名誉教授（鶴見大），高浜秀樹教授（大分大），木下勉教授（立教大），阿部道生博士（鶴見大），外村　晶元教授（東医歯大）からは貴重な写真とご教示をいただいた．その他，多くの内外の高著を参考にさせていただくとともに，写真，図表を引用させていただいた．これらの先生方に心から感謝の意を表する次第である．

　2009 年 1 月

著者一同

第2版の序

　ヒトゲノムの解読が完了した現在，まさに「生命科学」の時代にあり，そしてポストゲノムの段階に入っている．私たちに直接かかわる医学，医療の研究技術の開発は急速な発展をとげて，将来医療に従事しようとする皆さんには，基礎科目である「生命科学」は幅広い生物学・医学的基礎知識と高度な専門技術が求められる時代となってきている．

　平成13年度に，全国の医学，歯学の共通教育の新カリキュラムの「準備教育モデル・コア・カリキュラム」が提示され，今後の医療系教育の基準として重要視されている．生命科学の基礎としての生物学の教育目標は，科学的・論理的思考力を育て，人間性を磨き，自由で主体的な判断と行動を培うと同時に，生命倫理・人の尊厳を幅広く理解することである．さらに国際化および情報化社会に対応できる能力を養成することをふまえて，科学的思考の基盤や人間生活へのかかわりを教科内容に盛り込むこととした．

　また，高等学校の教育の多様化により，新入生の生物学に対する基礎知識も幅広くなった．本書は，未修得のレベルの学生さんにも理解できるように配慮しながら，内容は幾分，専門的な分野にまで言及して作成したものである．用語は，生命科学の分野で汎用される「岩波生物学辞典第4版」(1996年) を基本用語として使用し，医療系の専門用語は括弧内に提示するよう努めた．

　本書は生命の起原から生命体の構成物質，生命の単位としての細胞機能，個体の構成と機能，生命活動とエネルギー，細胞の増殖の基本からヒトの配偶子形成，ヒトの遺伝を中心として，メンデルの法則とDNAのはたらき，ヒトの染色体と遺伝子，遺伝様式，初期発生の基本からヒトの器官形成へ，ヒトへの進化，さらに人間活動と地球環境などを中心項目として，理解しやすいように前著の章立てを大幅に整理し組み換えを行った．形態やその構造の変化を理解してもらうためには図や写真が役立ち，模式図だけでなく光学顕微鏡，電子顕微鏡写真ものせて補足するように努め，また説明も図と対照的に記した．コラムは学習者が広く，深く生物学に触れる参考知見になるようにし，そして各章ごとの目標とするまとめと問題を挙げたので，主体的学習に努めてほしい．

　限られた紙数の中で，生物学の基礎から学び，専門科目の生命科学関連科目を消化することができるように，巻末の参考図書などを利用してさらに深めていってほしいと思う．

　本書を発刊するにあたり，渡辺強三名誉教授（鶴見大），西川純雄助教授（鶴見大），高浜秀樹教授（大分大），木下勉教授（関西学院大），外村晶名誉教授（東医歯大），阿

部道生博士（鶴見大）からは貴重な写真とご教示をいただいた．その他，多くの内外の高著を参考にさせていただくとともに，写真，図表を引用させていただいた．これらの先生方に心から感謝の意を表する次第である．

2006年3月

著者一同

第1版の序

　21世紀に入って，ヒトゲノムの解読がほとんど終了するなど，生命科学，医学，医療の研究や技術の開発は，急速な発展をとげている．そして，医療に携わる者には，いっそうの幅広い生物学や医学的基礎知識と高度な専門技術が求められる時代となってきている．新カリキュラムにおける生命科学の基礎科目の教育目標は，科学的，論理的思考力を育て，人間性を磨き，自由で主体的な判断と行動を培うと同時に，生命倫理や人の尊厳を幅広く理解していくことである．さらに国際化および情報化社会に対応できる能力を養成することである．これらをふまえて，科学的思考の基盤や人間生活へのかかわりを教科内容に盛り込むように努めた．

　生物学の目標であるヒトを含む生物の生命現象の解明は，広く各分野の境界をとりはずした生命科学と呼ばれる学問分野で行われ，その研究成果は基礎医学上の未知の諸問題の解決に貢献し，またわれわれの日常生活にも身近に影響を及ぼしている．このような新時代に医療に従事しようとする皆さんには，今後，人間が多様な生物と釣合いながら，共生していくためにも広い視野をもって生物学の勉学に励んでいただきたい．

　高等学校の教育が多様化されてから，新入生の生物学に対する基礎知識も幅広くなったが，未修得の学生さんにも理解できるように配慮して教科書を作成した．

　本書は生命の起源から生命体の構成物質，生命の単位としての細胞，個体の構成と機能，初期発生，遺伝情報，ヒトの進化などを中心項目として，理解しやすいように前著の章だてを整理し組み換えをおこなった．顕微鏡で観察する時間の少ない皆さんが，形態やその構造の変化を理解するためには図や写真が役立ち，模式図だけではなく電子顕微鏡写真ものせて補足するようにつとめ，説明も図と対照的に記しておいた．また，生物学の各分野の研究について歴史的事実を取り上げたのは，その研究に関わった人達のことをできるだけ知ってもらいたいためである．コラムは学習者が広く，深く生物学に触れるための参考になるように構成した．そして各章ごとの目標とするまとめと問題を提示した．今後とも，多くの方々からのご意見や誤りをご指摘いただければ幸いである．

　限られた紙数の中で，生物学の基礎を学び，生命科学に各関連する専門科目を消化するためには巻末に示した参考図書などを利用してほしい．

　本書を刊行するにあたり，西川純雄助教授（鶴見大学歯学部），高浜秀樹教授（大分大学福祉学部），木下　勉教授（関西学院大），外村　晶元教授（東医歯大）から貴重な写真とご教示をいただいた．その他，多くの内外の高著を参考にさせていただくととも

に，写真，図表を引用させていただいた．また，本書の刊行にあたっては，医歯出版編集部の皆さんに長期間にわたるご尽力とご配慮をいただいた．ここに，これらの方々に心から感謝の意を表する次第である．

　2001年4月

著者一同

目　次

はじめに ……………………………………… 1

第1章──生命を支える物質　3

Ⅰ．生体を構成する元素 …………………………… 3
Ⅱ．細胞を構成する物質 …………………………… 3
　1-水 ……………………………………………… 3
　2-タンパク質 …………………………………… 4
　3-炭水化物（糖質） …………………………… 4
　4-脂質 …………………………………………… 7
　5-核酸 …………………………………………… 9
　　［1］DNA …………… 10　　［2］RNA …………… 12
　6-無機物（無機塩類） ………………………… 12
　　まとめと問題 ………………………………… 12

第2章──生命の単位　13

Ⅰ．細胞の構造と機能 ……………………………… 15
　1-ウイルス ……………………………………… 15
　2-原核細胞 ……………………………………… 16
　3-真核細胞 ……………………………………… 18
　　［1］細胞膜（原形質膜，形質膜，生体膜） …… 19
　　［2］核 …………………… 22
　　［3］小胞体 ……………… 26
　　［4］ゴルジ装置（体） …… 28
　　［5］リソソーム（水解小体） …… 31
　　［6］ミトコンドリア …… 31
　　［7］色素体 ……………… 33
　　［8］細胞骨格 …………… 33
　　［9］中心体と線毛 ……… 36
　　まとめと問題 …………… 37
　　コラム─細胞構造の観察 …… 14
　　コラム─生物の多様性と分類（種と学名） …… 15

第3章──ヒトの体の構成と機能　39

- I．体の構成と機能 ································· 39
  - 1─組織 ······································· 40
    - [1] 上皮組織 ············· 40
    - [2] 結合組織 ············· 41
    - [3] 筋組織 ··············· 45
    - [4] 神経組織 ············· 47
  - 2─器官とその機能 ······························ 51
- II．内部環境の調節 ································ 51
  - 1─恒常性 ····································· 51
  - 2─体液と循環器系 ······························ 52
    - [1] 体液 ················· 52
    - [2] 心臓と血液循環 ······· 52
  - 3─神経系による調節 ···························· 53
    - [1] 神経細胞 ············· 53
    - [2] 神経系の種類 ········· 56
  - 4─内分泌による調節 ···························· 58
    - [1] ホルモンによる生体機能の調節 ········· 58
    - [2] 内分泌器官とホルモン ········· 59
- III．生体の防御（免疫） ·························· 64
  - 1─免疫系を担う細胞 ···························· 64
  - 2─自然免疫 ··································· 64
  - 3─獲得免疫 ··································· 66
    - [1] 体液性免疫 ··········· 66
    - [2] 細胞性免疫 ··········· 67
    - [3] MHC，抗体，T細胞受容体（TCR）の多様性 ········· 69
  - まとめと問題 ································· 70
  - コラム─体液［血液］ ························· 50
  - コラム─リガンドと受容体 ····················· 63
  - コラム─抗体遺伝子の多様性獲得 ··············· 71

第4章──生命活動とエネルギー　73

- I．酵素 ··· 73
  - 1─基質特異性 ································· 73
  - 2─温度・pHの影響 ···························· 73
  - 3─基質濃度と反応速度 ························· 74
  - 4─補助因子 ··································· 75
  - 5─酵素反応の調節 ······························ 75
- II．共通のエネルギー源 ··························· 76
- III．光合成 ······································ 77

         1−光化学反応・電子伝達系 ……………………… 78
         2−カルビン・ベンソン回路 ……………………… 79
  Ⅳ．エネルギーの獲得 ………………………………………… 80
         1−発酵・解糖 ……………………………………… 81
         2−呼吸 ……………………………………………… 82
            [1] クエン酸回路 …………… 83   [2] 電子伝達系 …………… 84
            まとめと問題 ………………………… 86

第5章──細胞の増殖・生殖細胞の形成　　87

  Ⅰ．細胞周期 ……………………………………………………… 87
         1−間期 ……………………………………………… 87
         2−細胞周期の調節 ………………………………… 89
         3−分裂期 …………………………………………… 90
            [1] 体細胞分裂 ……………… 90   [2] 減数分裂 ……………… 93
  Ⅱ．ヒトの配偶子形成 ………………………………………… 96
         1−精子形成 ………………………………………… 96
         2−卵形成 …………………………………………… 99
            まとめと問題 ………………………… 100   コラム─キアズマと遺伝子組換え …101

第6章──遺伝─ヒトを中心に─　　103

  Ⅰ．メンデルの法則 …………………………………………… 103
         1−メンデルの法則の要約と当時の遺伝についての考え方 ……………… 103
         2−遺伝子型とパネットの方形 …………………… 105
         3−メンデル以降に発見された遺伝現象 ………… 106
  Ⅱ．遺伝情報と形質の発現 …………………………………… 106
         1−遺伝子の本体 …………………………………… 107
         2−DNA・RNA のはたらき ……………………… 108
            [1] 遺伝情報 ………………… 108   [4] 遺伝暗号 ……………… 113
            [2] DNA の複製 …………… 108   [5] タンパク質合成 ……… 114
            [3] RNA ……………………… 110
  Ⅲ．ヒトの染色体と遺伝子 …………………………………… 116
         1−ヒトの染色体 …………………………………… 116
         2−ヒトの遺伝子 …………………………………… 117
         3−形質の発現における遺伝子と染色体の役割 …………………………… 119

Ⅳ. ヒトの遺伝性疾患の分類と発生頻度 …………………………………… 119
　1─染色体異常疾患 ……………………………………………………………… 119
　　　［1］常染色体異常 ………… 120　　［2］性染色体異常 ………… 124
　2─単一遺伝子形質 ……………………………………………………………… 124
　　　［1］ABO 血液型の遺伝 …… 126　　［3］血友病 ………………… 127
　　　［2］フェニルケトン尿症 …… 126
　3─多因子遺伝形質 ……………………………………………………………… 127
　4─ミトコンドリア遺伝形質 …………………………………………………… 127
　5─ゲノムの刷り込み …………………………………………………………… 128
　　　［1］配偶子形成過程での刷り込み　　［2］発生過程での刷り込み─X 染色
　　　　　 ……………………… 128　　　　 体不活性化─ ……… 130
　6─遺伝子変異，染色体異常，ゲノムの刷り込みなどが複合して発症する疾患
　　　 …………………………………………………………………………… 130
　　　［1］隣接遺伝子症候群 ……… 131　　［3］性の分化異常 ………… 134
　　　［2］悪性腫瘍細胞の発生 …… 132
　　　まとめと問題 ……………… 136　　コラム─遺伝用語のあいまいさ … 125
　　　　　　　　　　　　　　　　　　コラム─配偶子形成過程でのゲ
　　　　　　　　　　　　　　　　　　 ノムの刷り込みの重要性 …… 129
　　　　　　　　　　　　　　　　　　コラム─三毛猫の遺伝学 ………… 131

第 7 章──受精・発生・分化　　　137

Ⅰ. 生殖 ……………………………………………………………………… 137
Ⅱ. 受精 ……………………………………………………………………… 140
　1─精子の侵入 …………………………………………………………………… 140
　2─多精拒否 ……………………………………………………………………… 141
　3─精子と卵の融合と接合子形成 ……………………………………………… 141
Ⅲ. 発生・分化のしくみ …………………………………………………… 143
　1─割球 …………………………………………………………………………… 143
　2─胞胚形成から胚葉形成 ……………………………………………………… 143
　　　［1］中期胞胚変（遷）移 …… 143　　［2］母性胚性変（遷）移 … 145
　3─器官形成 ……………………………………………………………………… 147
　4─アポトーシス，プログラム細胞死 ………………………………………… 150
　　　まとめと問題 ……………… 151　　コラム─両生類卵表面の変化 … 141
　　　　　　　　　　　　　　　　　　コラム─動物の方向用語 ………… 152

第8章──ヒトの初期発生　153

- Ⅰ. 受精卵から個体へ ……………………………… 153
  - 1-卵割と初期胚 …………………………… 153
  - 2-胚盤胞（胞胚）の形成と着床 ………… 154
  - 3-内細胞塊の分化と胚葉の形成 ………… 155
  - 4-胚葉の分化 ……………………………… 158
    - [1] 外胚葉の分化 ……… 158
    - [2] 神経堤（冠） ……… 158
    - [3] 中胚葉の分化 ……… 158
    - [4] 内胚葉の分化 ……… 161
  - 5-子宮粘（内）膜と胎盤 ………………… 161
    - [1] 脱落膜 ……………… 161
    - [2] 胎盤の構造と機能 … 162
  - 6-胎児の成長と発育 ……………………… 164
    - [1] 第Ⅰ期：前胚子期 … 164
    - [2] 第Ⅱ期：胚子期 …… 164
    - [3] 第Ⅲ期：胎児期 …… 165
  - まとめと問題 ……………………………… 166
  - コラム─神経堤の分化 …………………… 158
  - コラム─遺伝子工学から生体組織工学 … 164
  - コラム─出生前診断 ……………………… 165

第9章──ヒトへの進化　167

- Ⅰ. 化学進化 …………………………………………… 167
- Ⅱ. 生命の誕生 ………………………………………… 168
- Ⅲ. 生命システムの進化 ……………………………… 169
- Ⅳ. 進化の事実と証拠 ………………………………… 170
  - 1-分類学・形態学的な研究 ……………… 171
  - 2-比較発生学的な研究 …………………… 171
  - 3-比較生理学, 生化学的な研究 ………… 172
- Ⅴ. 進化とその要因 …………………………………… 174
  - 1-進化のしくみ …………………………… 174
- Ⅵ. ヒトの進化 ………………………………………… 175
  - 1-アウストラロピテクス属（猿人） …… 175
  - 2-ホモ属 …………………………………… 176
  - 3-ヒトの特徴 ……………………………… 178
  - まとめと問題 ……………………………… 181
  - コラム─ヒトと類人猿の染色体 ………… 176
  - コラム─mtDNAと人類の系統樹 ……… 178

第 10 章——生物と地球環境　　183

- Ⅰ．生態系 ……………………………………………………… 183
  - 1-生態系の構造 …………………………………………… 183
    - ［1］個体群生態学 …………… 184
    - ［2］群集の生態学—群集を構成する生物— ………………… 185
    - ［3］生物間の相互作用 ………… 185
  - 2-物質の循環 ……………………………………………… 188
    - ［1］水循環 …………………… 188
    - ［2］炭素循環 ………………… 188
    - ［3］窒素循環 ………………… 189
    - ［4］リン循環 ………………… 189
  - 3-動物の行動 ……………………………………………… 190
    - ［1］生得的行動 ……………… 190
    - ［2］学習 ……………………… 190
- Ⅱ．人間の活動と森林の破壊 ………………………………… 192
- Ⅲ．大量生産・大量消費による地球環境の破壊 …………… 194
- Ⅳ．持続可能な発展への行動 ………………………………… 197
- Ⅴ．科学技術は人間を幸せにするか ………………………… 198

まとめと問題 ………………… 201
コラム—ヒト個体群の生態学 … 191
コラム—花粉分析 …………… 192
コラム—生物環境年表 ……… 202

参考文献 ……………………………………………………… 203
索引 …………………………………………………………… 205

●執筆分担一覧

はじめに	佐々木史江	第6章Ⅰ,Ⅲ,Ⅳ	岸　邦和
第1章	堀口　毅	Ⅱ	堀口　毅
第2章	佐々木史江	第7,8章	佐々木史江
第3章Ⅰ	佐々木史江	第9章Ⅰ～Ⅲ	堀口　毅
Ⅱ,Ⅲ	西川純雄	Ⅳ～Ⅵ	佐々木史江
第4章	堀口　毅	第10章Ⅰ	西川純雄
第5章	堀口　毅	Ⅱ～Ⅴ	岸　邦和

はじめに

― 生命体（ヒトを中心に）の探究 ―

　ヒトを含めた生命体の共通の特徴は何だろうか？　生命への強い関心を抱いて，生命現象を基本に，生活や自然現象を観察しながら考え，学習して行こう．

　探究活動の方向として「A 構造と形態，機能や代謝」「B 自己複製と遺伝」「C 生殖と発生・分化」「D 生物多様性と進化」などをあげることができる．

　本書では，長い地球の歴史における生物集団から原子・分子のレベルまでダイナミックな世界を覗いてみよう（**表**，**図**）．

　生命体（有機体）は，エネルギーを使って代謝し，構成している原子や分子を常時転換させて，その構造や機能を維持している（第1～4章）．

　A：生命体の構造の単位は細胞である．さらに，個体の各組織・器官，器官系（例えば，ヒトの胃・腸や心臓，脳，手足など）から，内外の環境の変動に対応して恒常性の維持をはかり，個体の集合としての生態系の集団など大きなレベルまでのさまざまな段階の生物多様性について生命活動をとらえることができる．（第2，3，10章）．

　B：生命体のもつ自己複製現象は，生物集団レベル，個体のレベル（生殖，繁殖），細胞のレベル（細胞分裂）や遺伝情報＝核酸のレベル（各塩基配列上の突然変異などの異常やその修復機構へ）においてその機構を調べることができる（第5～9章）．

　C：ヒトなど多細胞生物は，生殖活動によって，1個の受精卵から分裂・卵割を繰り返して，生長し同種の個体を増殖する（第5～8章）．

　D：生命体の歴史は，原始地球上の化学進化から開始して，生命体が地球上に誕生してから現在に至るまで，そして細胞の誕生，生命体・個体の多様化，生態系の進化へ導かれ，将来の地球環境と生物界を予想する機会となる（第9，10章）．

表 地球生物圏における探求

	形態・機能・代謝	生殖・発生	複製・遺伝	進化・系統
生物群集 集団	生物多様性 集団構造の解析	生態系の遷移	繁殖	生態系の進化
個体	ホルモンによる調節	神経系の発達と行動	種分化の機構	古生物（微化石）
器官系 組織・器官	組織・器官の構成	組織間・細胞間 相互関係	細胞融合と 形質転換	器官の多様性
細胞 細胞小器官	細胞運動	細胞分化 細胞死（アポトーシス）	細胞分裂・増殖	細胞の進化
原子・分子	RNA・DNA・タンパク質の 構造と機能	発生における DNA情報の発現	DNAの複製と 突然変異	分子進化

階層性

時間 →

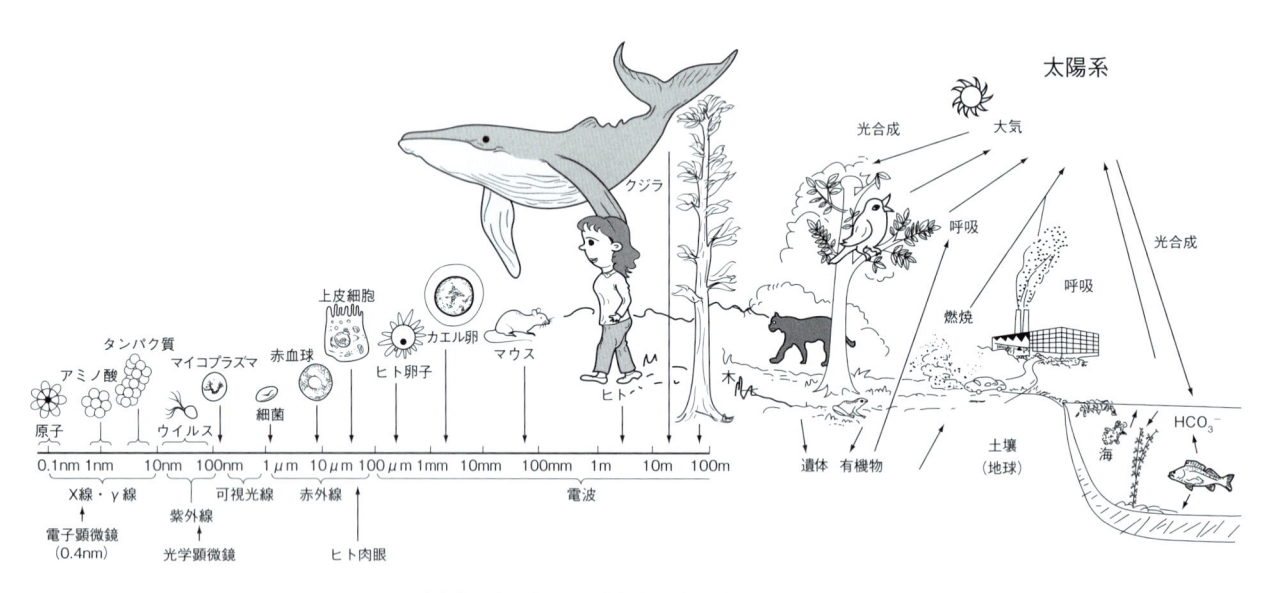

図 生命体の成り立ちから生物多様性へ（Marder 2004 改変）

はじめに

第1章　生命を支える物質

I. 生体を構成する元素

　生物体には約30種類の元素が含まれているが，炭素（C），水素（H），酸素（O），窒素（N）の4元素だけで90%（重量比）以上を占めている．これらの元素からつくられるさまざまな生体内の化合物のうち，生命活動を営むうえで主要なものに，水・タンパク質・炭水化物（糖質）・脂質・核酸・無機物（無機塩類）などがある（**表1-1**）．

II. 細胞を構成する物質

1-水

　生体内の物質の多くは水に溶解した状態で存在し，水は広範囲の物質に対する溶媒の役割を果たしている．生体内での物質の輸送をはじめ，細胞内外における各種の酵素による化学反応や，電解質によるイオン反応などは水の存在なしには行われない．また，物質の化学変化に伴って生体内で発生する熱や外界の温度変化などに対して，比熱の大きい水は生体の急激な温度変化を防ぐはたらきをしている．このように，水は生命活動にとって不可欠な物質の1つである．

表1-1　細胞の構成成分と元素

化合物	構成比（%）	構成元素
水	70〜80	H, O
タンパク質	15〜20（動物） 3〜4（植物）	C, H, O, N, S
脂質	2〜5	C, H, O
炭水化物	1〜4（動物） 20〜25（植物）	C, H, O
核酸	0.01〜1.2	C, H, O, N, P
無機物	0.3〜1	K, Na, Cl, Ca, Mg

表1-2　タンパク質の主な機能

機能	構成物
細胞の構造	生体膜，染色体，基質，細胞小器官
化学反応の触媒	酵素
情報の伝達	伝達物質，受容体
生体の防御	抗体
物質の運搬	体液（血液，組織液，リンパ液）
組織の構造維持	線維

2-タンパク質

　タンパク質は生物だけに存在する物質で，ヒトには約10万種類が含まれているとされ，さまざまな生命活動に深くかかわり「生命物質」ともよべるような重要な物質である（**表1-2**）．タンパク質は，多数のアミノ酸が鎖状に結合した基本構造をもつ高分子物質で，これを構成する**アミノ酸**には，遺伝子によって指定される20種類（**表1-3**）と，タンパク質の合成後に修飾されるものとがある．

　アミノ酸分子の基本構造は，**アミノ基**（$-NH_2$）・**カルボキシ基**（カルボキシル基ともいう $-COOH$）・水素原子・側鎖（R）が炭素原子に結合したもので，側鎖の違いがアミノ酸の種類を決めている．あるアミノ酸のカルボキシ基と，他のアミノ酸のアミノ基とが**ペプチド結合**とよばれる共有結合をすることによってペプチド（peptide）が形成される（**図1-1**）．多数のアミノ酸がペプチド結合によってつながった1本の鎖状のものを**ポリペプチド**（polypeptide）またはペプチド鎖（peptide chain）といい，これを一次構造という．一般に，70～80分子以上のアミノ酸からなるポリペプチドの総称をタンパク質という．

　ポリペプチドは構成するアミノ酸の種類によって，ある位置のペプチド結合部分の-CO基と，他の位置の-NH基との間で水素結合をつくることができる．この結果，ポリペプチドは折りたたまれて α-ヘリックス構造や β-シート構造など規則性のある構造を形成する．これを二次構造という．ポリペプチド中の側鎖どうしのさまざまな結合（イオン結合，水素結合，疎水結合，ジスルフィド［S=S］結合など）によって複雑な立体構造を形成することもある．これは三次構造とよばれ，多くの球状タンパク質がこれに相当する．また，三次構造をとるポリペプチドが複数集まって形成される立体構造を**四次構造**といい，単位となる個々のポリペプチドのことをサブユニットとよぶ．4つのサブユニットからなる赤血球中のヘモグロビン分子はよく知られている（**図1-2**）．

3-炭水化物（糖質）

　細胞や組織の構成成分や，生命活動の主要なエネルギー源として重要な物質である．炭水化物はその構造から，単糖類・二糖類・多糖類に分けることができる．

　単糖類は3～8つの炭素原子をもつが，最もよく知られているものに，5つの炭素原子をもつ**五炭糖**（ペントース）と，6つの炭素原子をもつ**六炭糖**（ヘキソース）がある．五炭糖には，リボースやデオキシリボースなど核酸の成分となるもの（**図1-9**）のほか，主に緑色植物の光合成に関係するリブロースなどがある．六炭糖にはグルコース（ブドウ糖），フルクトース（果糖），ガラクトースなどがあり，これらはすべて $C_6H_{12}O_6$ の化学式で表されるが，立体構造は異なっている（**図1-3**）．

　二糖類は2つの単糖類がグリコシド結合（脱水縮合）したもので，グルコース2分子が結合したマルトース（麦芽糖），グルコースとフルクトースが結合したスクロース（ショ糖，砂糖），グルコースとガラクトースが結合したラクトース（乳糖）などがある（**図1-4**）．

表1-3 アミノ酸（タンパク質合成に用いられる20種類）

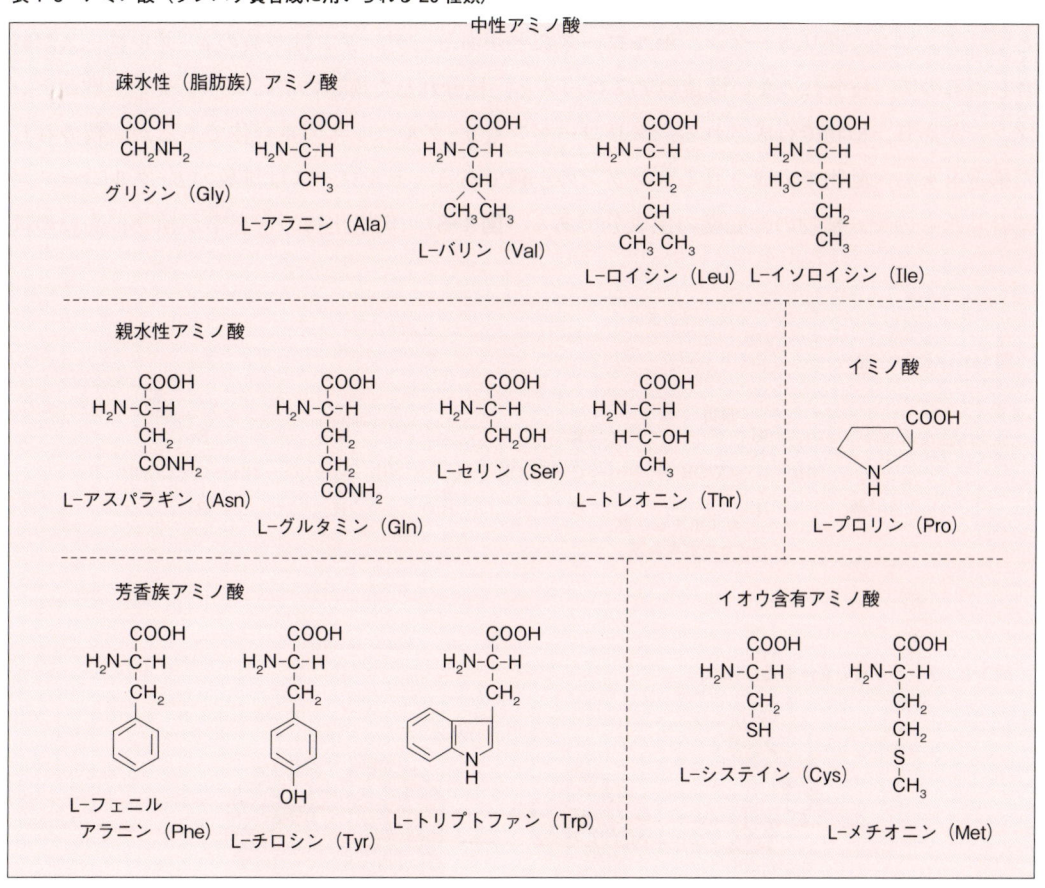

── 中性アミノ酸 ──

疎水性（脂肪族）アミノ酸

グリシン（Gly）／L-アラニン（Ala）／L-バリン（Val）／L-ロイシン（Leu）／L-イソロイシン（Ile）

親水性アミノ酸

L-アスパラギン（Asn）／L-グルタミン（Gln）／L-セリン（Ser）／L-トレオニン（Thr）

イミノ酸

L-プロリン（Pro）

芳香族アミノ酸

L-フェニルアラニン（Phe）／L-チロシン（Tyr）／L-トリプトファン（Trp）

イオウ含有アミノ酸

L-システイン（Cys）／L-メチオニン（Met）

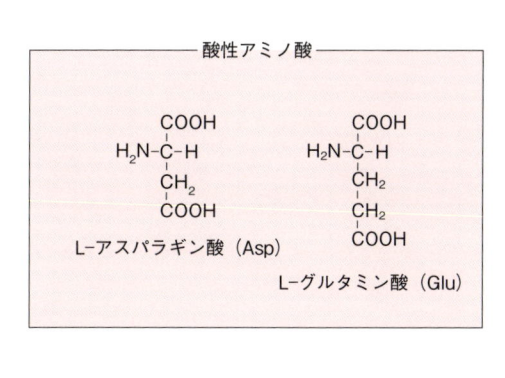

── 酸性アミノ酸 ──

L-アスパラギン酸（Asp）／L-グルタミン酸（Glu）

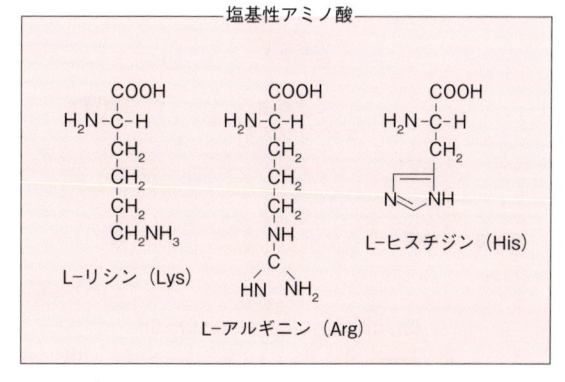

── 塩基性アミノ酸 ──

L-リシン（Lys）／L-アルギニン（Arg）／L-ヒスチジン（His）

　プロリンは，α炭素にイミノ基（＝NH）が結合しているためイミノ酸であるが，遺伝暗号（p.113参照）で指定されるためアミノ酸に含める．ヒトの体内では生成できないアミノ酸を必須（必要）アミノ酸とよび，成人では，バリン・ロイシン・イソロイシン・トレオニン・フェニルアラニン・トリプトファン・メチオニン・リシン・ヒスチジンの9種類がある．ただし，乳幼児では，十分な量を合成できないアルギニンを含めた10種類である．

多糖類は多数（一般には10分子以上）の単糖類がグリコシド結合した高分子の炭水化物のことで，デンプン，グリコーゲン，セルロースなどがある．デンプンは多数の α-グルコースが結合したもので，枝分かれのない構造のアミロースと，枝分かれした構造のアミロペクチン（貯蔵デンプン）があり，植物で合成される．グリコーゲンも α-グルコースの重合体であるが，枝分かれした構造をもち，動物で合成されるデンプンの一種である．セルロースは無数の β-グルコースが結合したもので，植物の細胞壁の主成分である（図1-5）．炭水化物の含有率が植物に高いのは

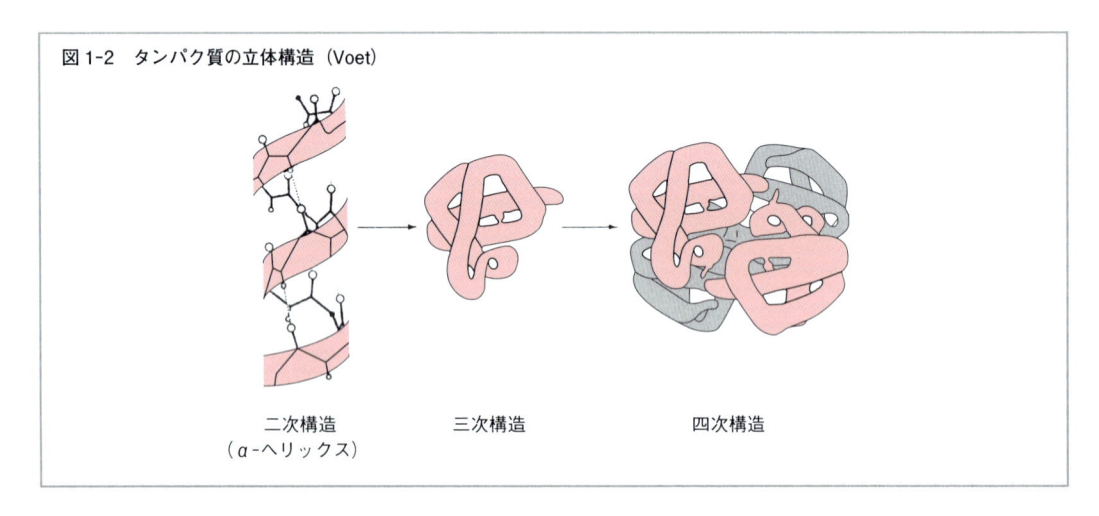

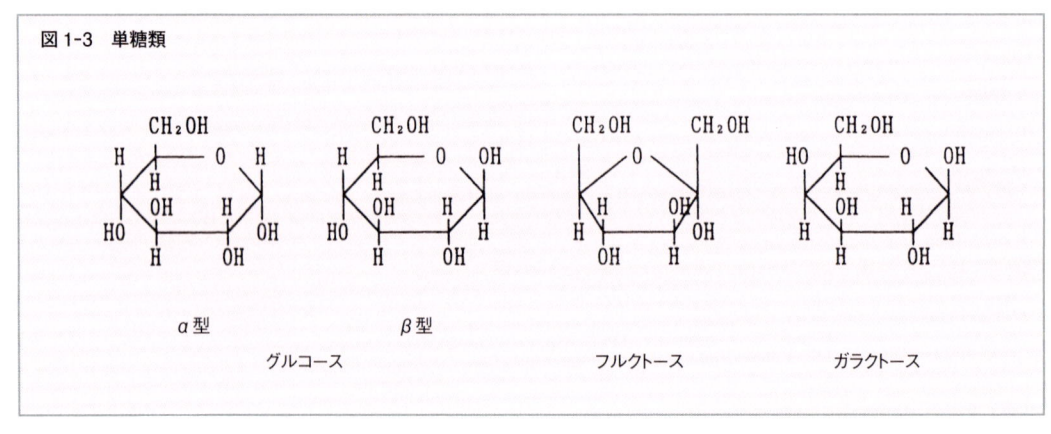

図1-1 ペプチド結合

図1-2 タンパク質の立体構造（Voet）
二次構造（α-ヘリックス）　三次構造　四次構造

図1-3 単糖類
α型　β型
グルコース　フルクトース　ガラクトース

図 1-4 二糖類

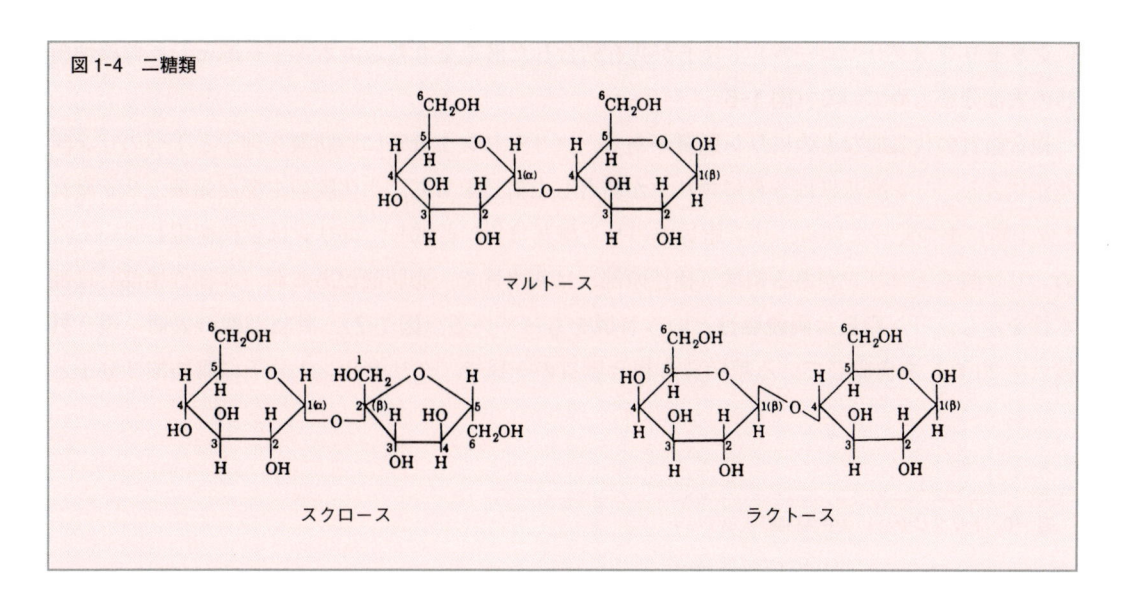

マルトース

スクロース

ラクトース

図 1-5 多糖類（Wallace）

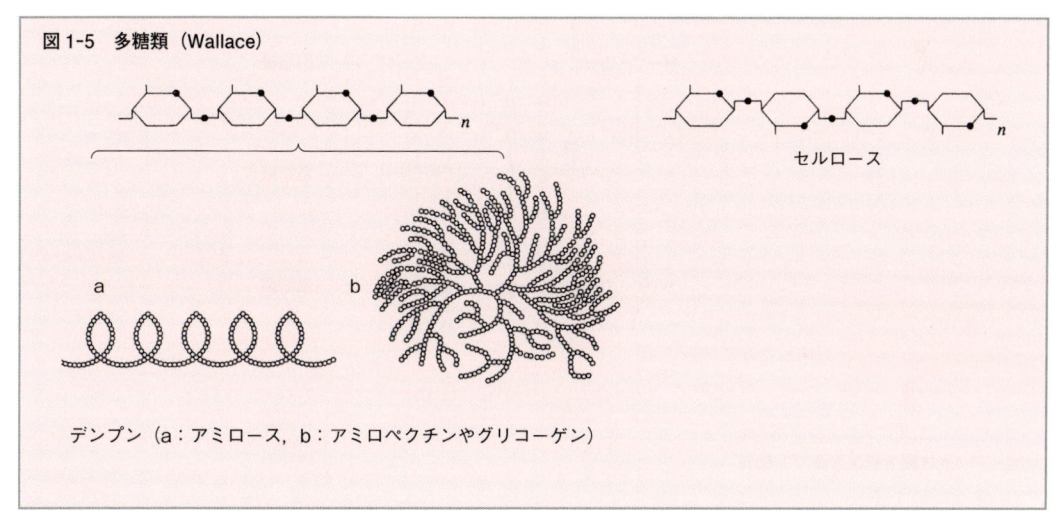

セルロース

デンプン（a：アミロース，b：アミロペクチンやグリコーゲン）

主にセルロースが原因である（表 1-1）．また，デンプンが水溶性であるのに対し，セルロースが水に不溶性であるのは，構成しているグルコースの α 型と β 型の違いによる．

4-脂質

脂質は単一の分子ではなく，いくつかの分子が結合した物質で，基本的には脂肪酸とアルコールがエステル結合した構造をもち，おおまかには単純脂質・複合脂質・誘導脂質の3種類に分けられる．脂肪酸にはさまざまなものがあることから，脂質の種類は非常に多いが，疎水性でクロロホルムやエーテルなどの有機溶媒にはよく溶ける共通の性質をもっている．

単純脂質のうち，生体に最も多く含まれるのは**トリグリセリド（中性脂肪）**で，脂肪酸3分子

にグリセリン（グリセロール）1分子が共有結合した構造をもち，エネルギー源として貯蔵性脂肪の大部分を占めている（図1-6）．

複合脂質の代表的なものに**リン脂質**がある．グリセリン1分子に脂肪酸2分子と1つのリン酸基が結合し，リン酸基にはさらにコリンが結合した構造をもち，生体膜の主要な領域（リン脂質2分子層）をつくっている．リン脂質中のリン酸基は負に荷電し，コリンは正に荷電しているため，リン酸基とコリンがある領域（極性頭部）は親水性で，脂肪酸がある側（非極性尾部）は疎水性を示し，リン脂質は**両親媒性**という特徴をもっている（図1-7）．動物細胞の表面を覆う外被（☞20頁）を構成している糖脂質も複合脂質の一種で，グリセリン1分子に脂肪酸2分子と

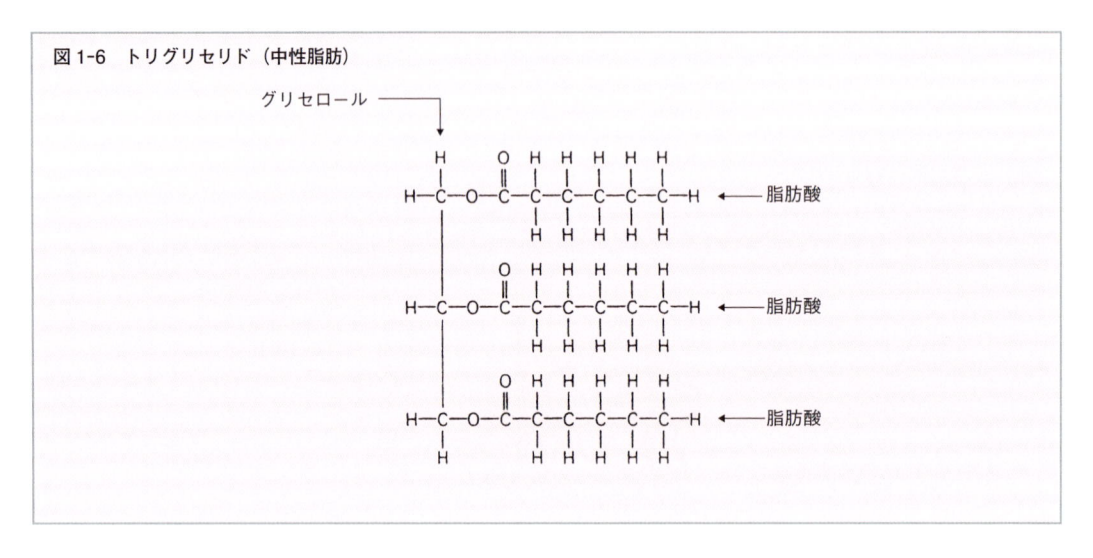

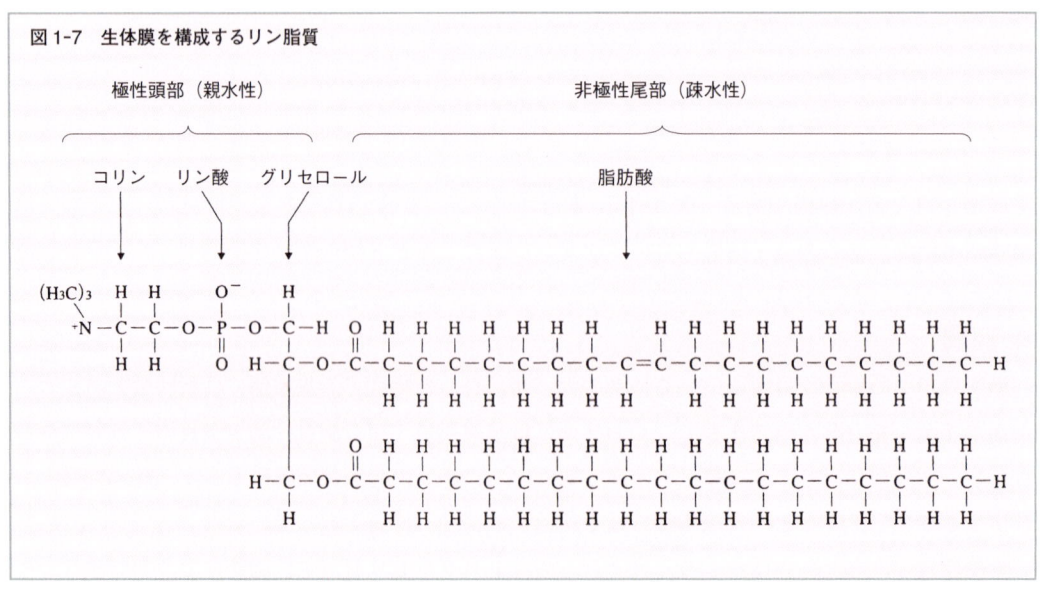

図1-6 トリグリセリド（中性脂肪）

図1-7 生体膜を構成するリン脂質

第1章 生命を支える物質──II．細胞を構成する物質

多糖類が結合した構造をしている．

　よく知られた誘導脂質に**コレステロール**がある．コレステロールは他の脂質とは大きく異なった構造をしているが，環状構造（ステロイド骨格，ステロール）の側鎖に脂肪族炭化水素が結合しているため脂質に分類される（**図1-8**）．ステロイドホルモン（副腎皮質ホルモンや各種の性ホルモンなど）や胆汁酸の前駆物質になるほか，生体膜の流動性の調節などにも関係する重要な物質である．

5-核酸

　遺伝情報の保持・伝達・発現に重要なはたらきをする核酸には，**DNA**（**デオキシリボ核酸** deoxyribonucleic acid）と **RNA**（**リボ核酸** ribonucleic acid）の2種類がある（はたらきについては第6章を参照）．構成要素のうちの五炭糖が，DNA では**デオキシリボース**（deoxyribose），RNA では**リボース**（ribose）という違いはあるが（**図1-9**），どちらの分子も，リン酸，五炭糖，塩基からなる**ヌクレオチド**（DNA では deoxyribonucleotide，RNA では ribonucleotide）を基本単位として重合した高分子物質である（**図1-10**）．

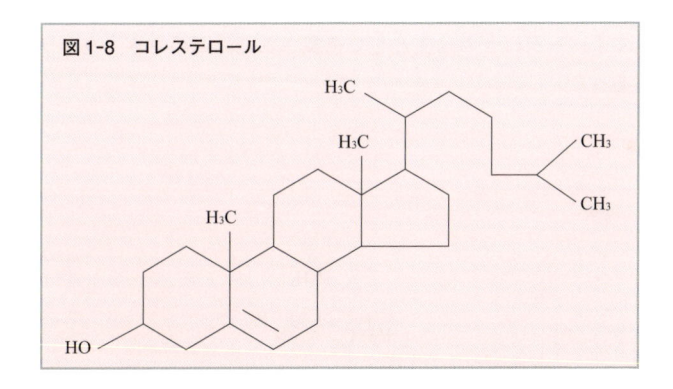

図1-8　コレステロール

図1-9　核酸を構成する五炭糖

デオキシリボース
（1′〜5′は炭素原子番号）

リボース

図1-10　ヌクレオチド　★には塩基が結合し，図1-9のように●にはデオキシリボースの場合は H，リボースの場合は OH が結合する

[1] DNA

シャルガフ（Chargaff, E. 1950）は，DNAに含まれる塩基のモル数について，生物種や細胞の種類に関係なく，アデニン（adenine；A）とチミン（thymine；T），グアニン（guanine；G）とシトシン（cytosine；C）がそれぞれほぼ等しい比率であることを発見した（図1-11）．これを**塩基等価性**という．1953年にフランクリン（Franklin, R.）とウィルキンス（Wilkins, M.H.F.）は，DNAのX線回折像の分析からDNAはある種のらせん構造をもち，その直径は2 nm，ピッチ（pitch：1回転当たりの直線距離）は3.4 nmであることを明らかにした．

これらの情報に基づいて，ワトソンとクリック（Watson, J.D. and Crick, F.H.C. 1953，図1-13）[注]は，比較的単純な立体構造をした**二重らせんモデル**（double-helix model）を提唱した．この構造は現在ではB型DNAとよばれ，1つのヌクレオチドのデオキシリボースの3番炭素原子（3'）と，別のヌクレオチドのリン酸とがリン酸ジエステル結合して形成された長い2本の鎖が向かい合い，各ヌクレオチド鎖の塩基どうしが水素結合して平行な関係を保っている．これら2本の鎖は互いに逆向き（一方が5'→3'なら，他方は3'→5'の向き）に配置している．塩基どうしの水素結合は，A（プリン塩基）にはT（ピリミジン塩基）が，G（プリン塩基）にはC（ピリミジン塩基）が必ず対応するのでこの性質を**相補性**（complementary）といい，水素結合した2つの塩基の組を**塩基対**（base pair）という．このような構造の2本のヌクレオチド鎖は，10塩基対につき1回転の割合でらせんを形成している（図1-12, 14）．

【注】 分子生物学の発展の基盤となったこの二重らせんモデルは，科学雑誌 *Nature* の1953年4月25日号に1ページほどの論文として掲載された．このとき，ワトソンは25歳，クリックは37歳であった．

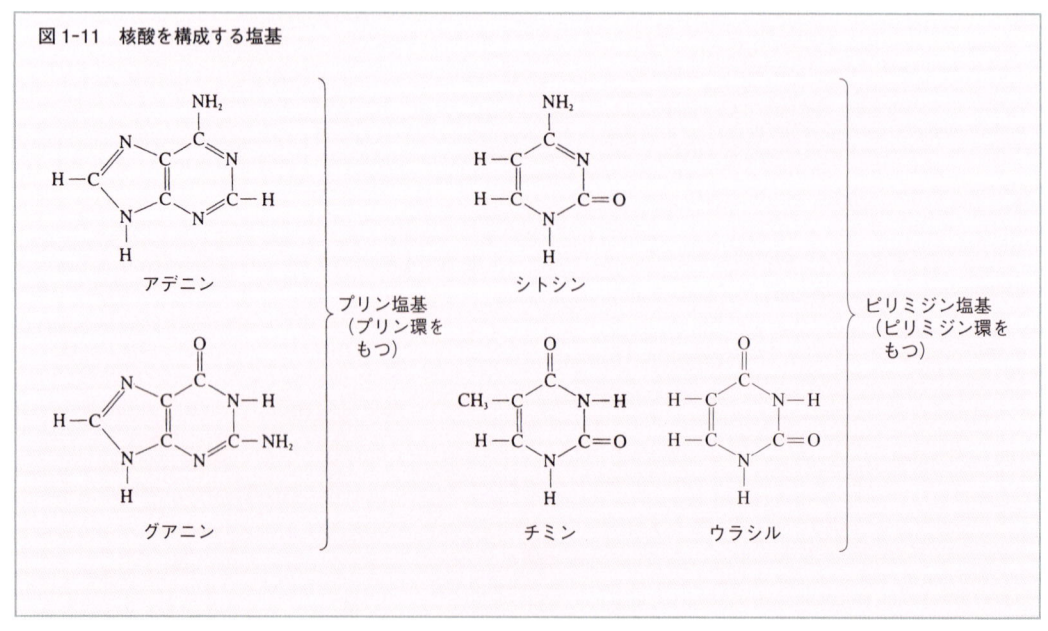

図1-11 核酸を構成する塩基

図1-12 塩基対の形成

アデニン（A）　　　　　　　　　　　チミン（T）

　　　　　　　　水素結合

グアニン（G）　　　　　　　　　　　シトシン（C）

★：デオキシリボースの1'とグリコシド結合

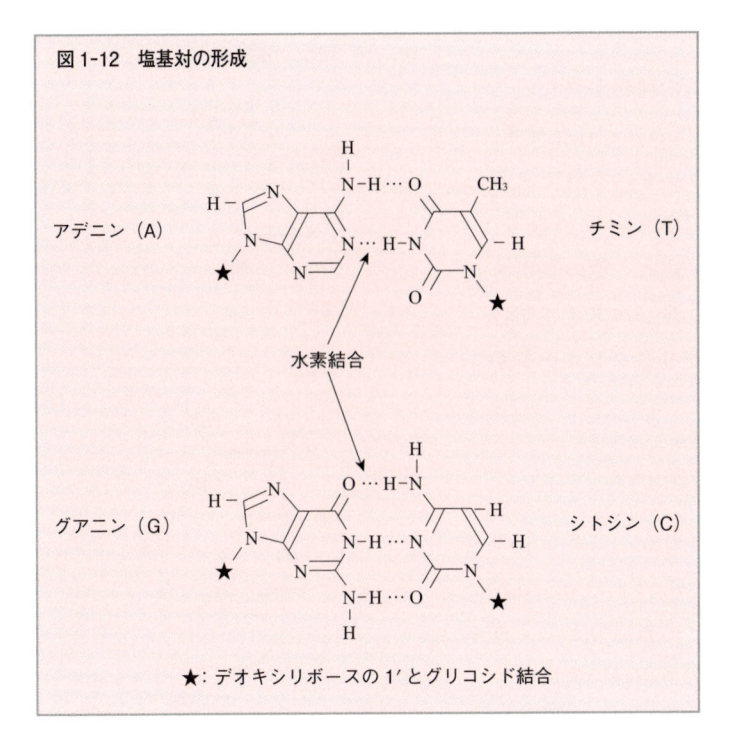

図1-13 ワトソン（上）とクリック（下）（1980年ころ）

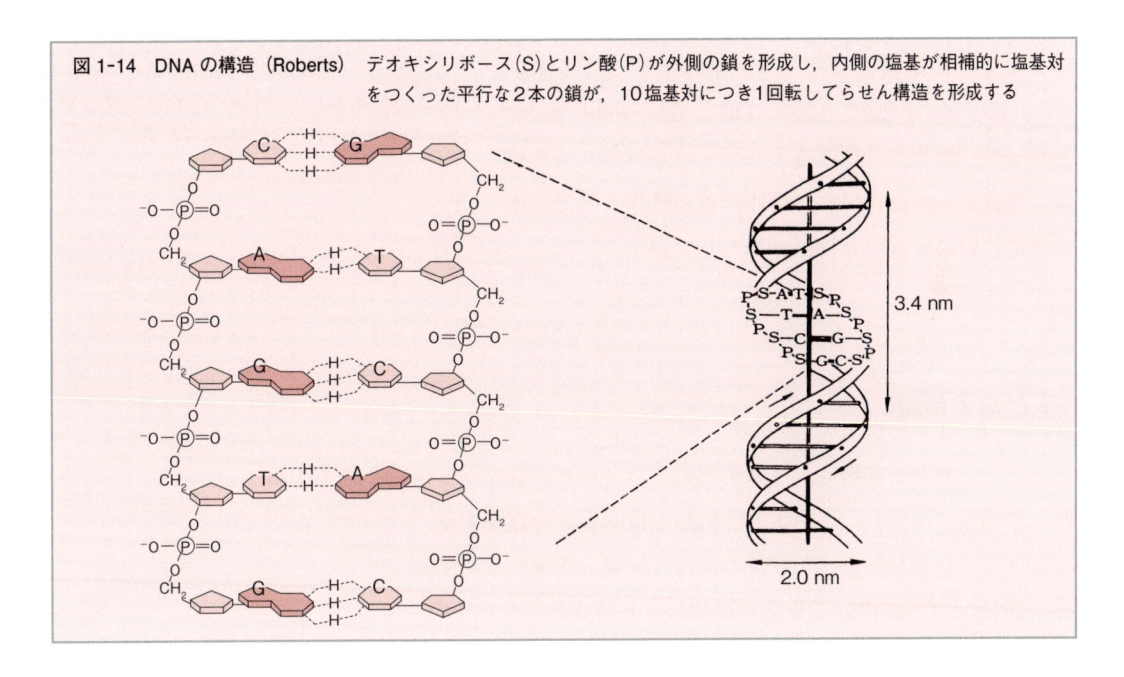

図1-14 DNAの構造（Roberts）　デオキシリボース（S）とリン酸（P）が外側の鎖を形成し，内側の塩基が相補的に塩基対をつくった平行な2本の鎖が，10塩基対につき1回転してらせん構造を形成する

3.4 nm

2.0 nm

第1章 生命を支える物質——II. 細胞を構成する物質

[2] RNA

DNAとの組成の違いは，五炭糖の種類が異なること以外に，ピリミジン塩基のTがほとんど存在せず，**ウラシル**（uracil；U）に置き換わっている点である（図1-11）．基本構造は2本鎖のDNAとは異なり，リボヌクレオチド中のリボースの3′と，他のリボヌクレオチドのリン酸とが交互にリン酸ジエステル結合を繰り返して形成された1本鎖のポリヌクレオチドからなっている（図1-15）．

6-無機物（無機塩類）

人体では乾燥重量の4～6%を占める．主要なものとしては，Ca，P，K，Naであるが，Fe，Cu，Mg，IやSe，Cr，Mo，Coなども少量・微量成分として重要である．無機物は，骨や歯などの硬組織の構成成分（炭酸カルシウムやリン酸カルシウムなど）となるほか，タンパク質，炭水化物，脂質などの有機化合物と結合して生命活動を支えたり，水に溶解してイオン（H^+，K^+，Na^+，Ca^{2+}，Mg^{2+}，OH^-，Cl^-，PO_4^{3-}など）となって，細胞内外の浸透圧や酸・塩基バランスを一定に維持する緩衝作用や，情報伝達の媒体として生体の調節作用にも重要な役割を果たしている．

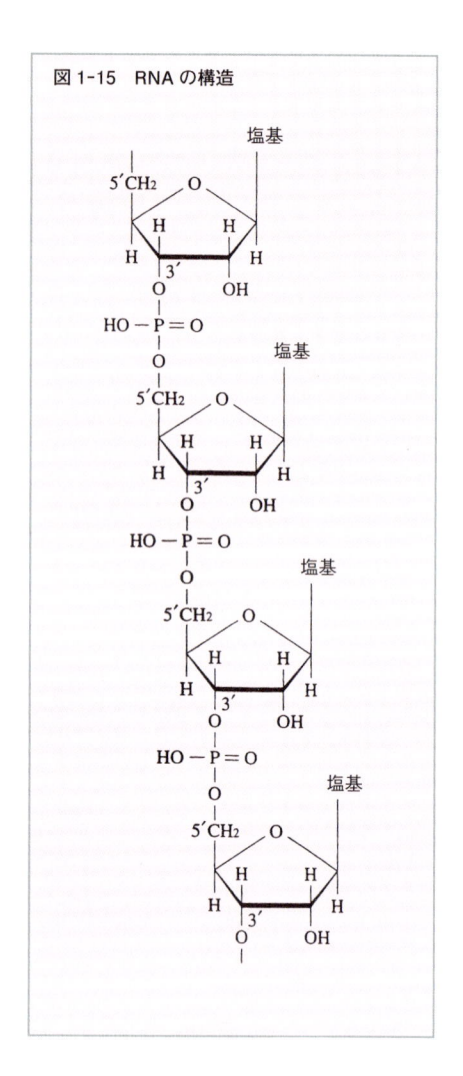

図1-15 RNAの構造

まとめと問題

1) アミノ酸の基本構造，ペプチド結合，タンパク質の立体構造を説明する．
2) 単糖類の種類と，二糖類・多糖類の構成成分を説明する．
3) トリグリセリドやリン脂質の構造・性質・機能を説明する．
4) DNAとRNAの分子構造を比較し，共通点と相違点を説明する．

第2章　生命の単位

　生命の共通の特質は「自己複製する遺伝制御システム」をもっていることである．

　生物は**細胞**（cell）という，構造上，機能上の基本単位から構成されている．ヒトの場合，70 kg の体重の男性で約 3×10^{13} 個の細胞から成り立っている．さらにほぼ同数の細菌がヒトと共存している．

　単細胞生物では1つの細胞が1個体の生命を意味するが，多細胞生物の細胞は**組織**，**器官**という大きな機能的単位に分かれ，各器官が有機的に連絡を保ち，情報伝達を円滑に制御することによって**個体**の生命は維持されている．多細胞生物では1つの細胞が生命を絶ってもその生物体は生命を保つことができ，細胞の生命と生物体としての生命とがある．このように多細胞生物では各細胞の活動の総和として生命を維持しているのである．

　細胞生物学，分子生物学の分野が著しく発展し，細胞の基本構造と機能がしだいに解明されつつある．この章では，生命現象を知るために，高等動・植物の細胞の構造と原生動物・ウイルスなどの基本的構造とはどのようなものかを理解しよう．

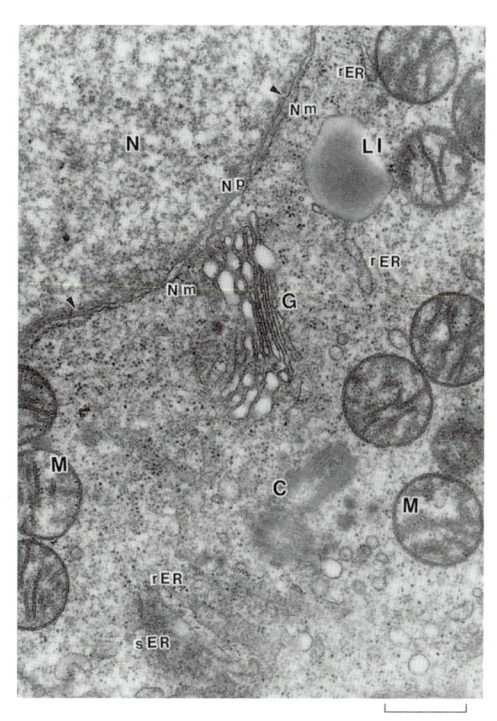

図2-1　マウスの精細胞（TEM像）
　N：核，Np：核膜孔，Nm：核膜，▶：核ラミナ，rER：粗面小胞体，sER：滑面小胞体，Li：脂質滴，G：ゴルジ装置，M：ミトコンドリア，C：中心体

コラム

― 細胞構造の観察 ―

細胞の構造は**光学顕微鏡**（light microscope：LM）を用い，固定，染色して観察する．生きた細胞は**位相差顕微鏡**や**微分干渉顕微鏡**で観察できる．他に**偏光・蛍光・共焦点レーザー顕微鏡**などがあり，共焦点顕微鏡（confocal microscope）では，厚い試料でも焦点面を少しずつずらしながら三次元的構造を得られる．

微細構造の研究に**透過型電子顕微鏡**（TEM）[注1]，**超高圧電子顕微鏡**（HVEM）[注2] あるいは試料の表面を立体的に観察する**走査型電子顕微鏡**（SEM）[注3] が利用されるようになってから，細胞像は飛躍的な変貌を遂げてきた．さらにそれらの機能も分子の次元で議論されるようになった．一方，試料作製技術も**急速凍結法**（組織を固定することなく急速凍結し，そのまま薄切して組織化学に応用する技術）や，割断して内部を観察するための**凍結割断法とフリーズ・エッチング法**[注4] など，目的に応じて種々の改良がされている．細胞の微細構造のみでなく，**元素分析顕微鏡**が開発され，歯や骨のカルシウム，リンなどの構成元素の解析ができる．さらに，**原子間力顕微鏡**（atomic force microscope；AFM）では，鋭利なプローブで試料表面を走査した情報をコンピュータで処理して画像とする．固定や染色法を用いないで生きた細胞なども観察可能で，DNAやタンパク質などを追究できる．

【注】
1) transmission electron microscope（TEM）（図）：光学顕微鏡での光線の代わりに電子線を用い，レンズの代わりに電磁場による電子レンズを用いた顕微鏡である．分解能は0.1 nmで，250,000倍以上拡大できる．
2) high-voltage electron microscope（HVEM）：一般の電子顕微鏡の10倍，100万ボルトの電位差で電子を加速する．この高電位差で厚い標本（1～5 μm）でも観察でき，三次元的構成を立体的にとらえることができる．
3) scanning electron microscope（SEM）：試料に当たって反射した二次電子によって物体の構造を結像させる．焦点深度が深いので試料の表面の立体的観察に適している．分解能は4 μm．細く絞った線状の電子線によって試料表面を走査する．
4) freeze-etching：試料を凍結し，強く打撃を加え割断し，水分をとばした後，細胞表面や内部の膜の外側に炭素を吹きつけてできた鋳型を観察する技術．

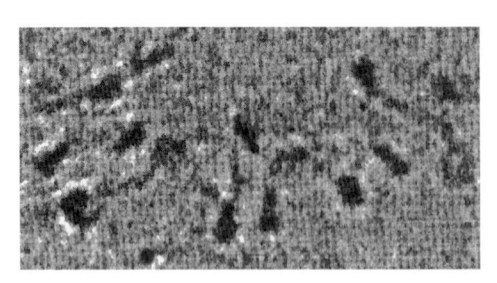

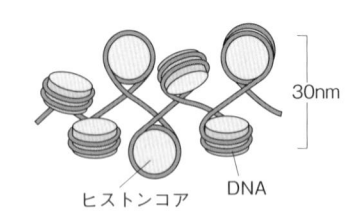

図　二重らせんDNA（ヌクレオソーム）のTEM像と模式図（Albertsら，2002）

コラム

── 生物の多様性と分類〔種（species）と学名（scientific name）〕──

　分類学上の基本単位を**種**といい，種は交配して子孫をつくることができる個体の集団である．形態ばかりでなく，発生学，遺伝学，生態学，生理学，免疫学など各分野にわたる特徴から，他の種の個体とは容易に区別できるものである．近縁とみなされるいくつかの種をあわせて**属**（genus）とする．同様にして順次大きな単位の群を**科**（family），**目**（order），**綱**（class），**門**（phylum）という．この門が集まって「界」にまとめられる．しかし，もっと細かく区別する必要がある場合にはさらに亜をつけて**亜門**（subphylum），**亜種**（subspecies）などを用いる．たとえば，ヒトやウシガエルの分類学上の位置は次のようになる．

界	Kingdom	動物界	Animalia		
門	Phylum	脊椎動物門	Vertebrata		
綱	Class	哺乳綱	Mammalia	両生綱	Amphibia
目	Order	サル（霊長）目	Primates	無尾目	Anura
科	Family	ヒト科	Homo	アカガエル科	Ranidae
属	Genus	ヒト属	*Homo*	アカガエル属	*Rana*
種	Species	ヒト	*Homo sapiens*	ウシガエル	*R. catesbeiana*

　生物の名前は国により，また，同じ国においても地方により異なり，不便なので学術上に用いる世界共通の国際的な生物名を与えている．この名称が**学名**で，命名規約によって決められており，リンネ（Carl von Linne，スウェーデン）が初めて用いた**二命名法**（binominal nomenclature，1758年に確立）で，ラテン語あるいはラテン語化した**属名**とそれを形容するような**種名**を並べてイタリック体の文字で書き，その後に命名者名を記入する．この場合，属名の最初は大文字とし，種名は小文字で書く．生物の標準的な日本名を**和名**という．たとえば，ニホンアカガエル（**和名**）の**学名**は *Rana japonica* だが，*Rana* は属名で，*japonica* は種名である．

I. 細胞の構造と機能

1-ウイルス（virus）

　ウイルスは細菌より小さく（15〜300 nm），電子顕微鏡ではじめて観察できる．形は球状，多面体あるいはオタマジャクシ様である．

　多くの生物の細胞内に寄生し，インフルエンザ，肝炎，AIDSなどの病原体となり，また，ある種はヒトの癌細胞内に発見され，医学的にも重要な存在になっている（図2-2）．

　ウイルスは最も単純な生物の特徴の一部をもち，生きた細胞内では増殖できるが，一般生物のような成長はできず，代謝機能ももっていない．ウイルスは新しく子孫をつくる材料をもたないので，増殖に必要な機能の大部分を宿主の細胞に頼っている．植物ウイルスの代表的なものはタ

バコの葉にモザイク病を起こさせるタバコモザイクウイルスで，約5%がRNAで残りはタンパク質である（図2-3）．

ウイルスの宿主が細菌であるものを**バクテリオファージ**（bacteriophage）といい，保護用のタンパク質の殻（外皮・カプシド）に包まれている核酸を含む頭部とタンパク質からなる尾部よりなっている．大腸菌を宿主とするT_2，T_4ファージでよく研究されている（図2-4，5）．

2-原核細胞（prokaryote）

細胞には2つの基本型，すなわち細胞内に核としての形が観察されない原核細胞と，核が明確

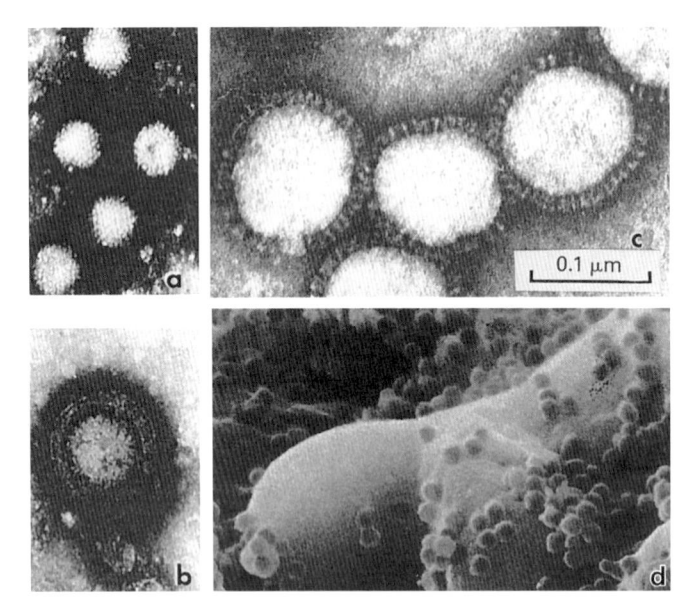

図2-2 ヒトの病原体ウイルスの電顕像
（Lodishら，1995）
a：アデノウイルス
b：ヘルペスウイルス
×50,000
c：インフルエンザウイルス
d：HIV（AIDSの病原体）

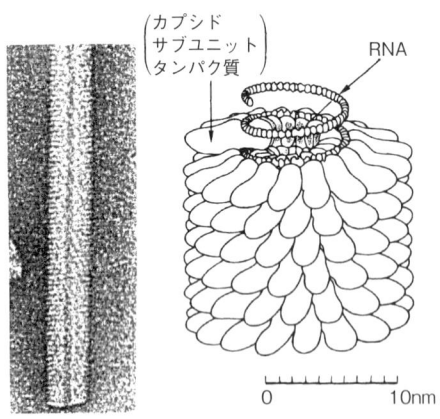

図2-3 タバコモザイクウイルスの構造模式図
中心から約4nmのところにRNAが，らせん状に取り巻いている（Graham）．

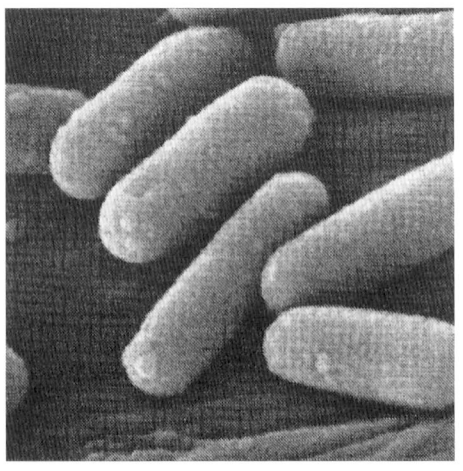

図2-4 大腸菌（*Escherichia coli* K-12）（Albertsら，2002）

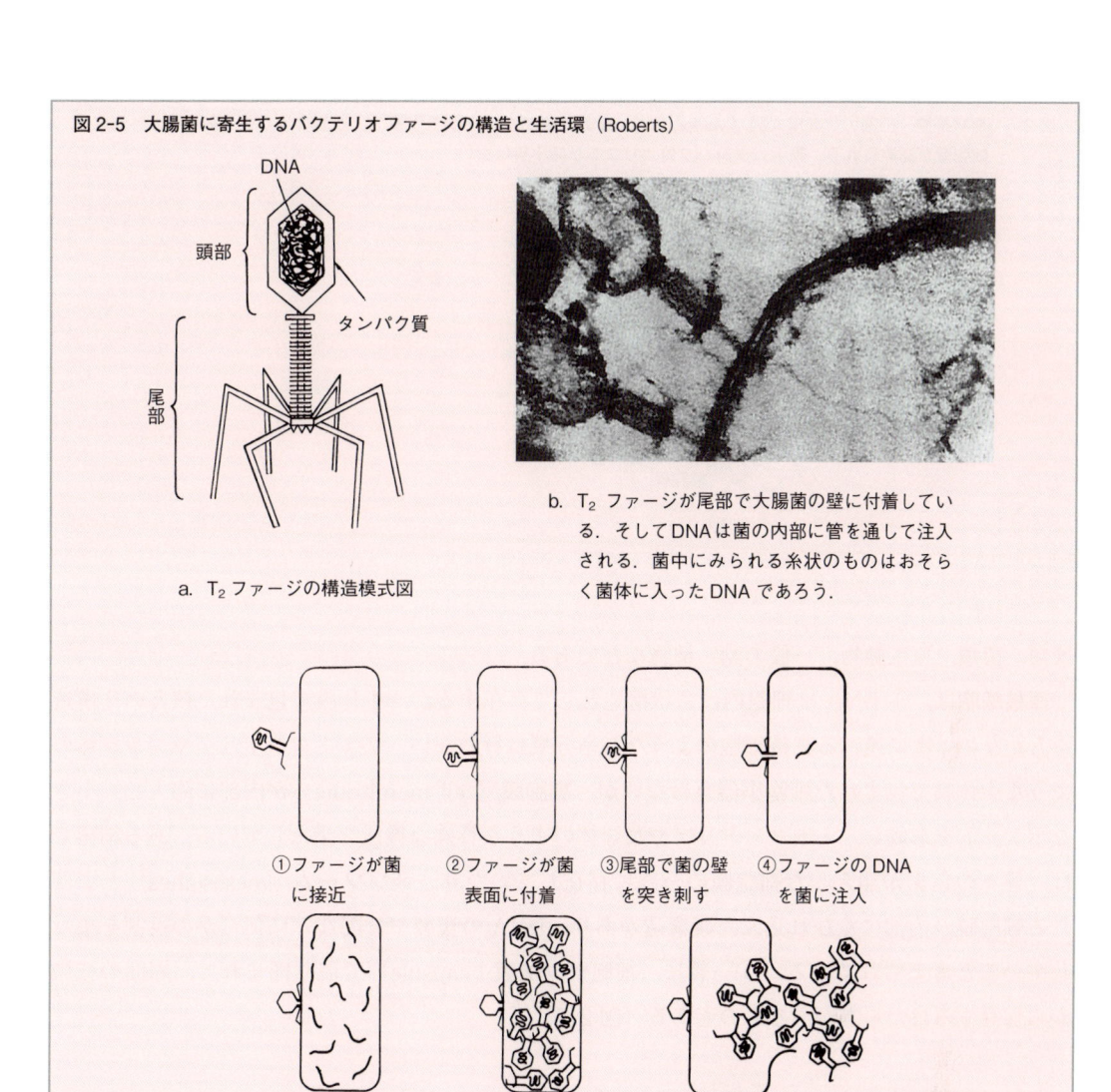

図2-5 大腸菌に寄生するバクテリオファージの構造と生活環 (Roberts)

a. T₂ファージの構造模式図

b. T₂ファージが尾部で大腸菌の壁に付着している．そしてDNAは菌の内部に管を通して注入される．菌中にみられる糸状のものはおそらく菌体に入ったDNAであろう．

①ファージが菌に接近　②ファージが菌表面に付着　③尾部で菌の壁を突き刺す　④ファージのDNAを菌に注入

⑤ファージのDNAが菌の中で複製　⑥新しいファージの再構成　⑦菌の溶解と新しいファージの遊出（あるファージでは300以上の数になる）

c. ファージはオタマジャクシのような形で大腸菌の壁に尾部で付着する．そしてDNAだけが菌中に入ってタンパク質の殻は外に残る．したがって，遺伝子の役割を果たしているものはDNAである．一度，DNAが菌体に入るとファージのDNAは菌の代謝系に組み込まれ，20〜30分間で全宿主菌は新しく合成されたタンパク質の殻とDNAを含んだファージで満たされる．やがて多数のファージ（約100以上）は細菌壁を溶解し菌体外に遊出し新しい菌体に入る．このような経過は他のウイルスでもだいたい同様である．
　植物ウイルスはアブラムシなどの媒介昆虫によって宿主細胞のセルロースの壁を通して注入される．

な真核細胞がある．前者は構造が簡単で進化学的に後者よりも原始的であると考えられている．原核細胞から真核細胞ができたことは進化上きわめて大切である．
　原核細胞に属する生物は，細菌，ラン藻，好熱菌などで，真核細胞をもつ生物はラン藻以外の

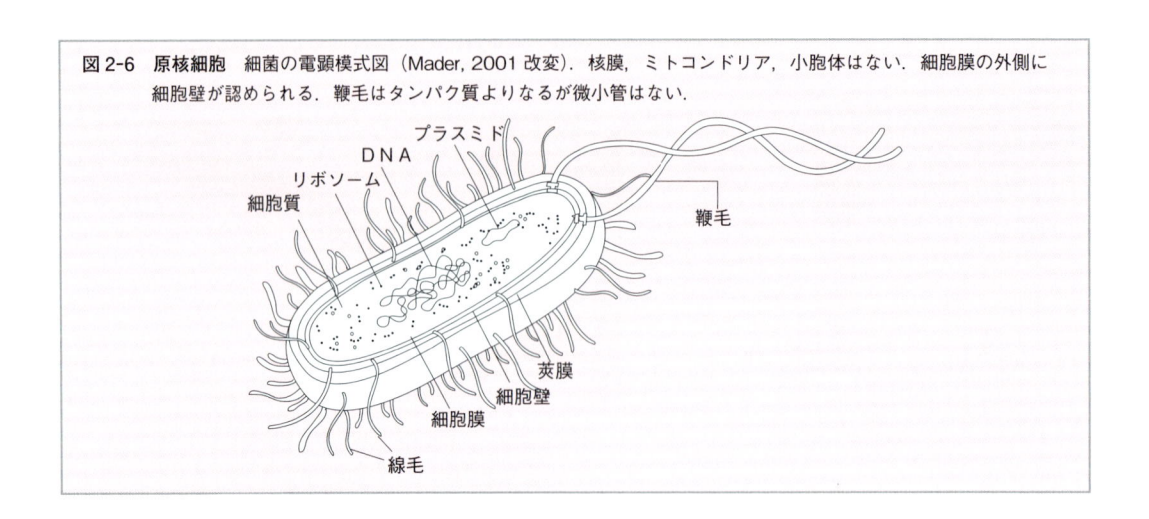

図2-6 原核細胞　細菌の電顕模式図（Mader, 2001改変）．核膜，ミトコンドリア，小胞体はない．細胞膜の外側に細胞壁が認められる．鞭毛はタンパク質よりなるが微小管はない．

藻類，菌類，原生動物，一般の動・植物などである．

　原核細胞は，①DNAは細胞内に糸状構造として存在するが，生体膜で包まれた核という構造をもたない．次に述べる真核細胞のような有糸分裂は行わない．②ミトコンドリアやゴルジ体のような生体膜で包まれた細胞小器官はないが，**細胞膜**（cell membrane）が内部に陥入し，小さなポケットを形成し，ミトコンドリアや葉緑体のような特殊な機能を果たしている．ある細菌では，種々の色素が陥入した細胞膜の一部に存在していたり，**メソソーム**（mesosomes）とよばれる細胞膜が内部にくびれ込んだ膜構造があり，DNAの複製や分配などに何らかの役割を果たしていると考えられている．③一般に，細胞壁（**被膜**：capsule）で取り囲まれて，周囲の乾燥から保護するはたらきがあるものもある（図2-6）．

3-真核細胞（eukaryote）

　真核細胞は，①**生体膜**で包まれた核をもち，②よく発達した細胞小器官があり，③有糸分裂をする．

　細胞を構成している物質は**原形質**（protoplasm）で，核を構成する**核質**（karyoplasm）と細胞体を構成する**細胞質**（cytoplasm）に分けられ，特殊な機能をもつ**細胞小器官**（organelles：細胞核，ミトコンドリア，ゴルジ装置，小胞体，色素体，リソソームなどの総称）とよばれる内部構造を含んでいる（図2-7）．

　動・植物の細胞はきわめてさまざまな大きさ，形，内部構造をもっている．動物細胞の大きさは平均 15 μm[注1]，ヒトでは約 17 μm，植物細胞では約 40 μm である．最大の細胞はトリの卵[注2]であるが，これは高度に分化していて典型的な細胞とはいえない．

　　【注】　1）　1 mm=1/1,000 m，1 μm=1/1,000 mm，1 nm=1/1,000 μm，1 Å=1/10 nm
　　　　　2）　卵の大部分は卵黄で，これは細胞の機能的構造の部分ではない．トリ卵の殻も卵白も細胞の一部とは考えられない．これらはトリの輸卵管から分泌された物質である．

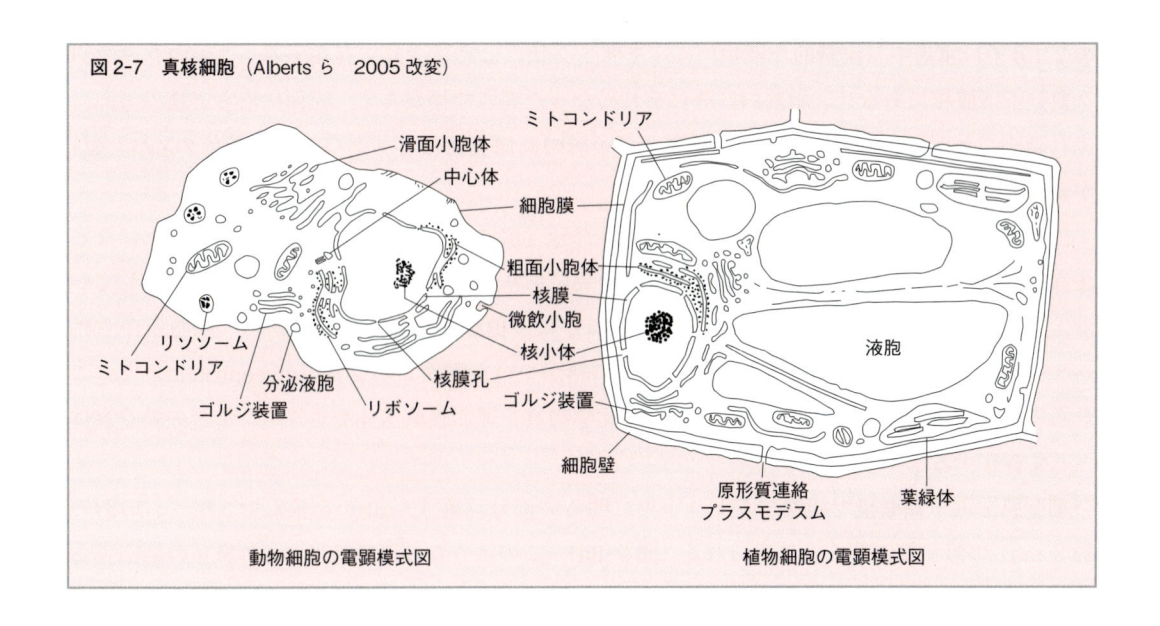

図2-7 真核細胞（Alberts ら 2005 改変）

動物細胞の電顕模式図　　植物細胞の電顕模式図

　最小の細胞はある種の微生物で直径 0.3 μm より小さい．細胞の大きさや形は機能に関係し，その形は一般に球形であるが，多くはそれぞれ特徴的な形態をもっている．アメーバや白血球のように移動するときに形を変えるもの，神経細胞のように長い突起をもち遠いところまで興奮を伝達するもの（ヒトの神経細胞は 1 m にも達する），表皮細胞のように体表を覆うために小さなブロックのように特殊化したものなどがある．

[1]　細胞膜（原形質膜，形質膜，生体膜）（plasma membrane, biomembrane）（図 2-8）
　生命を維持するために必要な多くの化学反応を行うため，細胞は適当な内部環境を維持する．細胞小器官の多くは生体膜に包まれている．この**膜**は細胞質からの境界としてのはたらきをしているばかりでなく，種々の機能をもっている．すなわち，細胞は周囲の環境が変化しても一定の状態を調整していかなければならない．すべての細胞は細胞膜によって外部環境と隔てられているので，内部環境を調整していくことができるのである．
　細胞膜は細胞の表面を境する薄い生体膜（厚さ約 7.5〜10 nm）であるが，植物細胞には細胞膜から二次的につくられたセルロース質の**細胞壁**（cell wall）があり，周囲の環境に接している．
　現在，生体膜の構造について最も支持されているのは"**流動モザイクモデル**（fluid mosaic model）"である．

1. 流動モザイクモデル
　シンガーとニコルソン（Singer, S.J. and Nicolson, G.L. 1972）によって提唱された仮説である．リン脂質が水と親和性をもつ極性頭部を膜の両面に向け，一方，疎水性の尾部を膜の内面に向けた 2 重の層を形成している．膜を構成している球状のタンパク質（内在タンパク質）はリン脂質

の2（分子）重層中（流動的な液相）に，モザイク状にはめ込まれて存在する．この内在タンパク質分子は液相にあるリン脂質内にそれぞれ異なった高さで浮かんで，膜面に沿って横の方向に流れ動くことができる．また，リン脂質2分子層の両側表面にもタンパク質（表在タンパク質）が結合している．

　内在タンパク質もリン脂質と同じく，親水性部分（水になじむ部分）と疎水性部分（水になじまない部分）からなり，疎水性の部分は膜の中央にあり，親水性の部分は膜の表面に露出している．膜の成分としてリン脂質とタンパク質のほかに多糖類がある．外表面から（細胞質から外へ）突出している糖鎖は主としてタンパク質に糖がついた**糖タンパク質**（glycoprotein）で，これらのタンパク質複合体の機能は，イオンや化学物質を運ぶ膜輸送体やホルモンなどの膜受容体として存在する．

　細胞膜を電子顕微鏡で観察すると，中央に明るい部分（約3.5 nm）を挟んで2層（おのおの約2 nm）の暗い線が明らかにみられる（図2-8a）．このような3層構造は，どの種類の細胞膜あるいは他の膜にも共通してみられる基本構造である．暗い線はリン脂質の**親水性頭部**を示し，明るい部分は**疎水性尾部**を示している（図2-8b）．

2. 糖衣（glycocalyx）（図2-9）

　動物細胞は細胞表面に糖・脂質・タンパク質複合体である粘液性の物質からなる薄い外被で包まれ，これは**糖衣**〔（皮）細胞外皮〕とよばれ，細胞間物質あるいは**細胞外基質**（extracellular matrix）よりなる．糖衣は生体膜中の糖脂質，糖タンパク質，**プロテオグリカン**の糖鎖部分が伸展したものである．**ラミニン**（laminin），**フィブロネクチン**（fibronectin），**ビトロネクチン**

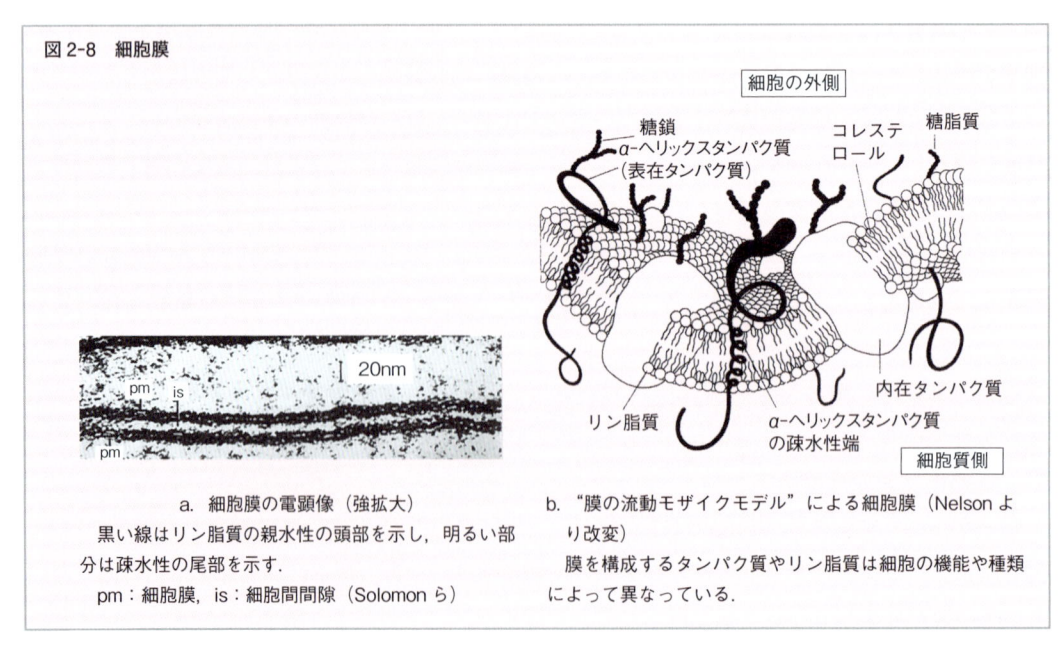

図2-8　細胞膜

a. 細胞膜の電顕像（強拡大）
　黒い線はリン脂質の親水性の頭部を示し，明るい部分は疎水性の尾部を示す．
　pm：細胞膜，is：細胞間間隙（Solomonら）

b. "膜の流動モザイクモデル"による細胞膜（Nelsonより改変）
　膜を構成するタンパク質やリン脂質は細胞の機能や種類によって異なっている．

図2-8 (つづき)

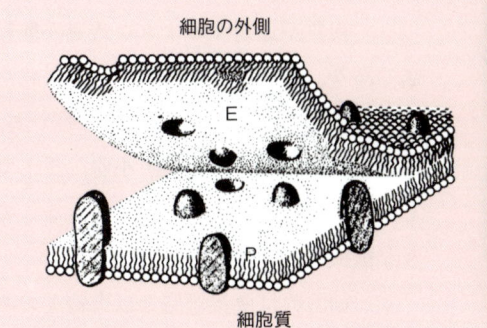

c. 脂質2分子層の疎水性のところに沿って割断されている.

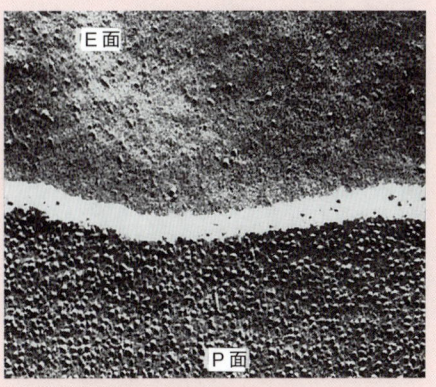

d. 凍結割断法で得た細胞膜の構造（サルの目の細胞膜）（Fawcett）
多くの膜内粒子がP面にみられ，E面には少ない.

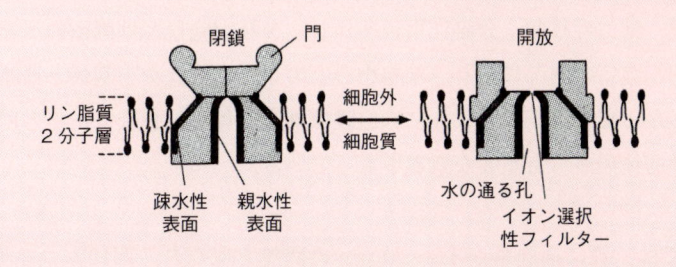

e. イオンの出入する"ゲートをもったイオンチャネル" gated ion channel の閉じたときと開いたときの構造を示す模式図（Alberts, B. より）
　　細胞膜はいろいろな物質をいろいろな方法で通過させるが，その1例として，細胞膜にはチャネルタンパク質があり，イオンを選択的に通過させる．すなわち，あるイオンは通過させるが，あるイオンは通過させない仕組みになっている．横断面中にみられる透過膜タンパク質はゲートが一時的に開いたときのみリン脂質2分子層を切って水の通る孔が形成される．そしてまた閉鎖される．
　　親水性のアミノ酸側鎖が孔の壁に沿って裏打ちしていると考えられる．この孔はある場所（"イオン選択性フィルター"）では原子の大きさに対して狭い．ゲートの一時的な開放は膜電位の変化などの膜の特殊な二次的効果によって起こり，これは各チャネルによって違っている．

(vitronectin)，**コラーゲン**（collagen）なども成分としてあり，動物種，器官や細胞の種類によって組成は異なり，細胞相互の認識や免疫反応，形態形成のための細胞接着など，細胞の増殖，代謝や移動などに重要である．

3. 細胞膜の機能

　細胞膜は細胞とそれを取り巻く外部環境との間に多くの複雑な関係をもっている．

　① 細胞膜は細胞の内外への物質の出入を調整している．細胞膜は栄養物質の通過を助けたり，不要物質を排出したりする．この物質の膜の通過は分子量が小さいものほど容易であり，ま

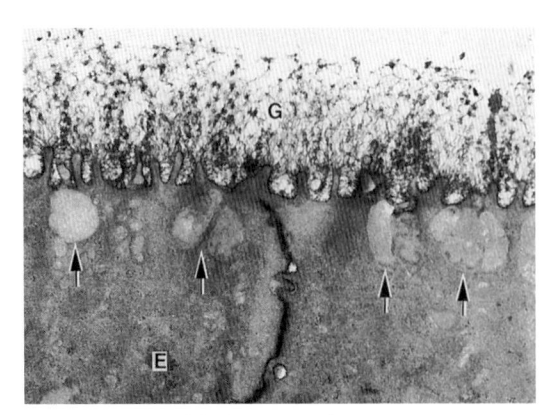

図 2-9 表皮細胞（E）（木下 勉博士）
ルテニウム赤で糖衣（G）が強く染まっている．細胞の表層部には分泌顆粒（矢印）が観察される．

た脂溶性や荷電状態によって透過性は変化する．この透過の方法は**受動輸送**といわれる．一方，濃度勾配や電気化学的勾配に逆らって物質が通過するような透過が**能動輸送**であり，選択的に細胞内に取り入れられるのは主としてこの方法によるのである．細胞膜に限らず，細胞核，小胞，ミトコンドリア，葉緑体などの生体膜もみなこのような**選択的透過性**をもっている．

② 細胞膜は隣接細胞とは構造上の関係あるいは化学物質の反応関係を維持している．膜内のタンパク質は互いに認識し合い，連絡をとり，ある場合には密着し，物質交換をしている．

③ 細胞の保護，細胞の移動，分泌作用に関係し，神経細胞などは刺激の伝達に重要である．

細胞膜の一部が細胞質の内部に入り，細胞小器官のゴルジ装置や小胞体と連絡し，さらに核外膜に続くことがわかってきた．このように細胞膜は細胞全体を包む膜であると同時に，細胞膜系として細胞生理学的機能からも重要な意義をもっている．

4. 細胞間結合

相接する細胞では一般に細胞膜が 1.5〜20 nm の間隔で保たれ，間にムコ多糖類が存在する．隣接する細胞の膜タンパク質（主として**カドヘリン**）が相手側の同種カドヘリンを認識して，強く結合する．上皮細胞の細胞接触部で電子顕微鏡によって詳しく解明されたのが**細胞間結合装置**[注]（図 2-10）である．

　【注】**閉鎖帯**：最も表面に近いところで隣接細胞膜は密着して細胞間隙がない．
　　　　接着帯：細胞間隙は狭く約 20 nm で，電子密度の高い物質がある．
　　　　デスモソーム（接着斑）：相接する細胞膜にある電子密度の高いボタン状の構造である．中間径フィラメントの束が付着している．細胞間隙は約 24 nm.
　　　　ヘミデスモソーム（半接着斑）：表皮の基底膜（板，層：basement membrane, basal lamina）に面する部分の細胞膜にあるデスモソームを半分にした形の構造で，表皮と下の結合組織との結合を強くしているもの．
　　　　ギャップ結合：細胞膜間に**膜内粒子**（6個のタンパク質単位からなる**コネクソン**）構造を形成し，電気的に細胞相互は連結して，イオンや色素は移動する．2〜4 nm の間隙．

[2] 核（nucleus）（図 2-11）

核は細胞に通常 1 つ存在する．しかし，肝細胞や軟骨細胞などでは 2 つの核をもつものもあるし，骨格筋は多くの核（多核）をもっている．一般に，核は球形（径 5〜7 μm）あるいは円盤状で，細胞の**制御中心**といわれる重要な構造物である．実験的にアメーバの核を除去すると死ぬ．

図 2-10　細胞間結合装置

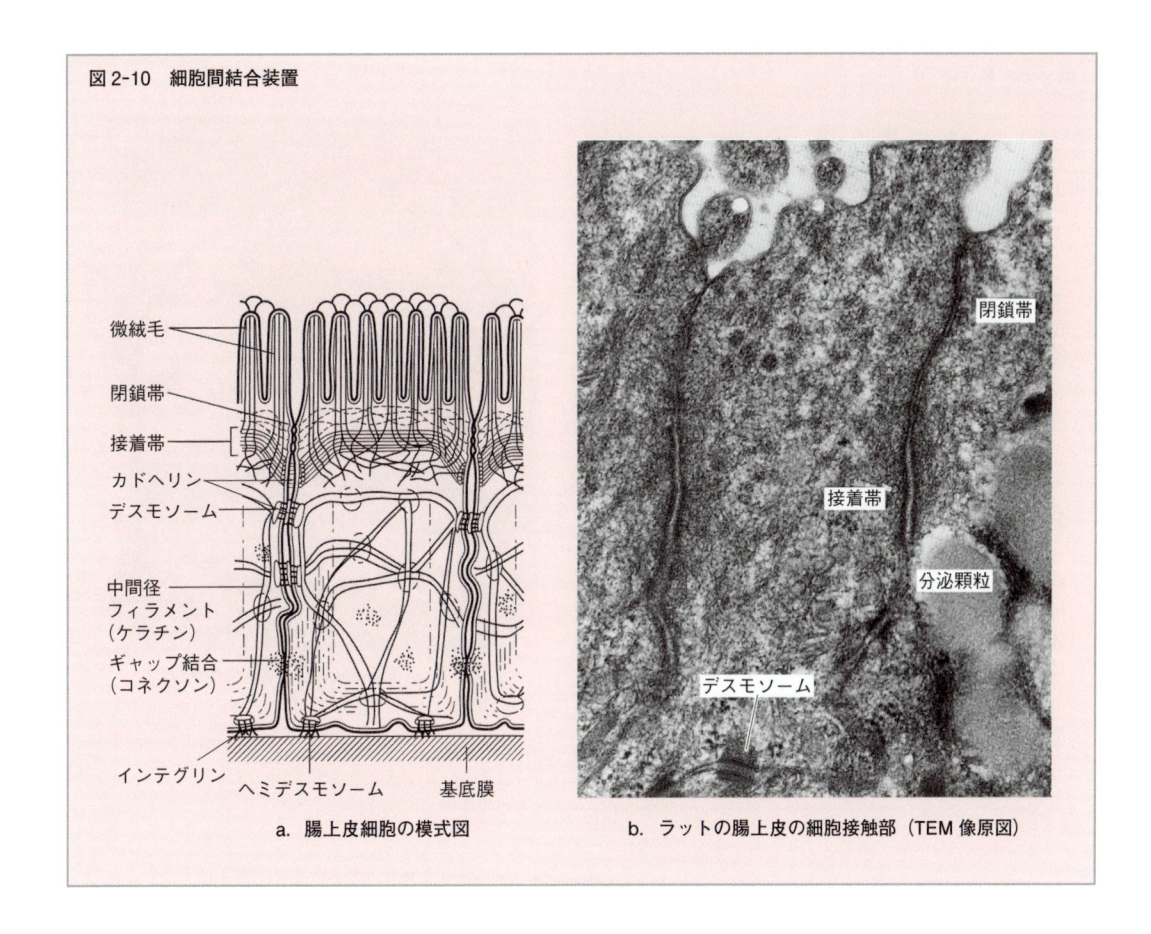

a. 腸上皮細胞の模式図

（ラベル：微絨毛、閉鎖帯、接着帯、カドヘリン、デスモソーム、中間径フィラメント（ケラチン）、ギャップ結合（コネクソン）、インテグリン、ヘミデスモソーム、基底膜）

b. ラットの腸上皮の細胞接触部（TEM像原図）

（ラベル：閉鎖帯、接着帯、分泌顆粒、デスモソーム）

　核の主成分は**染色質**（クロマチン：chromatin）である．染色質は主として核膜に沿って，また核小体の周囲にあり，電子密度の高い顆粒，あるいは微細線維の集まりとして存在する**DNA**（デオキシリボ核酸：deoxyribonucleic acid）および**タンパク質**からなる複合体である．ほとんどすべての真核細胞のDNAは核中に隔離されており，総細胞量の約10%を占めている．細胞分裂中には染色質は凝集して**染色体**（chromosome）となる．染色質は光学顕微鏡では塩基性色素によく染まり，また DNA 検出のためのフォイルゲン反応に陽性である．染色質は濃縮されている部分〔**異（質）染色質**（heterochromatin）〕と分散されている部分〔**（真）正染色質**（euchromatin）〕がある．代謝上は真正染色質のほうが**RNA（リボ核酸）**合成能が高く，異質染色質は比較的不活性なことが多い．

1. 核膜（nuclear membrane）（図 2-11, 12）

　核は核膜によって囲まれていて，**核膜外膜**は小胞体に連続している．核膜はその内外に**中間径フィラメント**（intermediate filament）[注1]が網目状になって絡んでいる．すなわち，1つは核のすぐ内側の核質側に電子密度の高い薄い層の**核ラミナ**（nuclear lamina）[注2]で**核膜内膜**を支持している．

図2-11 核

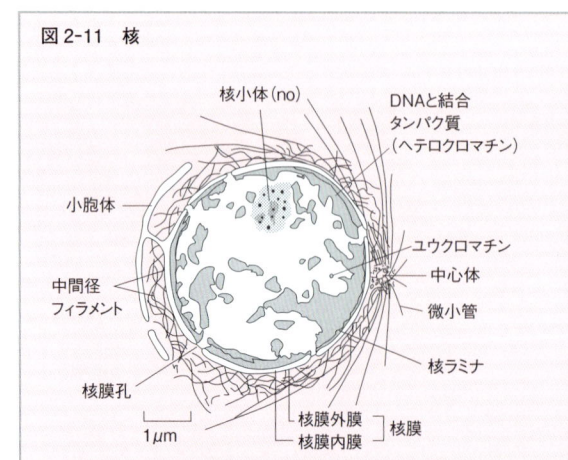

a. 典型的な核の断面．電顕的模式図

核膜は2層の膜からなり，核膜外膜は小胞体に続いている．核膜内膜の脂質2重層は核膜孔のところで融合している．この部分で核の内・外膜が続いているので，膜に溶解した脂溶性物質（脂質と膜タンパク質）がその合成場所にある小胞体から核の内・外膜へ流れることができるのである．

核外のループ状の中間径フィラメントは核膜の支持として働き，核内の線維はシーツ様の核ラミナを形成している．

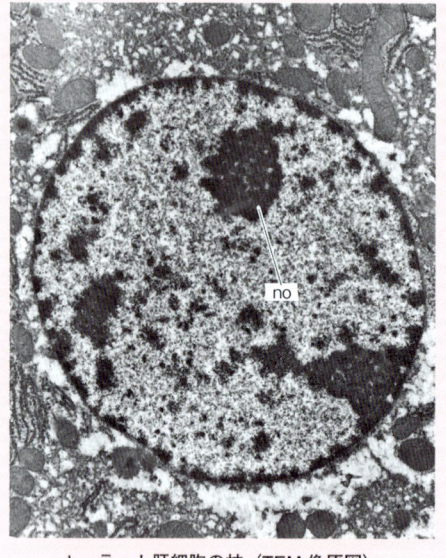

b. ラット肝細胞の核（TEM像原図）
no：核小体

【注】
1) 細胞質にある強く，丈夫なタンパク質線維である．直径が8〜10 nmで，動物細胞では核を取り巻いてバスケット（basket）を形成し，細胞質全体に網目状にまた細胞質周辺に緩やかに曲がって分布している．細胞や核の機械的支持のはたらきをしている．
2) 核ラミナは直径約10 nmの線維が十字形の網目状構造を示し，タンパク質に富み，シーツ状に単離できる（図2-12d）．静止核の核内膜の内側を裏打ちし，核内膜と染色質とを結ぶ不連続で厚さ30〜100 nmの層をなしている．核ラミナの外面は核膜孔を適当な位置に保持するはたらきと，核の形を保持する役割を果たしている．

電子顕微鏡で見ると核膜は複雑な構造で，10〜30 nmの間隔の**核周辺槽**（perinuclear space）を挟んで**外膜**と**内膜**の2つの平行な膜（各約7.5 nmの厚さ）からできている．核膜は小胞体から由来したと考えられる膜系で，外膜は小胞体とつながり，小胞体のように細胞質の面に多くのリボソームをもち，機能的にも粗面小胞体と同様，タンパク質合成能をもっている．

真核生物の核膜は**核膜孔**（nuclear pore）によって貫通されている．この孔は**核膜孔複合体**（nuclear pore complex）とよばれる円盤状の構造に取り囲まれている．複合体は八角形に並んだタンパク質顆粒ヌクレオポリンなどで縁取られている．この複合体は二重膜を貫通し，膜面を垂直断面で見ると核膜複合体の内・外膜のリン脂質の二重層が各孔の縁を取り巻いて融合している．この部分で核の内・外膜が続いているので，膜に溶解した脂溶性物質（脂質と膜タンパク質）が，その合成場所である小胞体膜から核の内膜へ流れることができるのであろう．核膜孔複合体

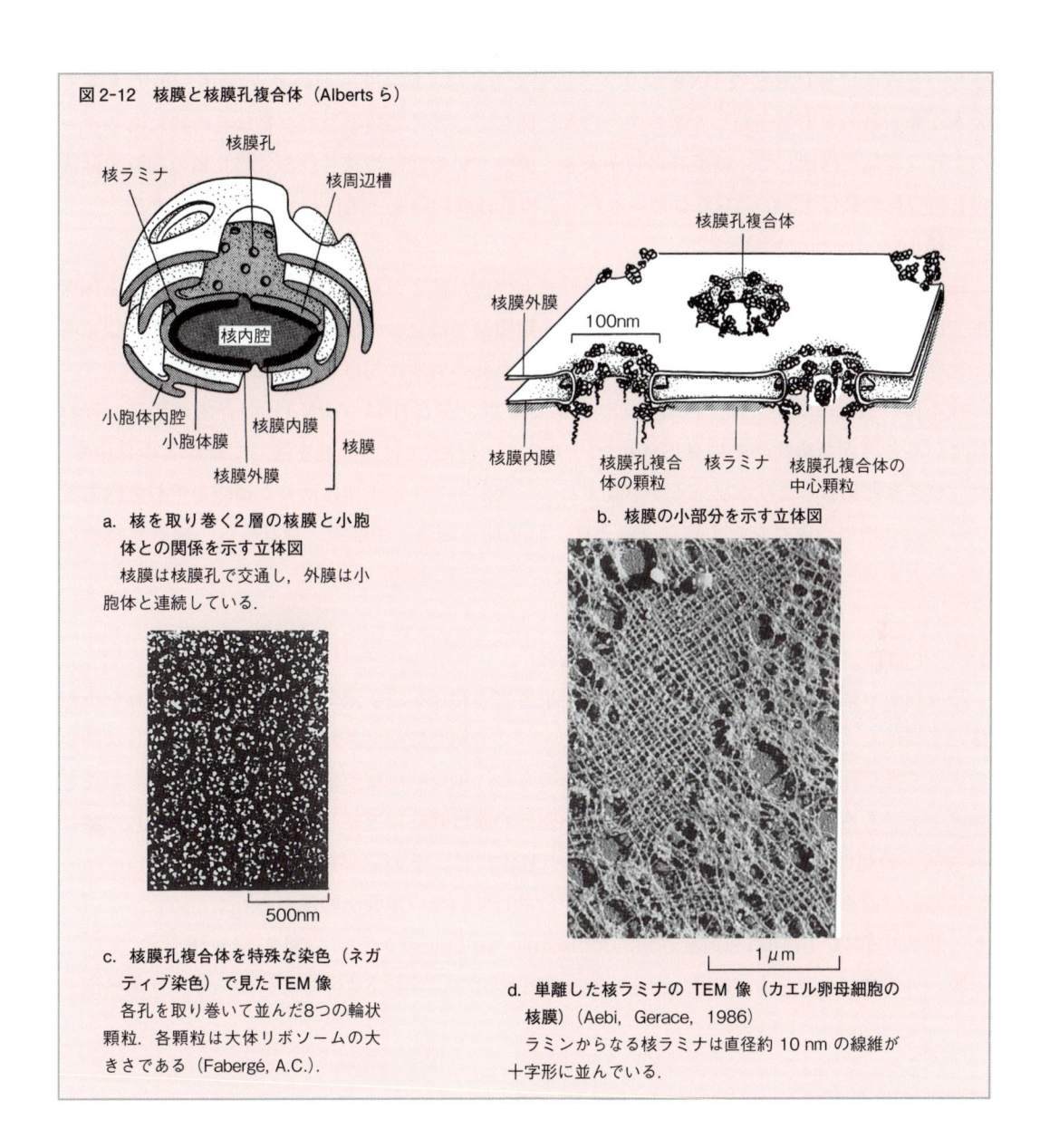

図2-12 核膜と核膜孔複合体 (Alberts ら)

a. 核を取り巻く2層の核膜と小胞体との関係を示す立体図
　核膜は核膜孔で交通し，外膜は小胞体と連続している．

b. 核膜の小部分を示す立体図

c. 核膜孔複合体を特殊な染色（ネガティブ染色）で見た TEM 像
　各孔を取り巻いて並んだ8つの輪状顆粒．各顆粒は大体リボソームの大きさである（Fabergé, A.C.）．

d. 単離した核ラミナの TEM 像（カエル卵母細胞の核膜）（Aebi, Gerace, 1986）
　ラミンからなる核ラミナは直径約 10 nm の線維が十字形に並んでいる．

の部分には染色質がみられない．

　各複合体の真中の孔は水で満たされた管で，水溶性分子はこれを通って核と細胞質の間を通過する．

　核膜は細胞質内ではたらく多くの粒子，線維や大きな分子などを核質から隔てるはたらきをしている．例えば，細胞質の成熟したリボソームは直径 9 nm と推定される孔を通過することができないので，タンパク質合成はすべて細胞質で起こることが保証されるのである．

　細胞分裂時には，細胞の代謝活動を調節する mRNA の細胞質への伝達，RNA 合成に必要な物質の細胞質から核への移動など，物質輸送の通路として核膜孔は重要な役割を果たしている．し

かし，どうして核は必要なDNAポリメラーゼやRNAポリメラーゼのような10～20万もある大きな分子量のものを通過しうるのか．これに関して，多くの核タンパク質は孔の縁にあるタンパク質受容体に作用して，核膜孔の管が大きく開いている間に輸送される．哺乳類の細胞では核膜孔複合体の数は3,000～4,000コであるが，この数は細胞周期と関係して著しく変化する．

2. 核小体（nucleolus）

核内にある球形の小体（30～50 nm）で普通1つまたは2つあり，光学顕微鏡で，また生体標本では位相差顕微鏡で容易に認められる．電子顕微鏡では2つの構成要素，すなわち顆粒状領域と線維状領域が認められるのが特徴的である．核小体の外側に膜は認められない．

核小体の機能については，核酸の1つである**リボソームRNA**（rRNA）の合成が活発に行われていることが組織化学的に見出された．リボソームRNAは核膜孔を通じて細胞質中に出て，タンパク質と結合してリボソームを形成する．したがって，核小体は活発な機能を営む細胞あるいは盛んに増殖，成長を示す細胞（例えば，胎生期の細胞，腺細胞，神経細胞，線維芽細胞など）に大きく，明瞭に認められる（図2-13）．

[3] 小胞体（endoplasmic reticulum；ER）

培養細胞の細胞質内にレース様構造をもつ小器官の存在を電子顕微鏡で認め，後にこれを**小胞体**と名づけた．赤血球を除く動物のほとんどすべての細胞に発見されている．形，大きさは細胞によって異なり，扁平嚢が層状に重なった形のもの，細管，小胞が網目状につながったものなどさまざまである．細胞膜，核膜そしてこの小胞体の膜は互いに連絡しているので，これらの膜はみな同一の起源のものと考えられている．小胞体には，その限界膜に**リボソーム**（ribosome）が付着している**粗面小胞体**と，リボソームが付着していない**滑面小胞体**がある．

1. 粗面小胞体（rough surfaced endoplasmic reticulum；rER）（図2-14～16）

膜の外側にリボソーム（直径12～15 nm，大小のサブユニットよりなる）があり，リボ核酸タ

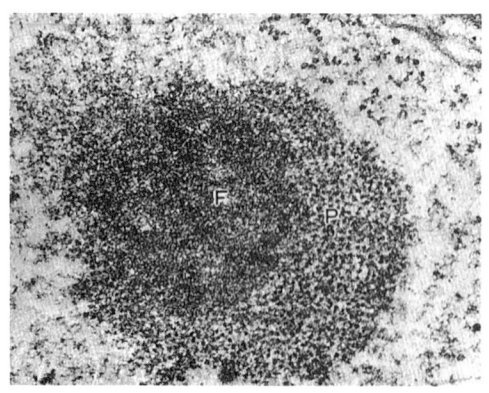

図2-13 核小体
顆粒状領域（P）と線維状領域（F）

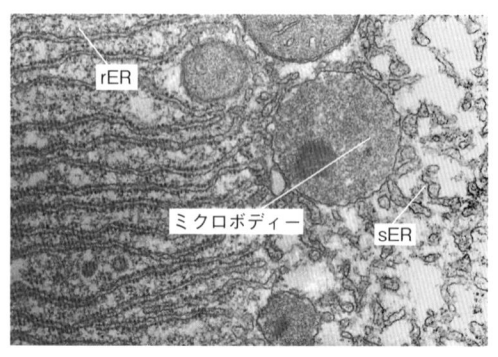

図2-14 ラットの肝細胞の小胞体〔rER, sER, ミクロボディー（ペルオキシソーム）原図〕

図2-15 真核生物細胞のタンパク質合成（DNA→RNA→タンパク質）（Albertsら，1994）

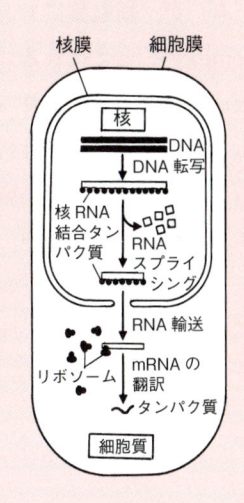

核膜は核の外に機能的リボソームを保持しているので，核からRNAが細胞質に輸送される前にRNAは大幅に**スプライシング**（splicing）*される．そして細胞質においてリボソームによってタンパク質に翻訳される．このようにRNAの加工と輸送という段階はDNA転写とRNA翻訳との中間に起こる．

*スプライシング：核RNA（イントロンを含む）が翻訳前に核内で酵素によって2つあるいはそれ以上に切断され，イントロンを捨てて残りのRNAをつなぎ合わせること．核やミトコンドリアなどで行われる．RNAはこうして核から細胞質のリボソームへ運ばれ，タンパク質に翻訳される（これらを**セントラルドグマ**とよぶ）．

図2-16 膜の連続性とリサイクル（Purvesら，1998） 矢印は細胞内でいかに膜が形成され，移動し，そして融合するかその経路を示す．

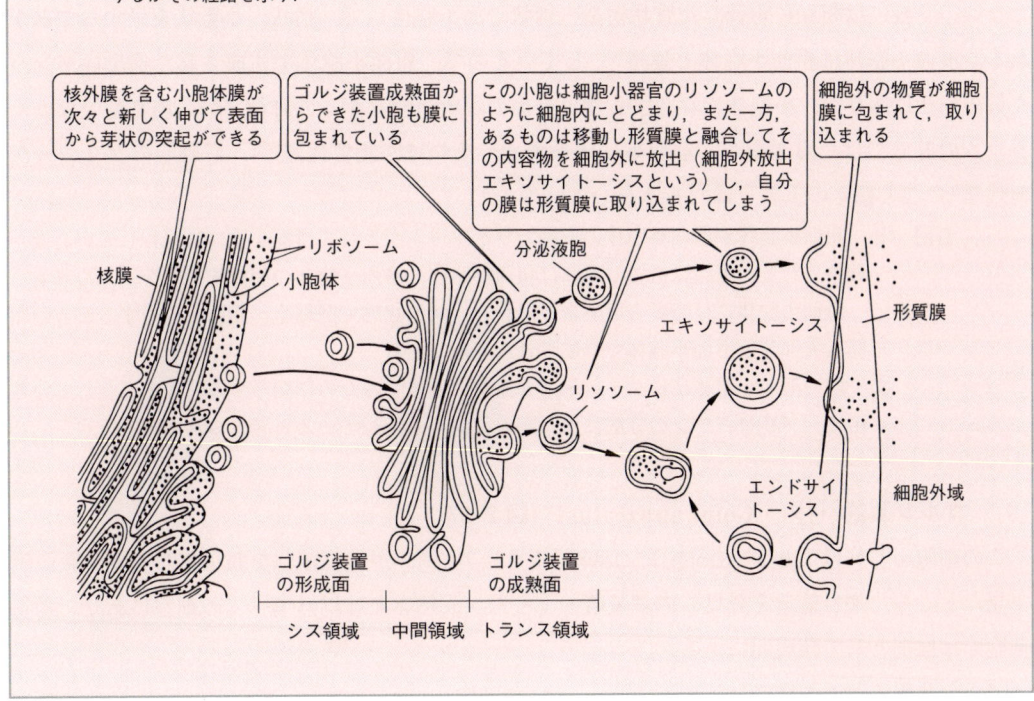

ンパク質複合体（ribonucleoprotein complex）なのでRNP粒子ともよばれる．赤血球を除く細菌から植物に至るどの細胞にも存在する．リボ核酸（RNA）を含んでいるので，光学顕微鏡で

は好塩基性を呈する．リボソームは電子密度が高く，タンパク質合成を活発に行っている細胞に高度に発達し，小胞体膜に局在[注1]することが多い（**膜結合型リボソーム**）が，細胞質にも遊離して散在する．このようなリボソームは**遊離型リボソーム**（free ribosome）[注2]とよばれる．リボソームはタンパク質の合成部位であるが，膜付着リボソームは原則的に細胞から輸出されるタンパク質の合成に関係し，一方，遊離型リボソームは細胞増殖を続けるために，また細胞骨格に組み込まれるタンパク質など，細胞内で使うために必要なタンパク質の合成の場である．小胞体の膜は多くの酵素をもち，そこで細胞の化学反応が起こる．小胞体は多くの物質を細胞内の一部から他の部分に，あるいは細胞外や核の中へ輸送するはたらきをする．小胞体の嚢（ふくろ）は物質の一時的な貯蔵場でもある．粗面小胞体は膵外・内分泌細胞，杯細胞，神経細胞，唾液腺細胞，肝細胞などのタンパク質合成の盛んな細胞によく発達している．

【注】　1）　神経細胞ではリボソームは集団をなしているところと疎なところなどがある．
　　　　2）　多くの細胞では5〜6つのリボソームが連なっている．ポリソームあるいはポリリボソームとよばれ，タンパク質合成の機能単位である．

2．滑面小胞体（smooth surfaced endoplasmic reticulum；sER）（図2-14）

　小胞体膜にリボソームが付着していない小胞体である．どの細胞にもあるが量的にはあまり多くない．一般には相互に吻合した管状構造（管状滑面小胞体）で，槽状，小胞状を呈することがある．滑面小胞体は粗面小胞体と連絡[注1]しているので，粗面小胞体で生成された輸出性タンパク質の輸送に関与し，小胞体に存在する物質を他の場所へ輸送するのに役立つ．筋細胞ではカルシウムの貯蔵のはたらきをし，筋収縮に関係する．そのほか脂質代謝[注2]，肝細胞のグリコーゲン代謝[注3]など種々の重要なはたらきをしている．

【注】　1）　粗面小胞体が滑面小胞体の一端でリボソームがとれて滑面小胞体に移行している像が観察される．細胞は必要があれば粗面小胞体と滑面小胞体の相対的な量を変えられる．
　　　　2）　滑面小胞体には脂質合成酵素が局在し，病的状態で肝細胞に脂肪が沈着するときの脂肪も大部分は滑面小胞体で合成されたものである．
　　　　3）　肝の滑面小胞体にはグルコースを血中に遊離するために関与する酵素が局在しているので，グリコーゲンの分解に何らかの役割を果たしていると考えられている．

[4]　ゴルジ装置（体）（Golgi apparatus）（図2-17）

　この細胞小器官は**ゴルジ**（Golgi, C. 1898，イタリア）[注1]が神経細胞を銀染色して光学顕微鏡で見たところ，網目構造を発見し**内網装置**とよんだ．成熟赤血球以外すべての細胞にあり，動物細胞では原則として核周囲にある．

　ゴルジ装置の基本的構造は，

①　膜構造[注2]からなる**扁平嚢（槽）**（cisternae）が平行に配列（**ゴルジ層板**[注3] stack）したものからできている．

②　**移行（輸送）小胞**（transporting vesicle）がシス・トランス領域に散在している．

③　**濃縮液胞**（condensing vacuole）とよばれる未熟な**分泌顆粒**がトランス領域にみられる．

図 2-17 ゴルジ装置

a. ゴルジ小胞の複合体の三次元モデル（分泌細胞の連続切片の電顕写真より再生したもの）
粗面小胞体からくびれとれた輸送小胞はゴルジ小胞の形成面であるシス領域膜に融合する．膵臓の腺房細胞では成熟面のトランス領域膜上の小嚢からくびれとれた分泌液胞は，濃縮されてキモトリプシノーゲン（chymotrypsinogen）（膵臓の消化酵素の前駆体）のような分泌タンパク質として蓄えられる（Kephart, J.）．

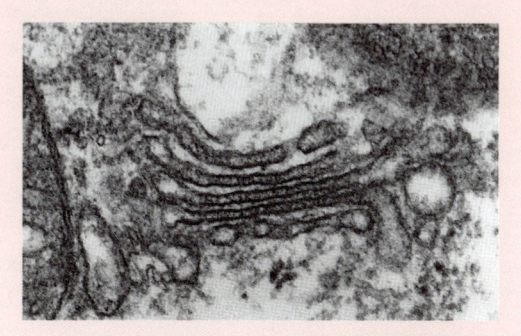

b. マウス膵臓細胞のゴルジ装置（TEM 像原図）

以上，3つの構成物のそれぞれの量，割合は細胞の種類によって異なる（図 2-17）．
ゴルジ装置の機能は腺細胞でよく知られているが，分泌産物の収集と濃縮の場である．

【注】 1) 1906 年にノーベル医学生理学賞を受賞．
2) ゴルジ膜の厚さは 6〜8 nm（滑面小胞体の膜の厚さは 4 nm である）．
3) ゴルジ層板は一側に彎曲していることが多いが，その凸面は粗面小胞体に面し，小胞体から物質の供給を受けている面で，形成面（シス領域）とよばれている．この小胞体と形成面との間には不規則な形の小胞移行像（約 0.1 μm 以下）がみられる．この小胞が融合して形成面側のゴルジ層が形成される．ゴルジ装置の内側面（凹面）は物質を分泌または放出する成熟面（トランス領域）である．

1. 分泌顆粒の形成

ゴルジ装置の機能[注]は膵外分泌細胞でよく研究されてきた．消化酵素などのタンパク質を分泌する細胞では，タンパク質の合成はリボソームで行われるが，タンパク質は小胞腔に蓄積され，次にゴルジ装置に運ばれ，ここで移行小胞が小胞体の表面から小さな芽状の突起を出して，それが分離して小胞となり，ゴルジ嚢に融合することによってゴルジ装置に運ばれる．ここで浸透圧によって水分が除かれ濃縮し，やがて分泌顆粒となってゴルジ装置から放出される（図 2-17）．また，合成されたタンパク質にリン酸や糖を結合させ，機能をもった分子に加工する細胞小器官でもある．ゴルジ嚢中にはタンパク質の加工に必要な何種類もの酵素が含まれている．

図 2-18 リソームによる細胞外物質の分解（Roberts）

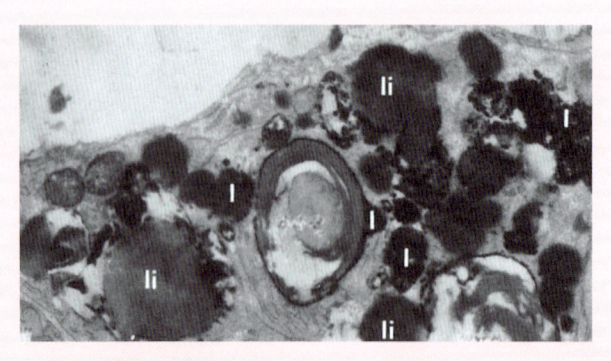

a. カエル幼生の尾筋の大食細胞（macrophage）の酸性ホスファターゼ（原図）
 l：陽性のリソーム（異物の処理をする大食細胞などに特に多く存在する）
 li：リピッド

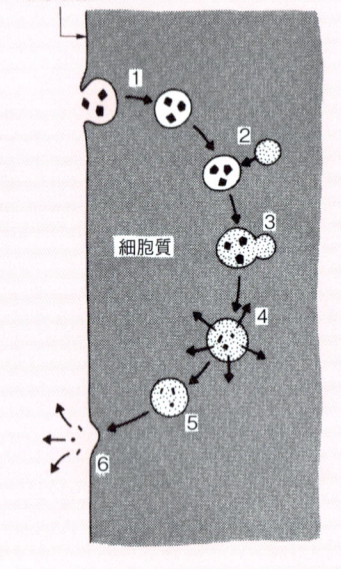

細胞質膜
細胞質

b. 物質の取り込みとその細胞内消化
 1. 食作用で摂取された粒子状物質が食胞を形成する．
 2. 近くにあるリソーム（一次リソーム）が食胞に接近する．
 3. リソームは食胞と融合し，その内容物（酵素）を食胞中に放出（二次リソーム）する（貪食胞）．
 4. リソームの酵素がこの粒子を消化し，その消化産物はまわりの細胞質に吸収される．
 5. 消化が完了した食胞は細胞表面に移動する．

　植物細胞のゴルジ装置は細胞壁の構成物として用いるさまざまな細胞外の多糖類を産出する．しかし，セルロースはゴルジ装置で多糖類がつくられた後，細胞膜外表面で合成される．なお，動物精子の頭部の先体はゴルジ装置が濃縮変形したものである．

　　【注】　消化管上皮の杯細胞では，ゴルジ装置で多糖類が合成され，粗面小胞体でつくられゴルジ装置に送られてきたタンパク質と結合してムコタンパク質となり，細胞外に分泌される．肝細胞では脂質とタンパク質がゴルジ装置で複合され，リポタンパク質となり血中に放出される．

[5] リソーム（水解小体：lysosome）（図 2-18）

細胞質中にある顆粒で，デューブ（de Duve C.R.M.J., 1974）[注]による生化学的研究の結果命名された．形態的には1層の生体膜で包まれた直径 0.25〜0.5 μm 大の球形，楕円形で中に明るい内腔をもつもの，同心円的線維状構造があるものなど多様性を示す．

【注】1974 年にノーベル医学生理学賞を受賞．

リソームは，細胞が外から取り入れた異物や細胞自身の不要物質を細胞内で消化分解する酵素をもつ小体である．この細胞内消化作用は病的な状態の細胞のみに起こるとは限らない．出産直後の子宮筋の減少や，初期発生における手足の指の形成では，指間の組織をつくっている細胞の消失（プログラム細胞死）が必要となる．細胞の消失・崩壊にはリソームの加水分解酵素などが関係している．

リソームは各種の**加水分解酵素**（hydrolase：プロテアーゼ，リパーゼなど約 70 種の酵素）を含み，特に**酸性ホスファターゼ（ACPase）**活性陽性である．これらの加水分解酵素は粗面小胞体でつくられゴルジ装置に運ばれ，ここで分泌小胞（リソーム）となる（図 2-16）．

1. 一次リソーム

加水分解酵素を含むが，まだ消化作用に関係していないリソームである．

2. 二次リソーム

食作用によって細胞内に取り込まれた外来性物質は，細胞膜由来の膜で囲まれて食胞を形成しているが，一次リソームと融合して酸性加水分解酵素（pH 5 くらいのときに活性が高い）を食胞内に取り入れ，**異物貪食胞**を形成する（図 2-18）．このように細胞内消化が進行している食胞は二次リソームとよばれる．取り込まれた物質や不要になった細胞内物質は分解を受け，一部はリソーム膜を通して細胞質内に放出され，消化されなかった残物は膜で包まれた構造を示し，残余小体といわれる．

小胞（分泌顆粒）を移動させるものとしてダイニンやキネシンなどの分子モーターが知られている．ATP のエネルギーによって微小管上を移動する（☞34〜36 頁）．

[6] ミトコンドリア（mitochondria）（図 2-19）

すべての生物はエネルギー獲得の手段として多くの構造物を含んでいるが，ミトコンドリアはほとんどの細胞に存在する基本的な細胞小器官の1つで，好気呼吸によるエネルギー発生装置の典型であり，生命現象に必要なエネルギーの大部分がミトコンドリアの呼吸機能によって生産される．したがって，その存在部位は一般に多くのエネルギーを消費する細胞の位置に対応して集中している[注]．

電子顕微鏡的には，大きさは種々で，長さは 0.5〜8 μm，直径は約 0.5 μm で，球形，円柱状あるいは糸状であるが，ソーセージ形が典型的である．厚さ約 6 nm の**外膜**によって囲まれて内側には明るい層を介して同じ厚さの**内膜**がある．内膜から基質（ミトコンドリアの内腔）に向かって指状またはヒダ状の隆起があり，**クリステ**（櫛）（cristae）とよばれる．

図2-19 ミトコンドリア

a. ミトコンドリアを縦断した面の三次元的模式図 (Darnellら, 1995)

基質にはミトコンドリア DNA やリボソームがある.

F_0F_1 粒子：F_0F_1 タンパク質複合体基本粒子. ミトコンドリア内膜の内面に 10 nm の間隔で規則正しく存在する. 1コのミトコンドリアに10^4〜10^5の基本粒子があることが知られている. ADP と無機リン酸（Pi）から ATP を合成する重要な役割を果している.

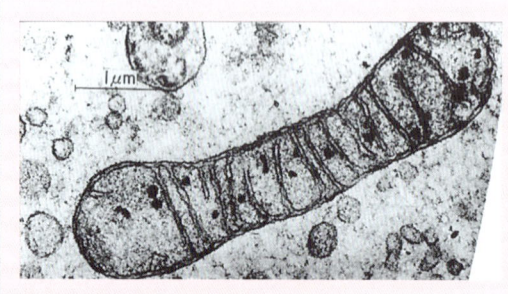

b. ミトコンドリアの縦断 TEM 像（トリの卵母細胞. Bellaires）
クリステが内部に突出し, 基質顆粒が見える.

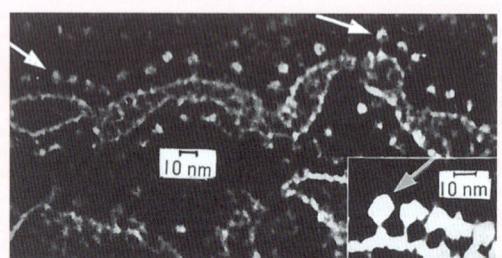

c. 膜の表面に付着している棒つきキャンディ状の基本粒子（電顕ネガティブ染色像）(Bloom ら)

　高度にエネルギーを必要とする細胞では, クリステの数は代謝活性の低い細胞よりも多い. 心臓や骨格筋では典型的な肝臓のミトコンドリアより3倍も多い. ミトコンドリアの基本的構造はどの生物でもほぼ共通であるが, 形, クリステの形状などは細胞の種類でさまざまである.

　ミトコンドリアの内・外膜は種々の点で区別される. 内膜表面に**基本粒子**（elementary particles）とよばれる多数の小粒子がついている（図2-19c）. これは, 直径が 9〜10 nm の顆粒状の頭部と, それに続く**柄**（長さ5 nm, 厚さ3〜4 nm）で膜についている. この顆粒は, ATPの合成の場であることがわかった（☞84頁, 図4-12）.

　また, 外膜はリン脂質, タンパク質とも約50%ずつであるが, 内膜は透過性が低く約20%はリン脂質で約80%がタンパク質である. このように外膜は小胞体膜に似ており, 電解質, 水, スクロースを透過するが, 内膜はそれらを通さない.

　ミトコンドリアの基質にある最も著しい構造物は**基質顆粒**（matrix granules）である. これは電子密度の高い球状あるいは顆粒状（直径30〜50 nm）で, ミトコンドリア内部のイオン調整

図2-20 心筋にはミトコンドリアが多く，筋原線維の間に存在する（コウモリ fruit bat，アフリカ産）（高浜秀樹博士）．

に関係していると考えられる．また，基質には**ミトコンドリアゲノム（ミトコンドリア染色体，mtDNA）**という比較的小さな分子の独自の環状DNAとリボソームが存在し，ミトコンドリアタンパク質の合成にあずかっている．

【注】 ミトコンドリアはアミノ酸，糖，脂質を原料として，ADP，リン酸の存在下で分解し，生じたエネルギーをATPとして蓄える．そこでミトコンドリアは"エネルギーの家（power house）"とよばれる．したがって，細胞内でミトコンドリアの分布部位はこのATPを必要とする場に特に密集している．例えばヒトの精子では尾の中片部に集中したり，心筋（図2-20）や，昆虫の飛翔筋などの収縮する筋原線維に沿って多く存在する．

[7] 色素体 (plastid)

色素体には**葉緑体**，**白色体**，**有色体**などがあるが，最も重要な色素体は葉緑体である．

1. 葉緑体 (chloroplast)（図2-21）

葉緑体は緑色植物および藻類などにあり，内膜，外膜に包まれた直径 5 μm，厚さ 2〜3 μm の平円盤状の構造で，**クロロフィル**（chlorophyll）とよばれる緑色色素をもつ．葉緑体は葉の棚状組織の細胞に特に多く，その数は葉の表面積 1 mm^2 当たり約 0.5×10^6 コあるといわれる．これらは成長し分裂によって産生される．

葉緑体中には**チラコイド**（thylakoids）とよばれる平盤状の囊がある．葉緑素はこのチラコイド膜の中にあり，この構造の中で複雑な光合成反応が起こっている．ミトコンドリアのように葉緑体も独自のDNA，RNA（特にリボソーム）を含み，タンパク質合成のはたらきがある．

[8] 細胞骨格 (cytoskeleton)（表2-1，図2-22）

細胞基質中には特殊化した線維性タンパク質が細胞の骨格を形成している．これらは**細胞骨格**といわれる．この細胞骨格系線維には**微小管**，**中間径フィラメント**［直径が微小管とアクチンフィラメントの中間であるので中間径フィラメントといい，ケラチン線維，**ニューロフィラメント（神経細線維）**などはこの線維に属する］，そして**アクチンフィラメント（ミクロフィラメント）**など3種がある．それぞれ，細胞の形態維持や運動能にあずかり，また細胞小器官の位置や細胞内物質の移動にも関与している．

1. 微小管

直径約 25 nm の細管構造で，**チュブリン**（tubulin）とよばれるタンパク質からできている

図 2-21 葉緑体

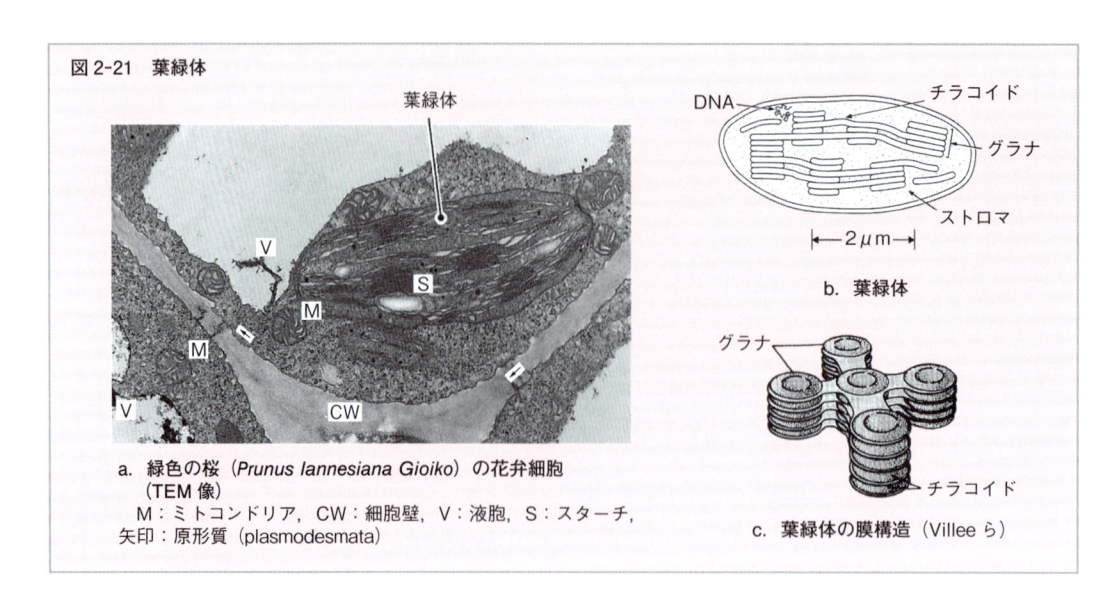

a. 緑色の桜（Prunus lannesiana Gioiko）の花弁細胞（TEM 像）
M：ミトコンドリア，CW：細胞壁，V：液胞，S：スターチ，矢印：原形質（plasmodesmata）

b. 葉緑体

c. 葉緑体の膜構造（Villee ら）

表 2-1 細胞骨格

細胞骨格系線維	直径約 nm	構造	構成タンパク	所在
微小管	25	中空	チュブリン	中心体，紡錘体，線毛
中間径フィラメント	10	充実	ラミン	細胞質，核ラミナ
			デスミン	筋細胞
			ケラチン	上皮性の細胞
			ニューロフィラメントタンパク質	神経細胞
			ビメンチン	結合組織
アクチンフィラメント（ミクロフィラメント）	7	充実	アクチン	細胞膜直下や細胞突起中，微絨毛，収縮環

（**図 2-22**）．分枝することなく，直線的または緩やかな彎曲を示すのみで，比較的硬い弾力性のある構造である．動・植物からヒトに至るまでのおおかたの細胞に存在するが，特に神経細胞やその樹状突起に多くみられる．有糸分裂の際に多くの**微小管**（microtubule）が出現して紡錘体を形成し，染色体と極を結ぶ**動原体微小管**（kinetochore microtubule），極から赤道に向かう**極微小管**（polar microtubule）を形成する．これらはきわめて変化しやすく，細胞分裂が終了すると微小管は消失する．このように微小管は細胞の形を保ち（**図 2-22, 23**），形態変化にあずかり，細胞分裂や細胞の運動，そして細胞内物質の移動[注]に重要なはたらきをしている．微小管は極性を有し，重合の速度の速い末端を＋（プラス）端，脱重合の速度の速い末端を−（マイナス）端とよぶ．

【注】微小管と物質移動はメラニン色素細胞などでみられる．魚のウロコにある赤色素胞では色素顆粒は毎秒 25～30 μm の速さで移動する．微小管を移動するのに関与するモータータン

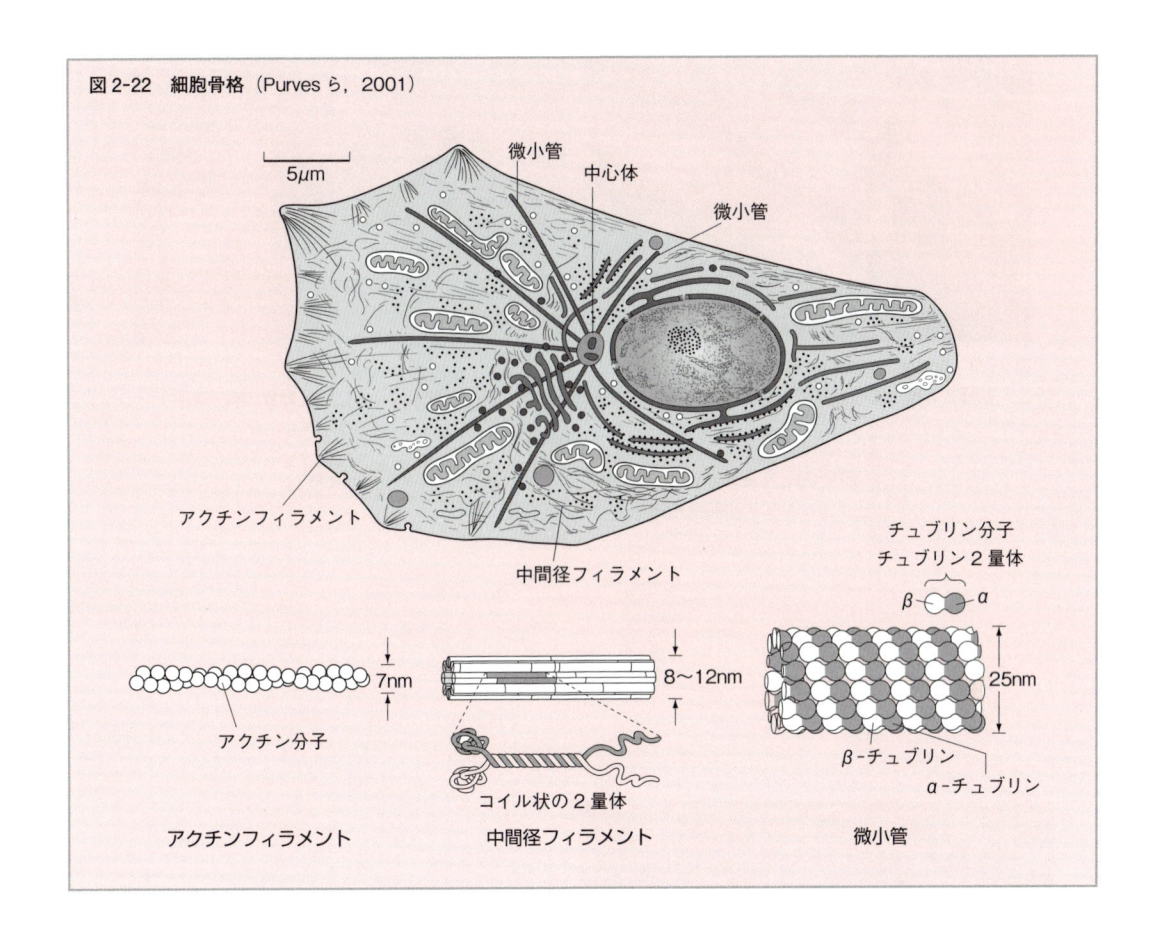

図2-22 細胞骨格（Purvesら，2001）

パク質としてキネシンやダイニンが知られている（図2-24，26）．

2. 中間径フィラメント

　直径約10 nmで，丈夫で引っ張りに強いフィラメントである．構成タンパク質は多様で，細胞の種類や発生段階により特異性をもっているので医学的に利用されている（**表2-1**）．上皮細胞の**ケラチン線維**（**張細線維**：tonofilament）は細胞内を端から端までつながり，細胞間結合のデスモソームに固定されている（図2-25）．また，真核細胞の核内に網目状に核膜を裏打ちする**核ラミナ**（nuclear lamina）を構成しているのはラミンタンパク質である．

3. アクチンフィラメント（ミクロフィラメント）（図2-22）

　直径約7 nmの細（糸）線維で球状のアクチン分子が37 nm周期の2本鎖らせんの構造をもっている．アクチンフィラメント（actin filament）は筋細胞では特に**ミオシン**（myosin）よりなる太い線維と共同して収縮・運動装置をつくっているが，細胞質流動，細胞質分裂，微絨毛などに広く分布し，細胞運動と細胞骨格としての機能をもっている．

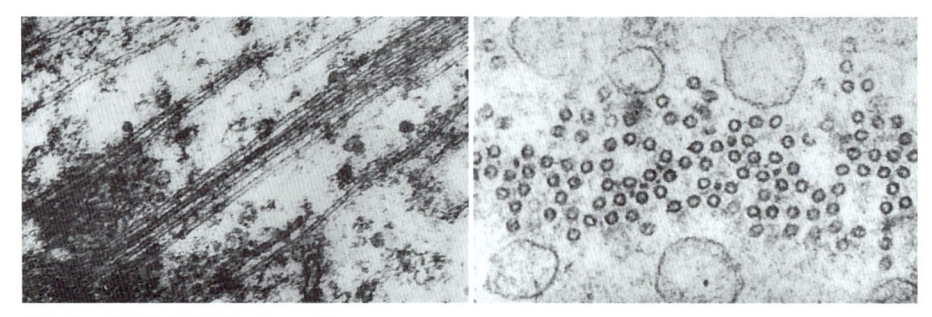

図 2-23 微小管（TEM 像，Bloom ら）
左：紡錘糸の微小管の縦断面．左下に見える黒い部分は染色体．右：横断面（ともに哺乳動物の精子細胞）

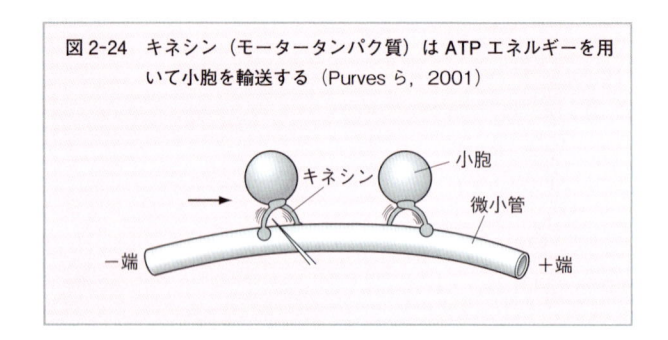

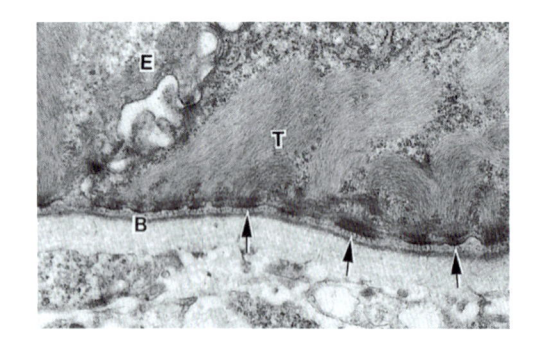

図 2-24 キネシン（モータータンパク質）は ATP エネルギーを用いて小胞を輸送する（Purves ら，2001）

図 2-25 オタマジャクシの表皮基底細胞（E）TEM 像（木下 勉博士）
表皮細胞内には張細線維（T）が束状に存在し，ヘミデスモソームと連結している（矢印）．基底膜（B）が裏打ちしている．

[9] 中心体と線毛

中心体（centrosome）は動物細胞，コケ，シダなどの精細胞に存在し，種子植物ではみられない．光学顕微鏡では中央に色素に濃く染まる**中心体**［2つの**中心子**（centriole）からなる］がある．中心体は自己増殖能をもち，細胞分裂に関して多くの活動の中心であると考えられている．普通，核の近くにあり，ゴルジ装置に囲まれるように存在することが多いが，表皮細胞では細胞の自由表面のすぐ下にあることがある．中心体は一方が開き，他方が閉ざされた直径約 0.2 μm，長さ約 0.4 μm の中空の円筒形で，その長軸は互いに直角に配置している．その横断面では壁に互いに平行な3本の微小管の束が9組並んで縦走している．また，中心体は**線毛**（cilia）や**鞭毛**の構造とも関係が深い（図 2-26）．

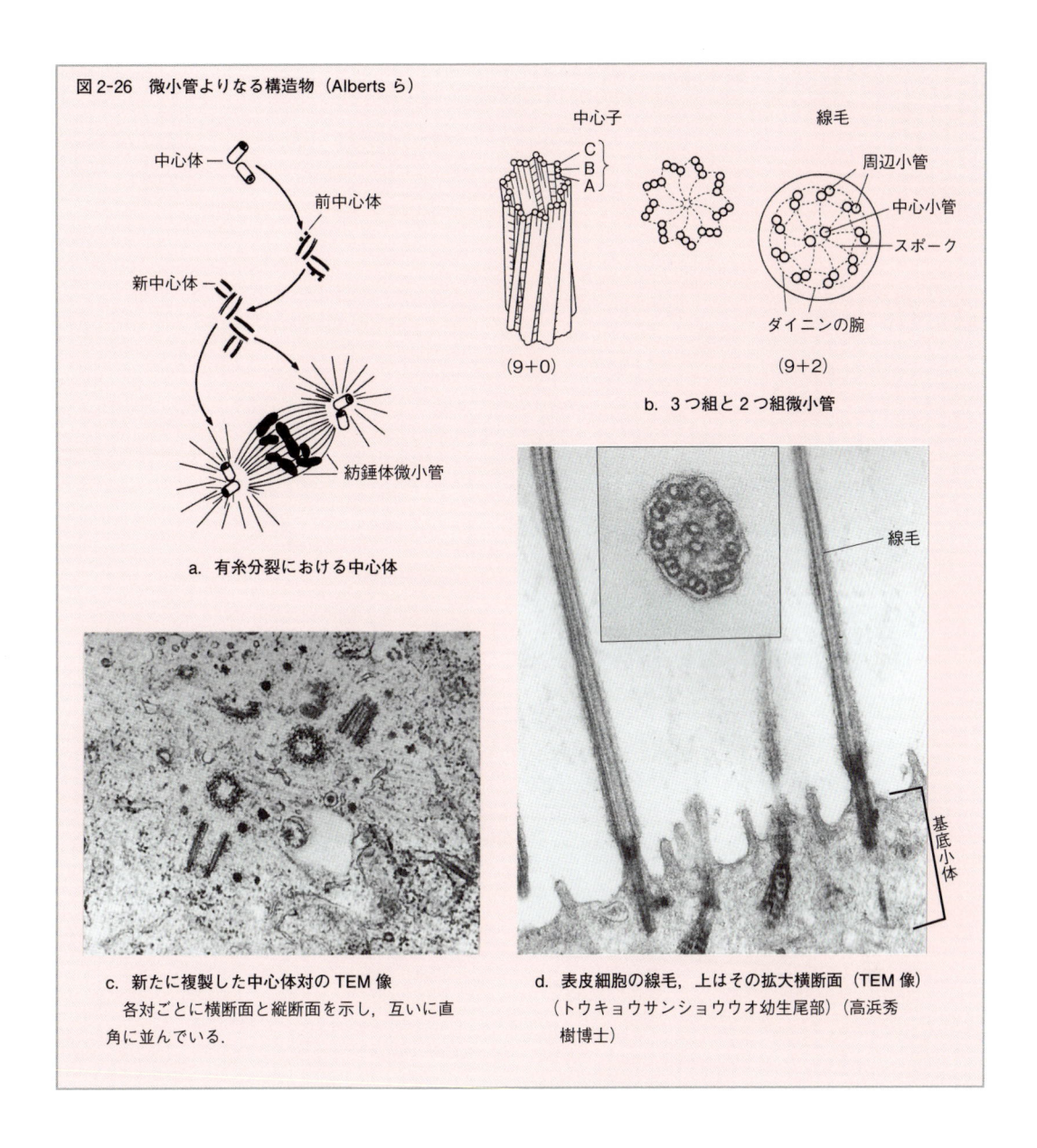

図2-26 微小管よりなる構造物（Alberts ら）

a. 有糸分裂における中心体

b. 3つ組と2つ組微小管

c. 新たに複製した中心体対のTEM像
各対ごとに横断面と縦断面を示し，互いに直角に並んでいる．

d. 表皮細胞の線毛，上はその拡大横断面（TEM像）（トウキョウサンショウウオ幼生尾部）（高浜秀樹博士）

まとめと問題

1) 細胞膜の構造とはたらきについてまとめる．
2) ある組織の細胞が分泌物質（酵素タンパク質など）を生合成し，放出するまでの過程を，細胞小器官を順に図示し，機能をまとめながら説明する．

第3章 ヒトの体の構成と機能

I. 体の構成と機能

　多細胞生物の細胞は，一定の生活機能を営むために特殊化（分化）している．この機能と構造の面から分類した細胞の集まりが**組織**である．そして，2つ以上の組織が集まって，1つの機能を果たしているまとまりを**器官**という．

　いくつかの違った器官が協力して，ある機能を営んでいる場合にこれらの関係する器官を**系**（system）とよんでいる．例えば，消化器系は口から始まり，咽頭，食道，胃，腸，肝臓，膵臓，胆嚢，そして唾液腺などからなり，その機能は消化と吸収である（図3-1）．

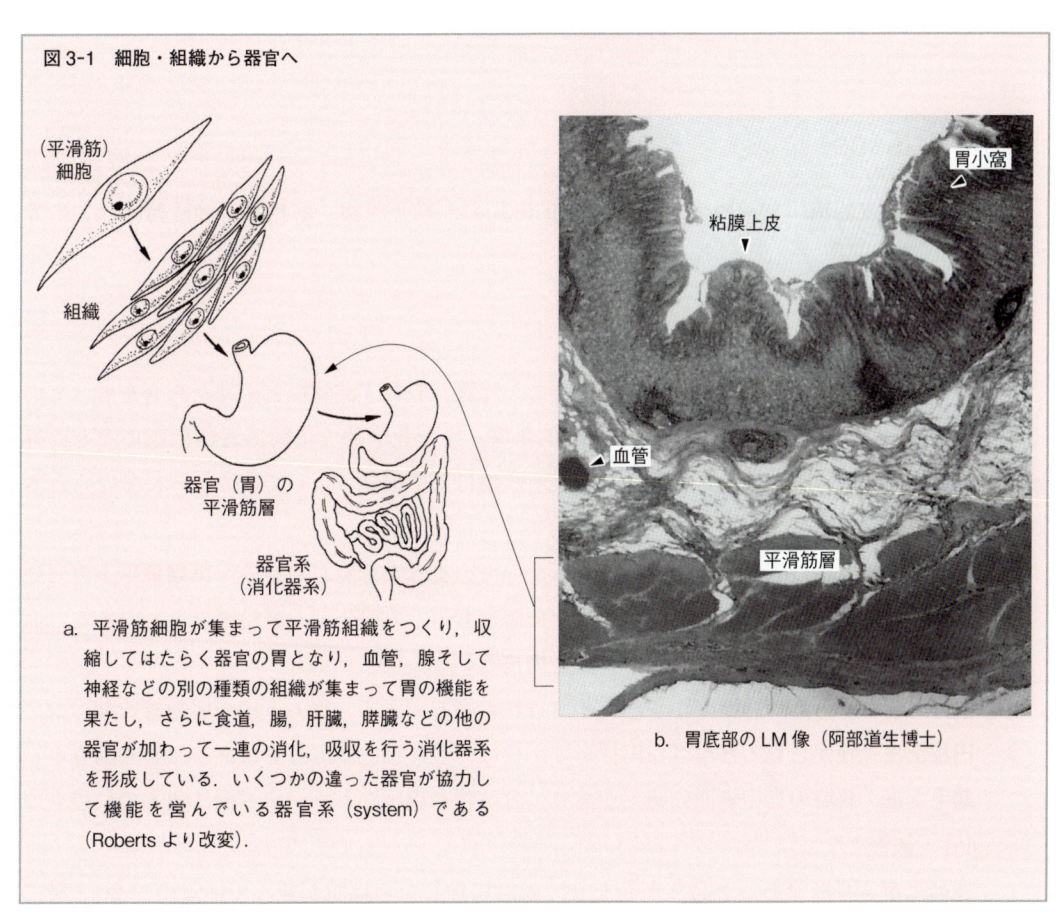

図3-1　細胞・組織から器官へ

a. 平滑筋細胞が集まって平滑筋組織をつくり，収縮してはたらく器官の胃となり，血管，腺そして神経などの別の種類の組織が集まって胃の機能を果たし，さらに食道，腸，肝臓，膵臓などの他の器官が加わって一連の消化，吸収を行う消化器系を形成している．いくつかの違った器官が協力して機能を営んでいる器官系（system）である（Robertsより改変）．

b. 胃底部のLM像（阿部道生博士）

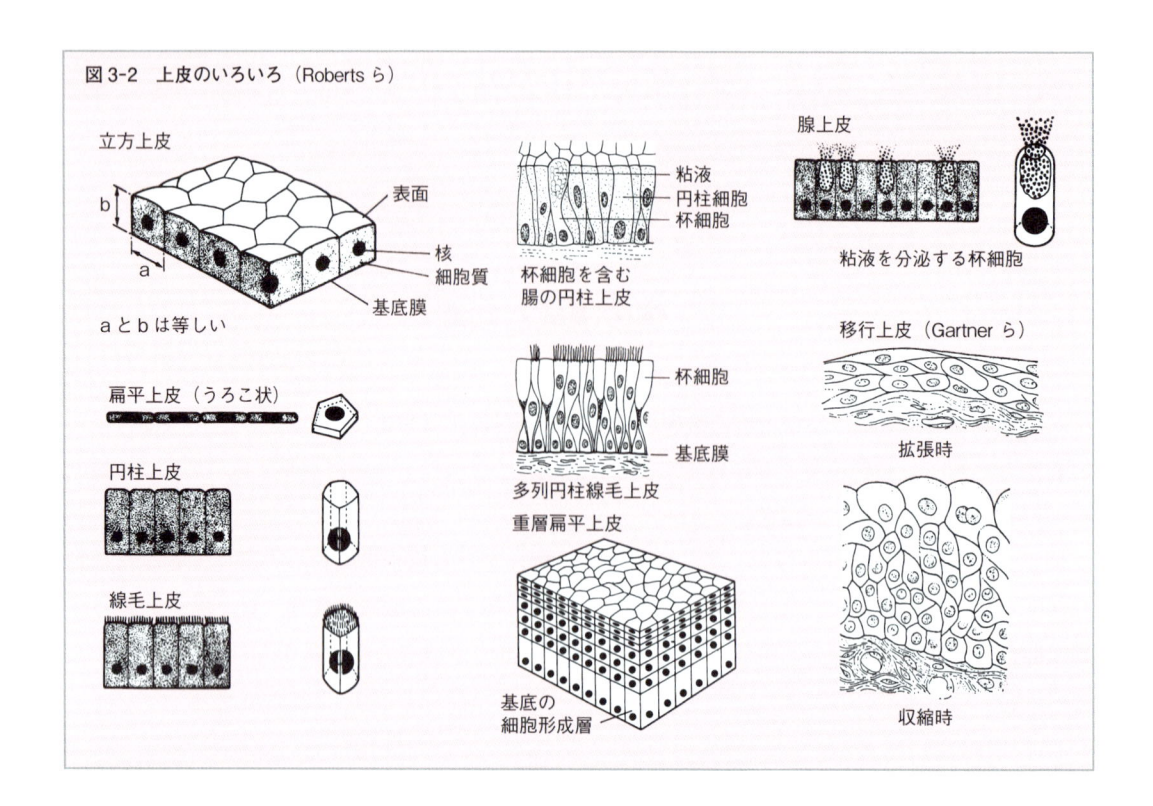

図 3-2 上皮のいろいろ（Roberts ら）

1-組織（tissue）

組織は通常**上皮組織**，**支持組織**（supporting tissue），**結合組織**，**筋組織**，**神経組織**などに分けられる．

[1] 上皮組織（epithelial tissue）

体表面や体内器官の腔所の内表を覆う細胞群で，保護，吸収，感覚などのはたらきをもっている．体の上皮はその下にある細胞組織を物理的傷害，また化学的な毒物あるいは細菌などの外敵，乾燥などから保護するはたらきがある．上皮組織は形や機能によって次のように分けられる（図3-2）．

① **扁平上皮**：扁平な細胞からなり，ホットケーキのような形をしている．**単層扁平上皮**（肺胞壁，消化管内壁など）と**重層扁平上皮**（皮膚や食道，直腸下部，腟粘膜など）がある．血管やリンパ管の内面を覆う単層扁平上皮を**内皮**という．

② **立方上皮**：立方形の細胞で小さなサイコロ状の細胞である（腺の上皮や尿細管など）．

③ **円柱上皮**：横から見ると小さな円柱形で，核は一般に細胞基底近くにある（胃や腸など）．

　線毛上皮：細胞の自由表面に線毛があり，分泌物や異物などを一定方向に運ぶのに役立つ（気管・気管支など）．

　多列上皮：単層であるが高さが異なり，表層に達しない細胞が並んでいるので 2～3 層に

見える．
④ **移行上皮**：層状上皮（4〜5層）でその表層の細胞は尿の入っていない状態ではドーム状に腔内にふくらんでいるが，尿が溜まり拡張すると数層（2〜3層）の扁平細胞となる．このように尿の有無によって層状上皮の層数が変化する（尿管，膀胱の内面など）．
⑤ **腺上皮**：腺を構成し，乳汁や汗，唾液などを分泌するために特殊化したものである．

[2] 結合組織（connective tissue）

体の構成と支持に関連して**支持組織**ともいわれるが，多くの細胞と周囲の**細胞外基質**（extra-cellular matrix；**ECM**）成分よりなる．代表的な細胞は線維芽細胞で，広く分布し，被膜や腱・靱帯などを形成している（図3-3）．

細胞外基質は糖タンパク質，プロテオグリカンや線維が主で，細胞をつなぎ合わせたり，組織の構造を維持し，細胞の移動，分化，形態形成，増殖，代謝などの活動に関与している．

1. 線維性結合組織

神経や血管が走り，リンパ球やマクロファージなどの生体防御細胞を含んでいる**疎性結合組織**（loose connective tissue）と線維が柱状・膜状の配列をする**密性結合組織**（dense connective tissue）が含まれる．

基質成分の線維として，**膠原（コラーゲン）線維**［collagen fiber，**細網線維**（reticular fiber）は主にⅢ型コラーゲンを含む］と**弾性線維**（elastic fiber）があげられる．

① **膠原（コラーゲン）線維**（図3-3）：コラーゲンは細胞外基質や結合組織内の不溶性線維性タンパク質の主なもので，煮沸するとゼラチンになる．海綿動物からヒトに至るまで動物

表3-1 主なコラーゲンの構造と機能，分布

型	特徴，機能	分布
Ⅰ	炭水化物少ない．約67 nmの周期の縞模様の線維．張力あり，丈夫でぎっちりつまっている	最も豊富にある．成体皮膚，骨，歯の象牙質，腱，角膜，間質
Ⅱ	炭水化物多い．Ⅰ型（直径約50 nm）より細い，約67 nmの縞模様の線維	軟骨，硝子軟骨に特徴的．眼の硝子体，網膜，眼の組織，培養胎生角膜，脊索
Ⅲ	炭水化物多い．約67 nmの周期の縞模様の細い線維．弾力性あり	皮膚，間質，子宮，血管，平滑筋層，胎児の皮膚．Ⅰ型としばしば共存
Ⅳ	網目構造の線維で細胞接着点となり，また物質出入の選択的柵として働く	基底膜，腎糸球体の基底膜
Ⅴ	伸展性のある約67 nmの縞模様の細い線維．機能はよくわかっていない．コラーゲン豊富	細胞表面の間隙．基底膜，体中どこにでもある．羊膜，絨毛膜，腱，筋細胞の周り，血管内皮．Ⅰ型と共存
Ⅵ	105〜110 nmの周期の縞模様の微細線維．機能はよくわかっていない	広く分布．血管，腎，皮膚，胎盤，肝，筋，Ⅰ型と共存
Ⅶ	アンカリングフィブリル（固定線維，上皮細胞でつくられる），長いコラーゲン鎖	表皮．基底膜とその下にある基質との固定を助ける線維を形成

図 3-3　線維性結合組織

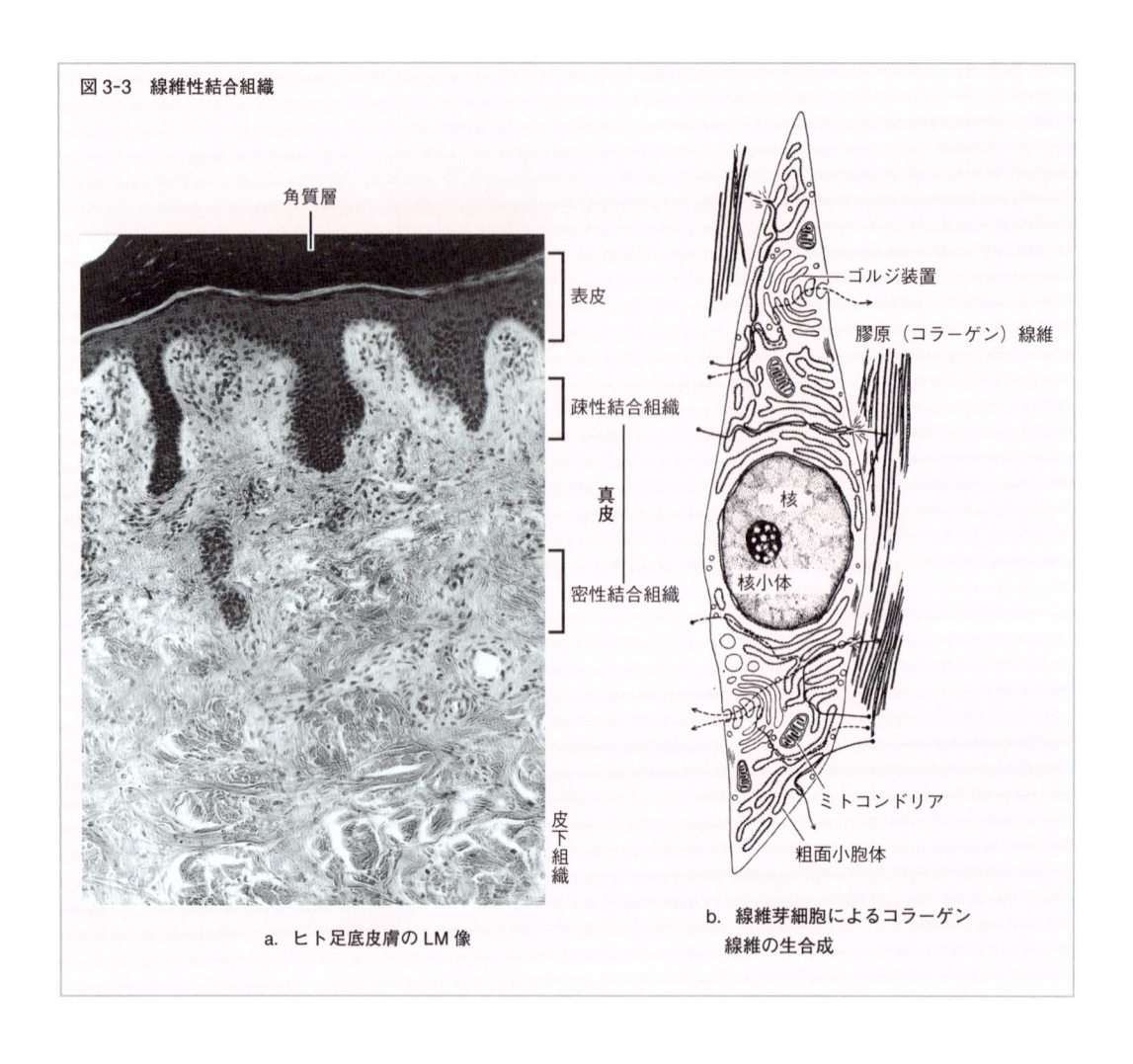

a. ヒト足底皮膚の LM 像

b. 線維芽細胞によるコラーゲン線維の生合成

界に広く分布する．コラーゲン線維：**コラーゲン分子**（collagon molecule），**トロポコラーゲン**（tropocollagen）が規則的に集合してできている．約20種のコラーゲン分子種が明らかにされており，Ⅰ型コラーゲンは細胞外基質の主成分をなす線維性タンパク質で，体中のコラーゲンの90%を占めている．腱（径120 nm），皮膚（径80 nm），角膜（径50 nm）などに存在する．Ⅱ型は軟骨細胞から分泌され，Ⅳ型，Ⅴ型コラーゲンは上皮細胞が分泌し，これらは二次元的網目構造をなし，**基底膜**（板・層）の基本的構造物である（表3-1）．長さ約300 nm，直径1.5 nm の α 鎖とよばれるポリペプチドが3本（2本の $\alpha^{1(1)}$ 型の鎖と1本の $\alpha^{2(1)}$ 型の鎖）の右巻きらせん構造よりなる分子量360,000のロープ状の細長い分子をつくる．**線維芽細胞**内でプロコラーゲンを生合成し，開口分泌で放出，コラーゲン分子となり，プロコラーゲンペプチダーゼにより両端が除かれ，トロポコラーゲンになる．さらに重合が進んでコラーゲン細線維となる．コラーゲン細線維が加橋結合してコラーゲン線維を形成する．これを電子顕微鏡で観察すると64〜70 nmの周期の縞模様が認められる（図3-3）．

図3-3 (つづき)

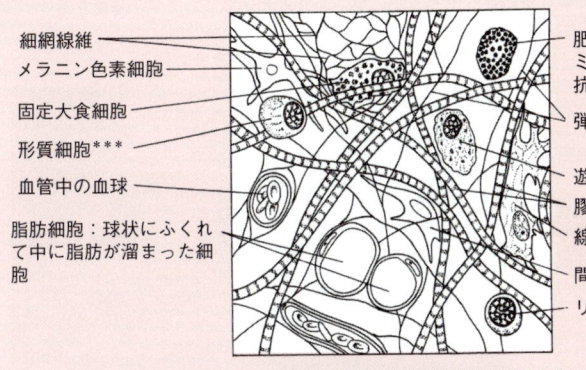

c. 疎性結合組織の細胞と線維 (Martiniら)
多くの組織や器官の間に分布して機械的な結合や支持のはたらきをしている.
  *遊走大食細胞：細菌や異物を食う作用をもつ細胞で, マクロファージ, 組織球ともいう.
 **間葉細胞：中胚葉由来の細胞で, 線維芽細胞などに分化する幼若な細胞である.
***形質細胞：抗体の合成と放出をする細胞. リンパ球由来である.

d. オタマジャクシの尾の表皮下のコラーゲン線維 (TEM像, 渡辺強三博士).
特徴的な約70nmの周期の縞模様が見える. さらにその中に周期性の帯が見える.

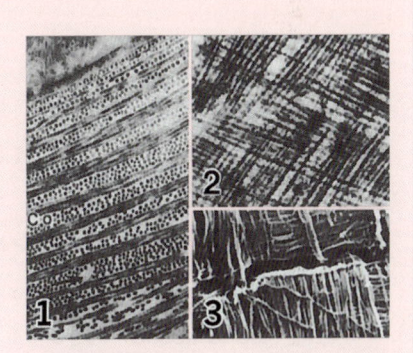

e. 尾の表皮下のコラーゲン線維層は十字形に層をなして交叉配列している密性結合組織
1, 2：TEM像, 3：SEM像

② **弾性線維**（図3-3）：線維は波状に走行したり, 分枝し, 癒合したりして網目構造を呈するが, 線維の束をつくらない. エラスチン (elastin) とフィブリン微細線維を含んでいる. 弾力性・伸張性に富み, 関節を支える組織（靱帯）や大動脈の壁に多く分布する.

2. 軟骨組織（図3-4）

脊椎動物の支持骨は**軟骨**と**骨**とからなる. 軟骨はすべての脊椎動物の幼生時代の支持骨であるが, 成長するとほとんど骨に置き換わる. 耳介, 外鼻や気管の壁などは軟骨でできている. 軟骨には次の種類がある.

① **硝子（ガラス）軟骨**：ガラスのように均質な軟骨質で, 微細なコラーゲン線維を含むが普

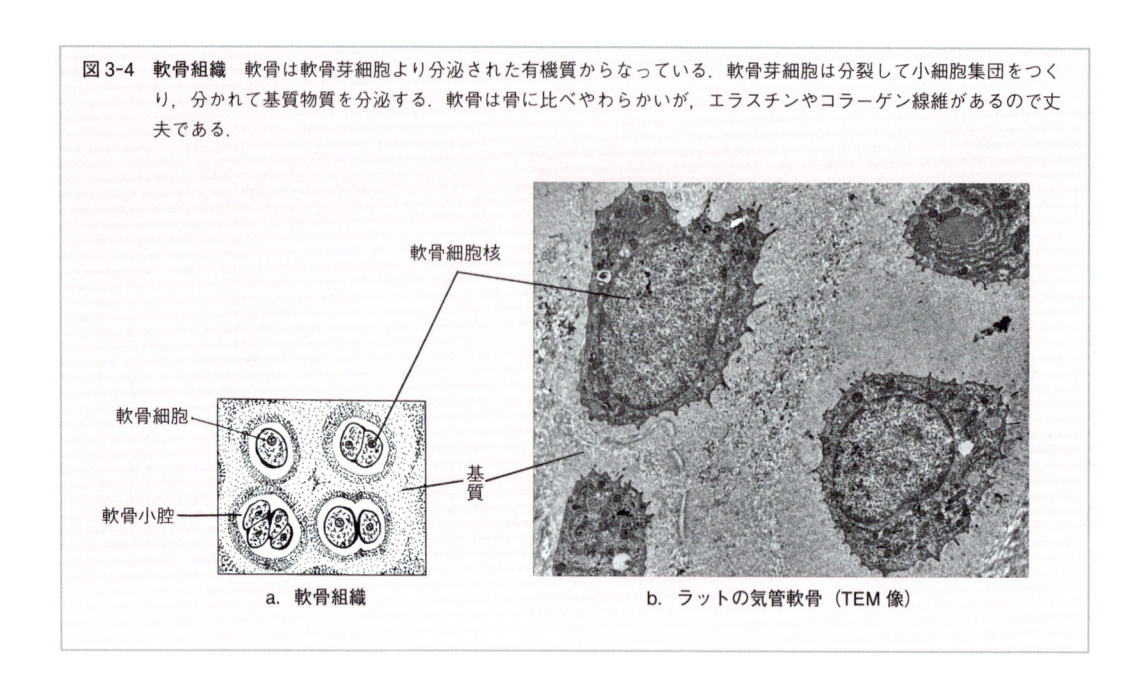

図 3-4 軟骨組織　軟骨は軟骨芽細胞より分泌された有機質からなっている．軟骨芽細胞は分裂して小細胞集団をつくり，分かれて基質物質を分泌する．軟骨は骨に比べやわらかいが，エラスチンやコラーゲン線維があるので丈夫である．

a. 軟骨組織
b. ラットの気管軟骨（TEM 像）

通の染色では見えない．乳白色．胎児の骨格，肋軟骨，関節軟骨，気管軟骨など．
② **弾性軟骨**：コラーゲン線維のほかに，多量の弾性線維を含み，弾力性に富む．耳介，外耳道，大動脈の壁など．
③ **線維軟骨**：軟骨質が乏しく，やわらかく，多量のコラーゲン線維を含む．生体内にはわずかしか存在しない．椎間円板，恥骨結合など．

3. 骨組織（bone tissue）（図 3-5）

　骨は骨細胞と基質（細胞間質）からなり，基質は有機物質，主にコラーゲン線維や無機物質（骨の重量の約 2/3）を含んでいる．無機物質はリン酸カルシウム（約 85%），炭酸カルシウム（約 10%）などでこれらのカルシウム塩は基質を硬くし，またコラーゲン線維は骨に強度や弾力性を与えている．

　骨の外表面は血管と神経に富む線維性の結合組織の薄い**骨膜**で覆われている．骨膜はその外層は線維性であるが，内層は骨芽細胞に分化しうる細胞であり，骨組織を形成し骨の太さを増加する．また，骨膜はシャーピー線維（コラーゲン線維の束）を骨の中へ侵入させてへばりついている．骨膜の内側は硬い骨質で厚い緻密な層（骨層板）をなす**緻密質**と，さらに内側は網目状の骨柱からなる**海綿質**からなり，緻密質の外側は外環状層板，内側には内環状層板があり，緻密質の内表面は**骨内膜**で裏打ちされている．骨（長骨）では内部が空洞になっている．この空洞の中と海綿質のすきま（骨髄腔）には**骨髄**という細網組織があり，ここで血球が生成される．この造血作用を営んでいる骨髄を**赤色骨髄**といい，この作用を失った骨髄は脂肪化し**黄色骨髄**という（図3-5）．

図3-5 骨組織（Kessel ら）

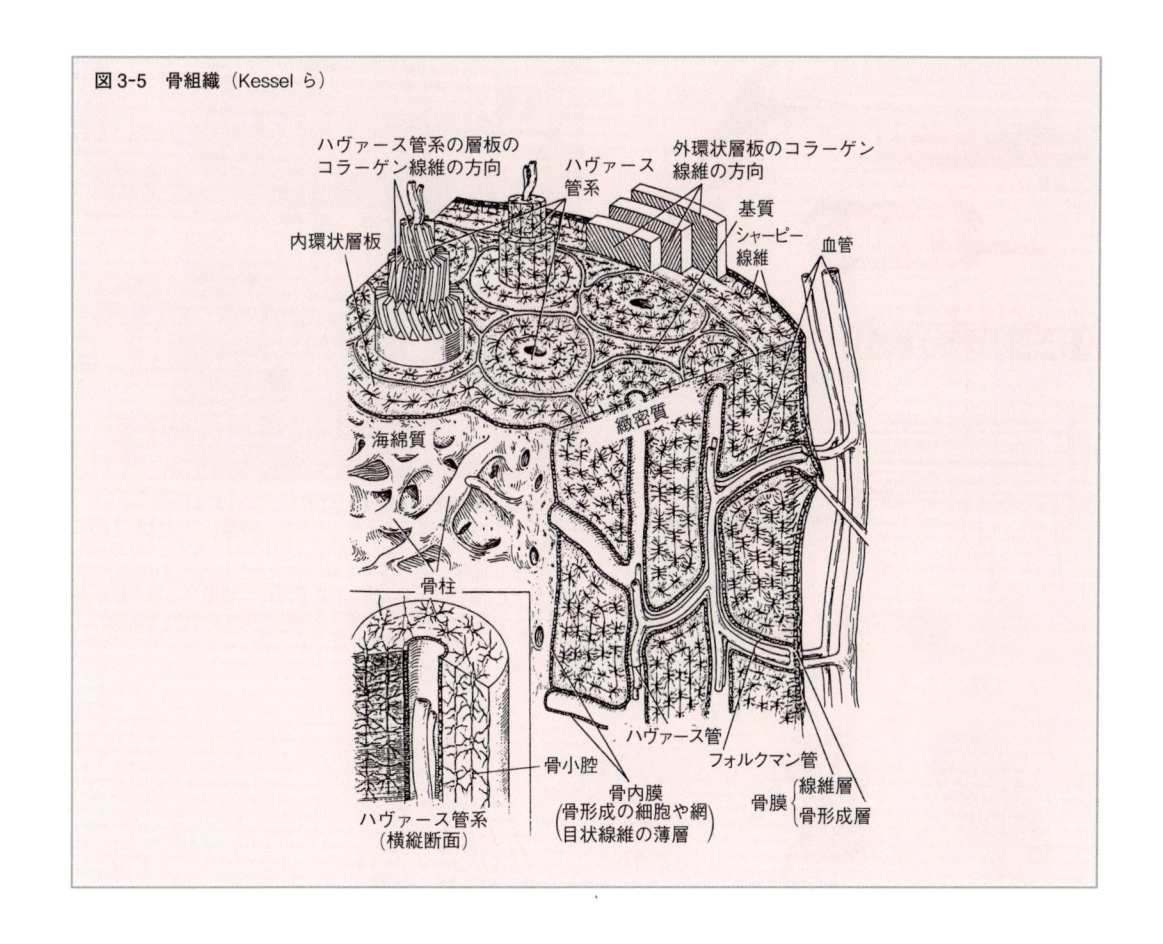

骨の基質には**ハヴァース管**（Haversian canal）があり，骨幹の長軸に平行に走っている．この中に血管や少量の結合組織を含み骨細胞に栄養を与えている．これらの管を中心として同心円状に層板構造（4～20層）を形成し，この層に沿って**骨小腔**があり骨細胞をいれている．骨細胞はすべて互いに細管［**ハヴァース管やフォルクマン管**（Volkmann canal）］で連絡し，酸素を取り入れ，これらの細管で老廃物を排出している．

[3] 筋組織（muscular tissue）（図3-6, 7）

動物の運動は，細長い円柱形あるいは紡錘形の**筋細胞（筋線維）**（muscle fiber）の収縮により行われ，筋細胞はミオシン（myosin）とアクチン（actin）タンパク質からなる．**筋原線維**（myofibril）とよぶ長い平行に走る収縮性の線維を含む．

① **骨格筋**（skeletal muscle）注）：筋細胞は多核細胞で，若い細胞では核は中心部に位置しているが（図3-6, 7），成長するにつれて細胞膜の直下に位置するようになる．**横紋筋**（striated muscle）よりなる．

【注】 骨格筋は，赤色筋と白色筋そして中間筋に大別される．白色筋の運動は敏速であるが疲労しや

a. 骨格筋線維

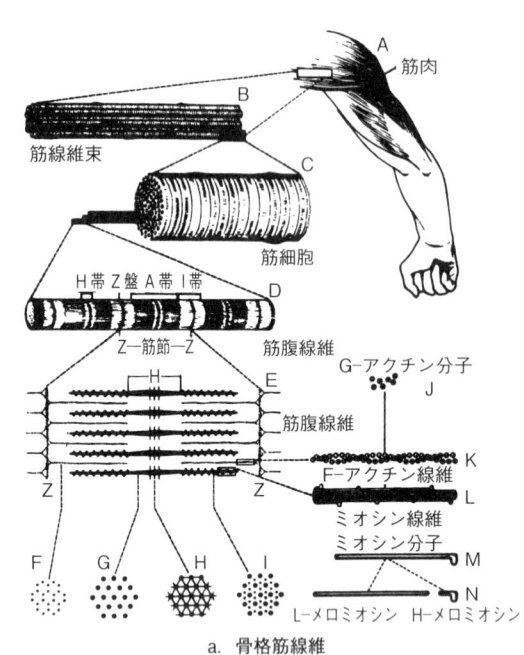

b. 骨格筋の縦断面 TEM 像（ニホンアカガエル幼生）
A 帯（ミオシン線維）と I 帯（アクチン線維）に一致して配列する筋小胞体（sarcoplasmic reticulum）は，A 帯と I 帯の移行部で拡張し連絡して，扁平な嚢（終末槽：terminal cisternae）となる．Z 盤を挟んで 2 つの終末槽に，横向きに筋原線維を取り巻く小管すなわち横小管（T 細管）（transverse tubule）（T system）が 3 つ組（triad）を形成する．筋小胞体は Ca^{2+} を含み，筋の収縮，弛緩にはたらく．

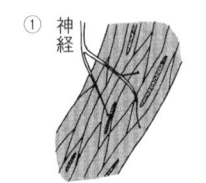

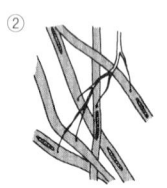

c. 平滑筋の 2 型
① 内臓平滑筋（visceral smooth muscle）：筋細胞が大きな束となり，器官の主なはたらきをする．細胞間に連絡橋（ネクサス）がある．体の大部分の平滑筋はこの型である．腸，膀胱，胆囊，子宮など．
② 複合型平滑筋（多元平滑筋）（multiunit smooth muscle）：独立して個々の細胞単位から構成され，各筋は 1 本の神経によって終末をつくる．小さなかたまりの筋となって，限られた機能を果たす複合型平滑筋である．立毛筋，目の虹彩，大血管の平滑筋など．（Guyton）

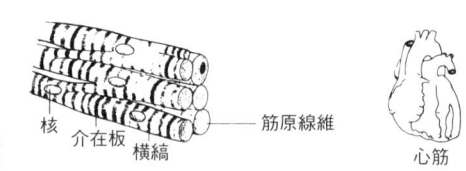

d. 心筋
心筋細胞は，短円柱状で，太さ約 5〜15μm，長さ 80〜150μm．

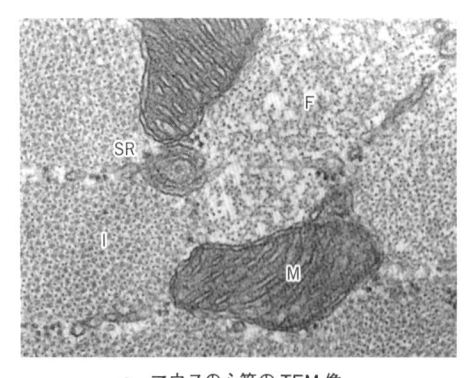

e. マウスの心筋の TEM 像
F-アクチン線維（F）と I 帯（I）の断面
SR：筋小胞体
M：ミトコンドリア

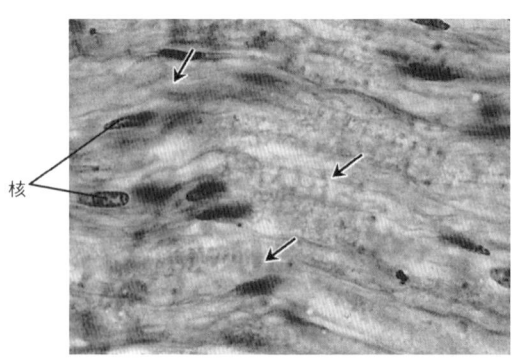

f. 心筋の LM 像（阿部道生博士）
矢印：介在板・光輝線

図 3-6　3 種の筋線維

第 3 章　ヒトの体の構成と機能——I．体の構成と機能

核小体

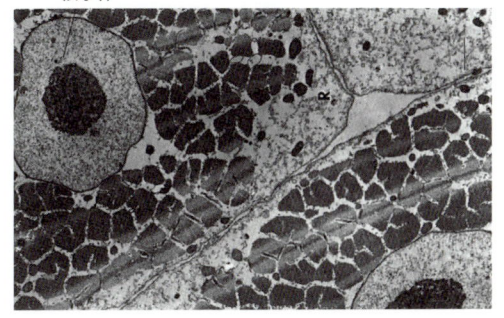

図3-7 骨格筋の斜断面(TEM像)
発生の初期には，核は筋細胞の真中に位置する．

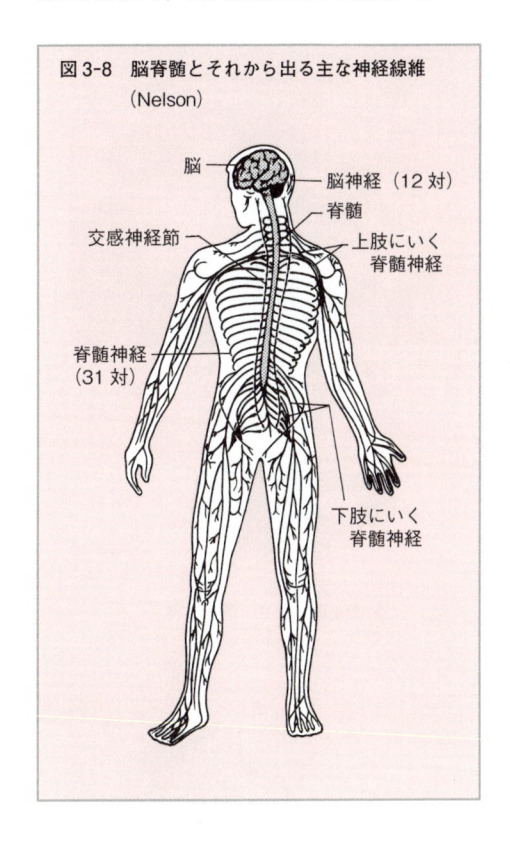

図3-8 脳脊髄とそれから出る主な神経線維
(Nelson)

すく，赤色筋は運動が緩徐であるが疲労しにくい．形態的には赤色筋は一般に直径が小さく，多量の細胞質をもち，ミトコンドリアやミオグロビンが多く，白色筋に比べてZ盤(帯)が太い．

② **平滑筋**(smooth muscle)：紡錘形で細長く，核は中央に1つあり，横紋がない．消化管，子宮，内臓器官などに存在する．
③ **心筋**(cardiac muscle)：心臓の壁を構成する筋細胞で，枝分かれし，隣接の筋と続いている．細胞間には，明瞭な心筋特有の接合(**介在板**)があり，核が中央にある(図3-7)．

神経支配の差によって，随意筋と不随意筋に分類される(図3-6)．

[4] **神経組織**(nervous tissue)

神経系は**中枢神経系**(central nervous system)と，**末梢神経系**(peripheral nervous system)を構成する．基本的にニューロン(neuron)(**神経細胞，神経単位**)と**神経膠細胞**が組織間の連絡にかかわっている．

中枢神経(系)は脳と脊髄で，形態的にも機能的にも神経系の中枢をなすものである．この神経には2種類あり，その1つは脳から出て目や顎など頭部の主な器官に達する**脳神経**(cranial nerves)(12対)とよばれる．他は脊髄から出て上肢や下肢，また体各部の器官にいく**脊髄神経**(spinal nerves)(31対)である(図3-8, 9)．末梢神経には，興奮の伝達する方向によって，末梢から刺激を中枢に伝達する**求心性神経**と，中枢からの興奮を末梢へ伝達する**遠心性神経**がある．

末梢神経の途中で，ところどころに神経細胞体の集合した結節があり，これを**神経節**(ganglion)という．

図 3-9　神経組織

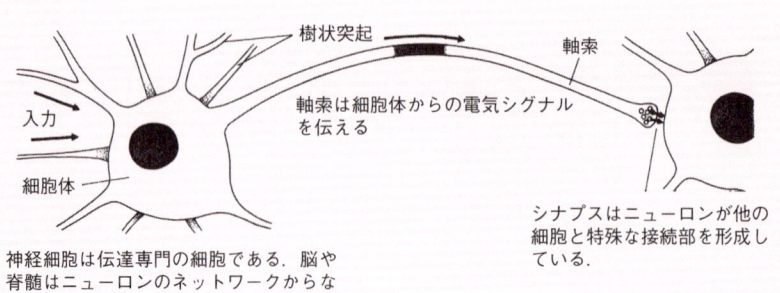

a. 神経細胞

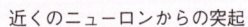

神経細胞は伝達専門の細胞である．脳や脊髄はニューロンのネットワークからなり，グリア細胞に支えられている．

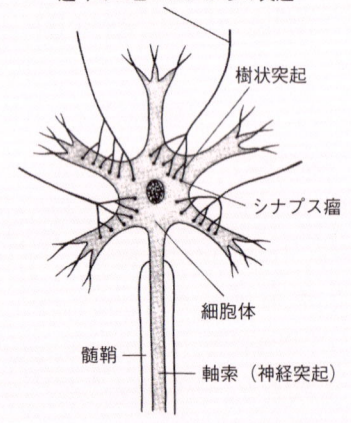

b. シナプスで連絡している神経細胞
運動神経細胞の終末は表面の数多くのシナプス瘤（synaptic knobs）となって，次のニューロンの細胞体に接触している．(Roberts, 1983)

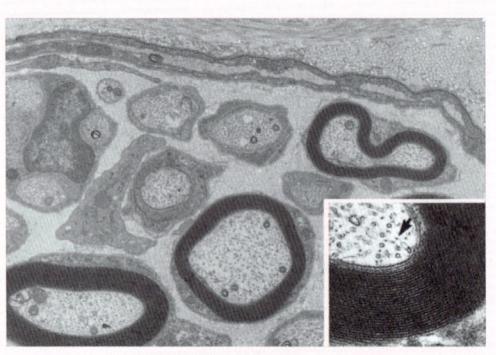

c. ラット頸部の神経軸索のTEM像
拡大：ミエリン鞘，矢印：ニューロフィラメント

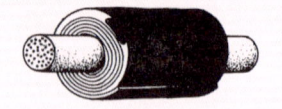

d. シュワン細胞
軸索を取り巻き，膜のさやを何層もつくっている．

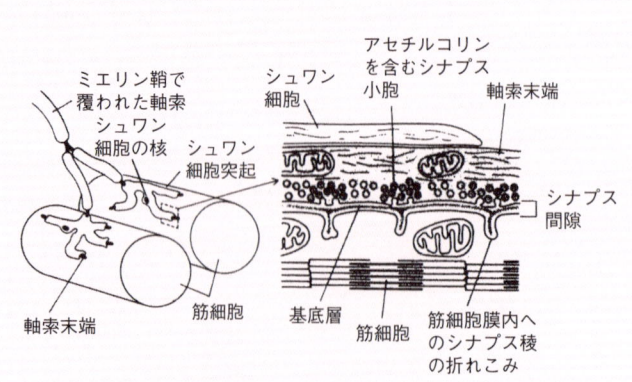

e. 神経筋接合部の模式図（Alberts）
神経筋接合部は軸索末端の形から終板ともいう．

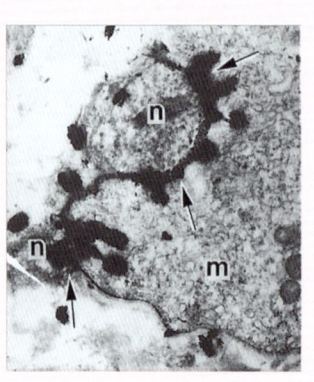

f. アセチルコリンエステラーゼ反応（矢印）が神経筋終末（n）に認められる（細胞化学的TEM像）m：筋細胞

1. 神経細胞

神経細胞は，神経刺激を伝達するための特殊化した細胞で，それぞれ特殊な機能を営む明瞭な4つの部分がある．**細胞体**（cell body），**樹状突起**（dendrites），**軸索**（axon），**終末**（axon terminals）である（図3-9）．

2. 神経膠細胞（グリア細胞）（glia cell）

中枢神経にあり，神経細胞より小型で数種ある．樹状突起のみで神経細胞をクモの巣のように結びつけ，神経細胞を支持し，栄養を供給したり，恒常性維持のはたらきをするが，電気的興奮は伝達しない．**アストログリア**，**ミクログリア**，**オリゴデンドログリア**，**上衣細胞**さらに末梢神経の**シュワン細胞**もここに分類される．

3. 神経接合とシナプス伝達物質（図3-9）

ニューロンの軸索の末端である終末と樹状突起との間の接合部を**神経接合**（synapse：シナプス）といい，神経細胞が他の神経細胞，筋肉あるいは腺細胞などに信号を伝える接合部のことである．細胞1つ当たり1,000以上もあり，接合部は狭い間隙で隔てられている．

興奮がシナプスに達すると細胞膜のカルシウムイオンチャンネルが開き，シナプス小胞からアセチルコリン（運動神経と副交感神経の場合）やノルアドレナリン（交感神経の場合）などの**シナプス伝達物質**（synaptic transmitter：**神経伝達物質**）がシナプス間隙に分泌され（図3-9），次のニューロンの細胞体の細胞膜のナトリウム受容体を興奮させる．

図3-10 器官と機能（Villeeら）

器官系	器官	機能
皮膚（外被）	表皮，毛，爪，汗腺	保護，被覆，防水，防湿
骨格	骨，軟骨，腱	体形保持，Caイオン供給，運動補助
筋肉	骨格筋，心筋，平滑筋	運動，体内臓器の運動
消化器	口，食道，胃，腸，肝臓，膵臓	食物の摂取，消化そして体内への吸収，吸収物の処理
循環器	心臓，大動脈，毛細血管，静脈，リンパ管，血液	栄養，酵素，老廃物の運搬，ホルモン，水環境の保持，細菌からの防御機構
呼吸器	肺，気管，気管支	外界と血液間でのガス交換
泌尿器	腎臓，膀胱，（輸）尿管	代謝産物の回収，排泄，体液の浸透圧，イオン調節
神経	脳，脊髄，運動・感覚神経	外部，内部の状況の把握と対応
内分泌	脳下垂体，甲状腺その他の内分泌腺	体内各器官の化学的機能調節
生殖器	精巣，（輸）精管，卵巣，（輸）卵管，子宮，腟	種族の維持

消化器系
消化管と消化液の分泌線からなる．食物を機械的にまた酵素的に消化し廃物を排出する．

コラム

― 体液［血液］―

ヒトの体には液体成分（**体液**）としての**血液**のほかに，**組織液**と**リンパ液**がある．

循環している血液の量は体重の約8％である．**血液**は，特殊な組織で薄い黄色の液体成分である**血漿**（plasma）の中に**赤血球**（eythrocyte, red blood cell），**白血球**（leucocyte, white blood cell）や**血小板**（栓球）（platelet, thrombocyte）を浮かべている．栄養と酸素を消化器官や呼吸器官から受け取り，体中に運び，細胞，組織に拡散によって放出する．

①**赤血球**：成人男性では血液 1 mm^3 に約 500 万，成人女性では約 450 万含まれる．平均寿命は 127 日である．赤い色素（**ヘモグロビン**：hemoglobin）の飽和ヘモグロビンはグラム当たり 1.34 ml の酸素と結合する．血流中の成熟赤血球には核がないが，発生初期は有核である．

②**白血球**：血液 1 mm^3 内に約 5,000～9,000 含まれる．赤色骨髄や脾臓，リンパ組織でつくられ，核をもつ．寿命は 3～4 日で，肝臓や脾臓で壊される．好中球がもっとも多く，細菌感染の防御にあたる．

③**血小板**：骨髄の巨核球の破片で，2～4 μm，無核である．血栓形成，**血液凝固**に関与している．

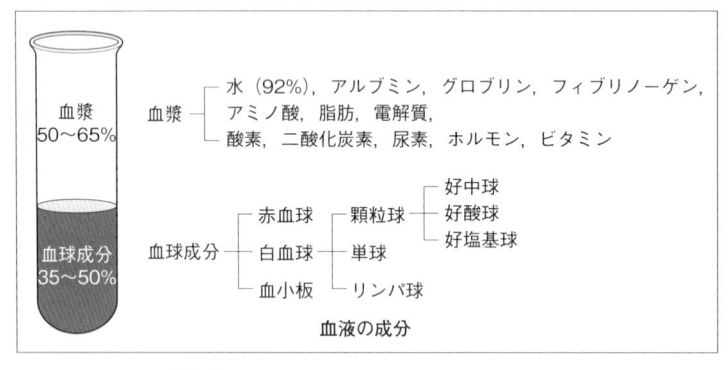

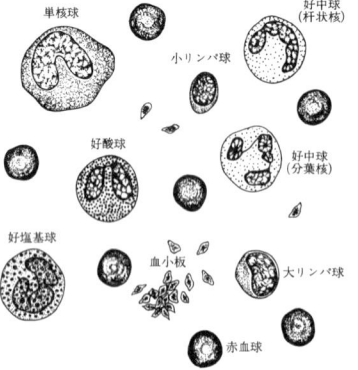

血液の成分

a．切断した赤血球

c．血球の種類（藤田より改変）

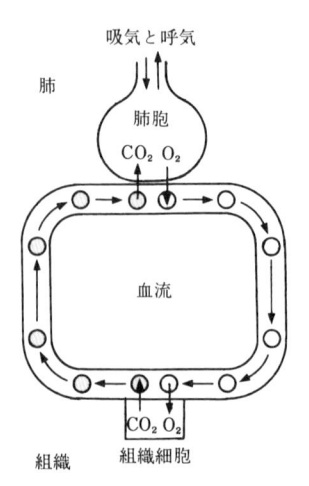

b．血液は酸素を肺から組織に送る．そして二酸化炭素を組織から肺に運ぶ．

血液

2-器官とその機能（図3-10）

　ヒト（動物）の器官は主として一種類の組織からできているとしても，これだけでは機能を果たすことはできず，これを支持し，保護し，また血液を供給したり，さらに刺激を伝えたりするために数種の組織が必要である．たとえば心臓は主として心筋からできているが，内腔は上皮組織で裏打ちされ，また結合組織や血管を含んでいる．さらに神経組織によって支配され，はじめてその機能が果たされるのである．

II. 内部環境の調節

1-恒常性

　動物の体は常に調節を受けている．すなわち生物の外の環境すなわち外部環境（external environment）の変動に対して，より小さな変動が体内の環境すなわち内部環境（internal environment）に生ずるようになっている．この内部環境の恒常性のことを**ホメオスタシス**（homeostasis）という（**図3-11**）．

　恒常性の維持にはネガティブフィードバック機構が用いられる．環境の変動は刺激として伝わる．この伝達にはさまざまな感覚器（sensor）が使われている．体内には恒常性のセンターがあり，あらかじめ体内にセットされている設定値と照らし合わせ，この値からのずれがあれば，効果器（effector）を通じて設定値に向かってずれを修正する．この機構をネガティブフィードバックという（**図3-12**）．これをヒトの体温調節の例で考えてみよう．

　体温の設定値（37℃）からのずれは，脳の視床下部の神経細胞が感知する．視床下部の神経細胞がその温度を設定値と照らし合わせ，もし低い場合には，皮膚の血管を収縮させ放熱を抑え，また骨格筋を収縮させて震えを起こさせる．この結果体温が上がる．体温をチェックし，もし設

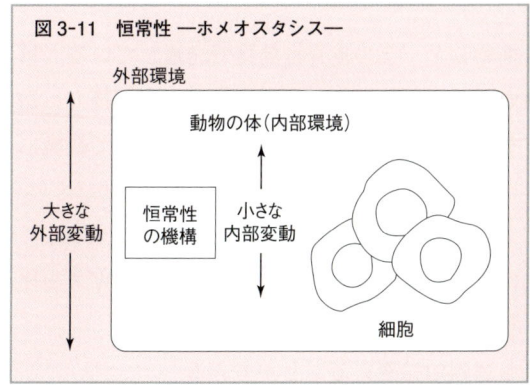

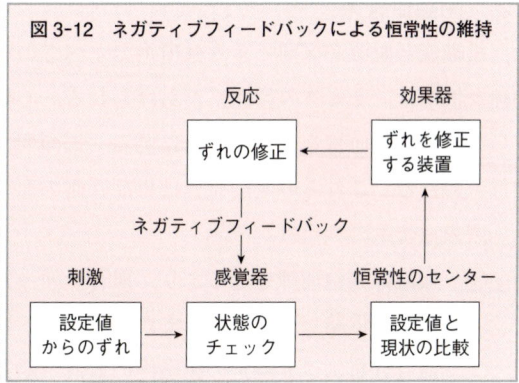

図3-11　恒常性 —ホメオスタシス—

図3-12　ネガティブフィードバックによる恒常性の維持

定値より高ければ，皮膚の血管を拡張し熱を逃がす．また汗腺を刺激して，発汗を促す．この結果体温が下がる．このようなネガティブフィードバックによって体温が一定に保たれている．

2-体液と循環器系
[1] 体液

ホメオスタシスの維持は，神経系（特に自律神経系）やホルモンによって行われている．心臓からの血液の送り出しや血圧は自律神経系によって調節されており，また血液の量はホルモンによって調節されている．血液，組織液，リンパ液といった体液は内部環境そのものでもある（☞50頁「コラム：体液［血液］」）．

血液は第一に細胞の代謝に必要な物質や血液細胞を運んでいる．赤血球はヘモグロビンにより酸素を運んでいる．また，不要な物質を運び，肝臓や腎臓を介して処理したりもしている．第二に循環系全体を使って，内分泌器官から出たホルモンを標的器官に運んで調節している．体表近くの血管の収縮と弛緩を介して熱の放出を調節し，体温調節にも役立っている．第三に病原体や異物から体を守っている．

[2] 心臓と血液循環

血液の循環系は筋肉性のポンプである心臓と流れる液体である血液，および血液を導く管である血管からなっている．循環系はガス交換（酸素を体内に取り込み，二酸化炭素を排出する），栄養を取り込む，老廃物を排出するために必要な器官系であるが，水棲の小さな無脊椎動物，例えば海綿のような動物では外部環境と密に接しているので，循環系は発達していない．

体のサイズが大きくなっていくと，体の内部に比べて，表面積が相対的に小さくなるために循環系が必要となる．循環系には開放血管系と閉鎖血管系とがある．

1. 開放血管系

心臓が収縮して液体が体中に押し出される循環系で軟体動物や昆虫類でみられる．血管の末端は開放しているので組織液と血液の区別はなく，開放血管系とよばれる．昆虫では心臓に心門（ostium）とよばれる孔が開いていて，ここから体液が心臓に戻る（図3-13）．

2. 閉鎖血管系

組織液と血液が区別できる循環系ですべての脊椎動物と一部の無脊椎動物で発達している．単純な例では，ミミズの循環系があげられる．心臓が収縮し，腹側の血管を通って血液が後方へ送られ，背側の血管を通って心臓に戻る．この間，それぞれの体節では毛細血管が分かれて組織に行きわたる．これらの毛細血管は再び背側の血管に戻っていく（図3-14）．

閉鎖血管系の利点は，
① 血液は細胞間隙を通るより，血管を通ったほうが高速で移動できるため，高速にガス交換や栄養の供給，老廃物の除去ができる．
② 血管分布により特定の組織内の血液供給量を選択的に変えることができる．

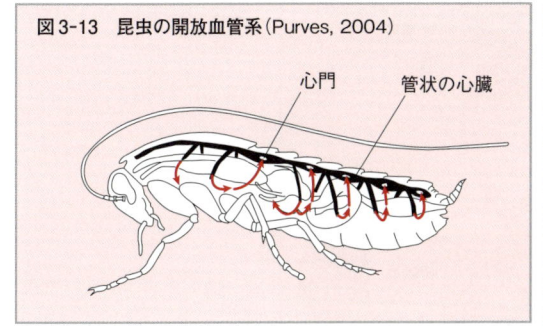

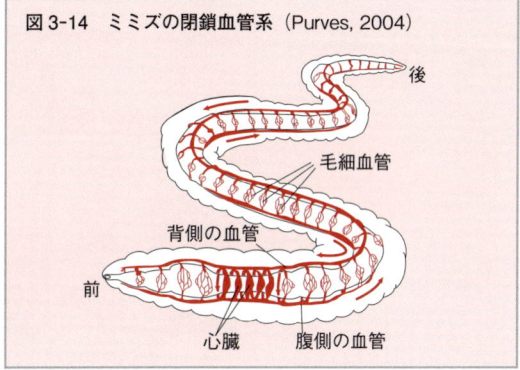

図3-13　昆虫の開放血管系（Purves, 2004）
心門　管状の心臓

図3-14　ミミズの閉鎖血管系（Purves, 2004）
後　毛細血管　背側の血管　前　心臓　腹側の血管

といったことである．

3. 循環系

　哺乳類であるヒトの循環系は，2心房2心室の心臓をもち，酸素に富んだ血液を得る肺循環とその血液を全身に供給する体循環からなっている（図3-15，図3-16）．

3-神経系による調節

[1]　神経細胞（nerve cells）

　神経細胞はニューロン（neuron）ともよばれるが，その中枢での支持細胞グリア細胞や末梢でのシュワン細胞とともに神経系（nervous system）をつくっている．動物は体内，体外両方から情報を感覚細胞（または受容細胞）によって集める．集められた情報は電気シグナルとして効果器（例えば筋や腺）に伝えられ，行動や他の生理的応答を引き起こす．

　電気シグナルは神経細胞の樹状突起と軸索を伝わっていくが，その実体は細胞膜内外の電位変化である（図3-17，図3-18）．神経回路がつくられているときには，神経終末は他の神経細胞の細胞体や樹状突起と多数のシナプスをつくり，情報が伝えられる．神経細胞の中は電気シグナルが伝わっていくが，シナプスでは化学物質によって情報が伝わる．この化学物質を神経伝達物質（neurotransmitter）という．神経伝達物質の種類は神経によって異なっていて，運動神経が筋肉に終わるところ（神経筋接合部）ではアセチルコリン，中枢ではグリシン，GABA（γ-アミノ酪酸），グルタミン酸などがある．

　後述の自律神経ではアセチルコリンとノルアドレナリンが神経伝達物質である．

　電気シグナルの伝達をもう少し詳しくみると次のようになる．静止状態の場合，神経軸索の細胞膜の内と外の間には電位差が生じている．膜内外のイオン分布状態に違いがあるためである（55頁参照）．通常，内側が－，外側が＋になっている．この電位差は70 mVくらいで，外側に対して－70 mVの静止電位をもっていると表現できる．膜の興奮は一時的に膜の内外の電位差が逆転して＋50 mV位になる（脱分極という）．興奮したときの電位と静止電位との間の電位差

図 3-15 哺乳類の循環系（Raven, 2008）

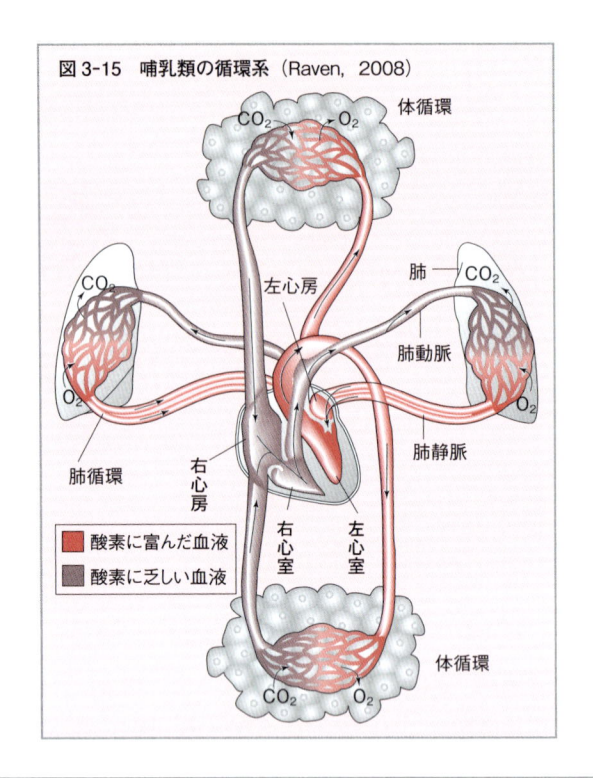

図 3-16 体循環（Marder 2004 改変）

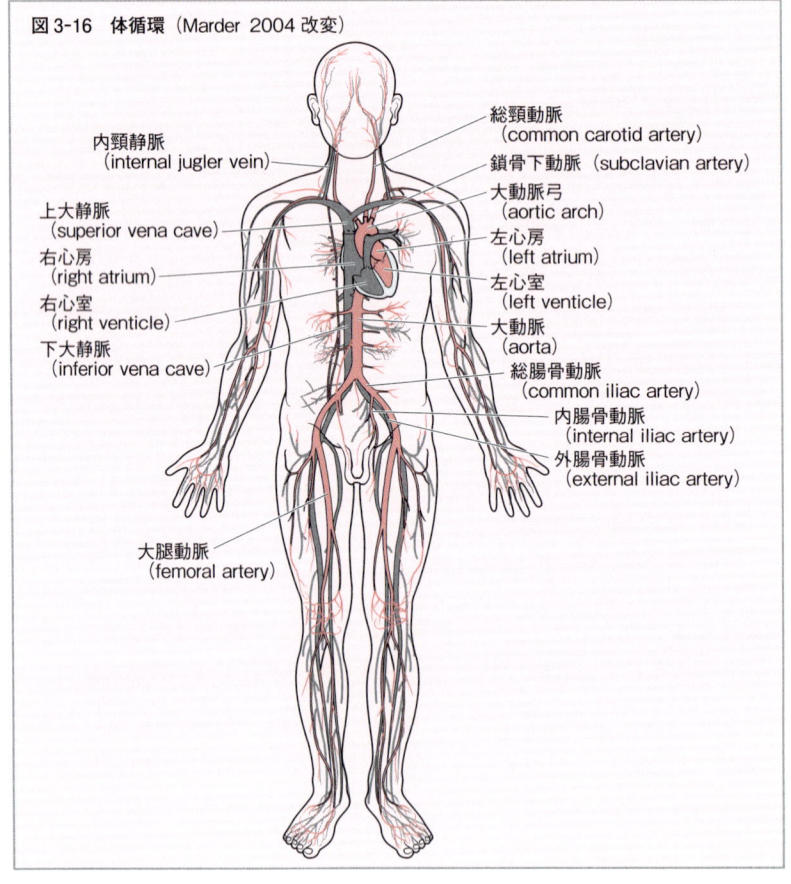

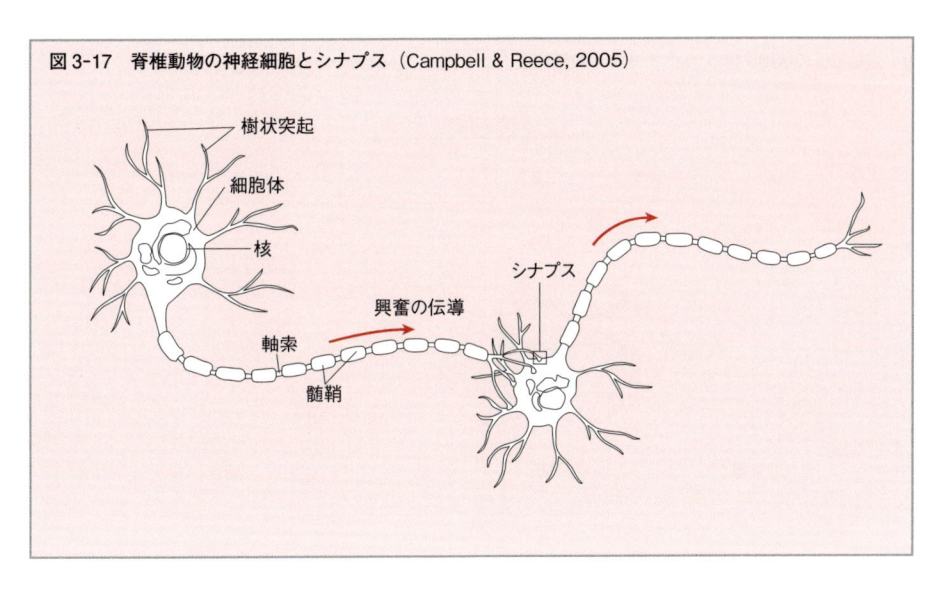

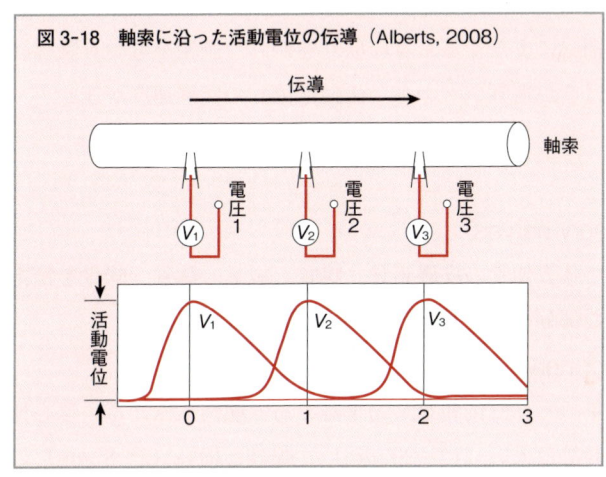

図 3-17 脊椎動物の神経細胞とシナプス (Campbell & Reece, 2005)

図 3-18 軸索に沿った活動電位の伝導 (Alberts, 2008)

を活動電位という．これが神経の軸索を伝わっていく（図 3-18）．このように伝わる原因は細胞膜上に選択的に Na^+ を通すチャネル（voltage-gated Na^+ channel）があり，このチャネルが脱分極したときだけ開く．その結果，細胞外に大量に存在する Na^+ が軸索の内側に入り込み，活動電位が維持される．しかも，このチャネルは一度開くと短時間で脱分極しているにもかかわらず閉じてしまい，すぐには再開しない（不活性状態という）．このようにして一方向にだけ活動電位が伝わっていく（図 3-19）．巧妙につくられた電気信号の増幅機構ともいえる．

一度生じた活動電位がもとの静止電位に下がるのは，細胞膜上に電位依存性の K^+ チャネルが存在し，Na^+ チャネルに少し遅れて開くためである．Na^+ とは異なり，K^+ は細胞内に多く，細胞外では相対的には少ない．そのために K^+ チャネルが開くと，細胞内の K^+ が細胞外に移動し，電位は急速に下がり，静止電位に至る．

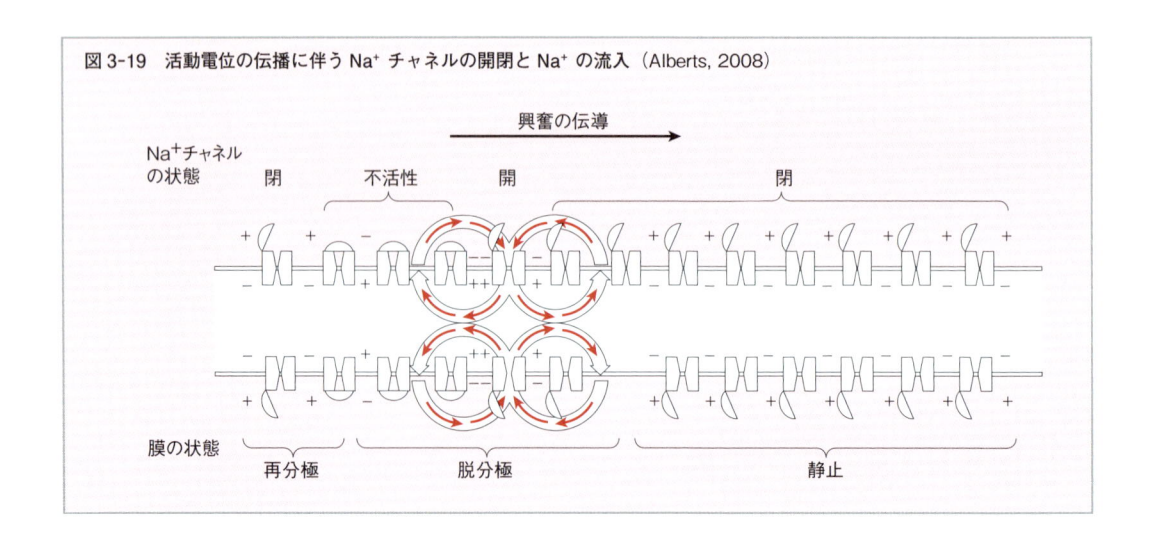

図 3-19 活動電位の伝播に伴う Na⁺ チャネルの開閉と Na⁺ の流入 (Alberts, 2008)

　末梢でのシュワン細胞によりぐるぐるに取り巻かれた髄鞘をもつ有髄神経やもたない無髄神経がある．有髄神経のほうが電気シグナル（活動電位）の伝導速度が速い．

[2] 神経系の種類
1. 感覚神経 (sensory nerves)
　求心性の神経として体表知覚の皮膚感覚，嗅覚，視覚，聴覚，味覚を伝えるものと，より深い腱，筋，関節といった部分や内臓知覚にかかわる神経もある．
2. 運動神経 (motor nerves)
　感覚細胞によって集められた情報を，効果器である筋肉へ伝える，遠心性の神経として運動神経がある．運動神経線維は太い（12〜20 μm）α線維と細い（2〜8 μm）のγ線維とがある．
3. 自律神経 (autonomic nerves)
　交感神経系 (sympathetic nerves) と副交感神経系 (parasympathetic nerves) に分かれる．図 3-20 に示すように，交感神経系は脊髄から外に出てその神経線維（節前線維という）は神経節 (ganglion)（神経細胞の集まり）に至る．そこでシナプスを介して別な神経線維（節後線維という）が各器官に作用する．副交感神経は脳幹の核（中枢の神経細胞の集まり）と脊髄の仙髄から出て，効果器近くの副交感神経節に至る．そこから出た節後線維が各器官に作用する．多くの器官では交感神経系と副交感神経系の二重神経支配を受け，その作用は拮抗的なものが多いが，副腎髄質のように交感神経だけに支配されている器官もある．眼の瞳孔 (pupil) は交感神経の作用で拡大し，副交感神経の作用で縮小する．心臓の心拍数は交感神経の作用で増加し，副交感神経の作用で減少する．肺の気管支は交感神経の作用により拡張され，より多量のガス交換を可能にし，副交感神経の作用では反対に収縮する．唾液腺や胃腺は分泌が交感神経で抑制されるが，副交感神経では促進される．肝臓では交感神経の作用でグルコースが分泌され，副交感神

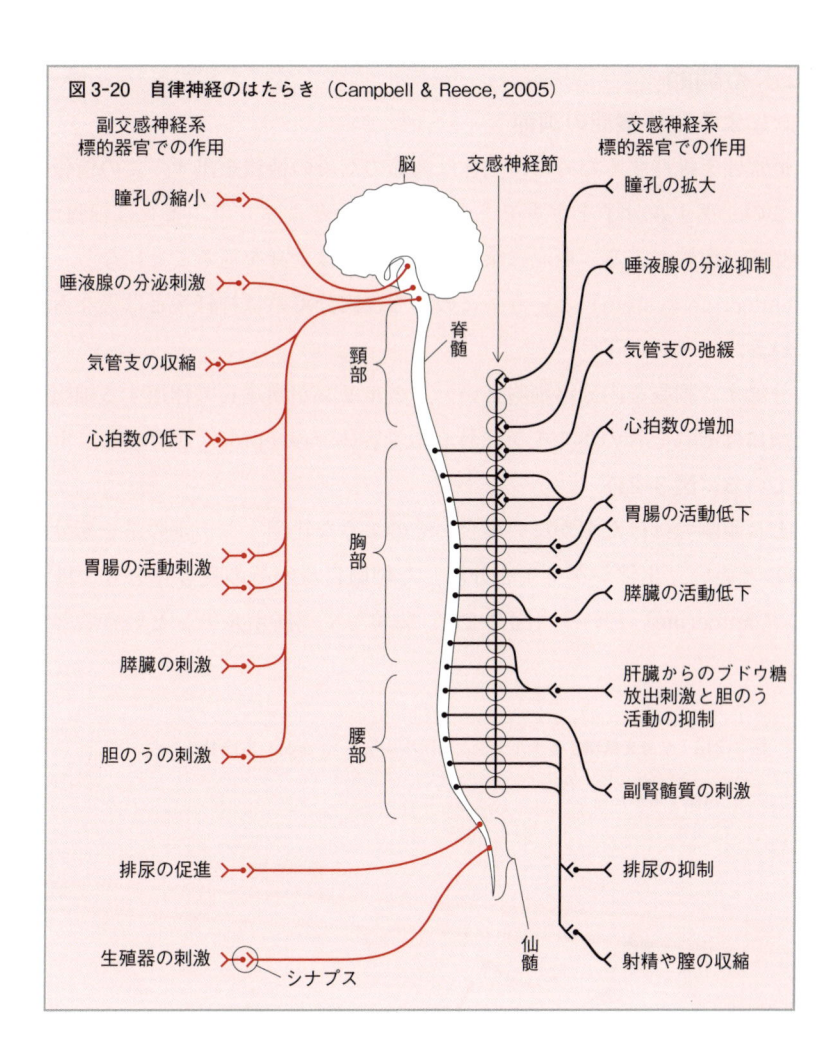

図3-20 自律神経のはたらき（Campbell & Reece, 2005）

経の作用で抑制される．神経伝達物質は交感神経では節前線維はアセチルコリン，節後線維はノルアドレナリンである．副交感神経では節前線維，節後線維ともにアセチルコリンである．

4-内分泌による調節
[1] ホルモンによる生体機能の調節

　内部環境の恒常性を維持するために，生体は調節のための情報を出す．この情報の1つは化学シグナルで，このシグナル分子をホルモン（hormone）とよぶ．ホルモンは細胞から分泌され，細胞外を拡散して，血管へ入る．血流に乗ってホルモンは全身を巡ることになる．これを総称して内分泌系（endocrine system）という．このように内分泌系は神経系とは異なる様式で生体機能を調節している．

　ホルモンを分泌する細胞を内分泌細胞といい，ホルモンが到達して作用する細胞を標的細胞という．標的細胞にはそれぞれのホルモンに特有の受容体（receptor）が存在し，ホルモンのメッセージを伝えている（図3-21）．

　ホルモンほど長距離でははたらかない場合，そのような化学シグナルの系を傍分泌（パラクリン：paracrine）といい，化学シグナルを分泌した細胞自身がその受容体をもつ場合，自己分泌（オートクリン：autocrine）という（図3-21）．総称して局所ホルモンということもある．増殖

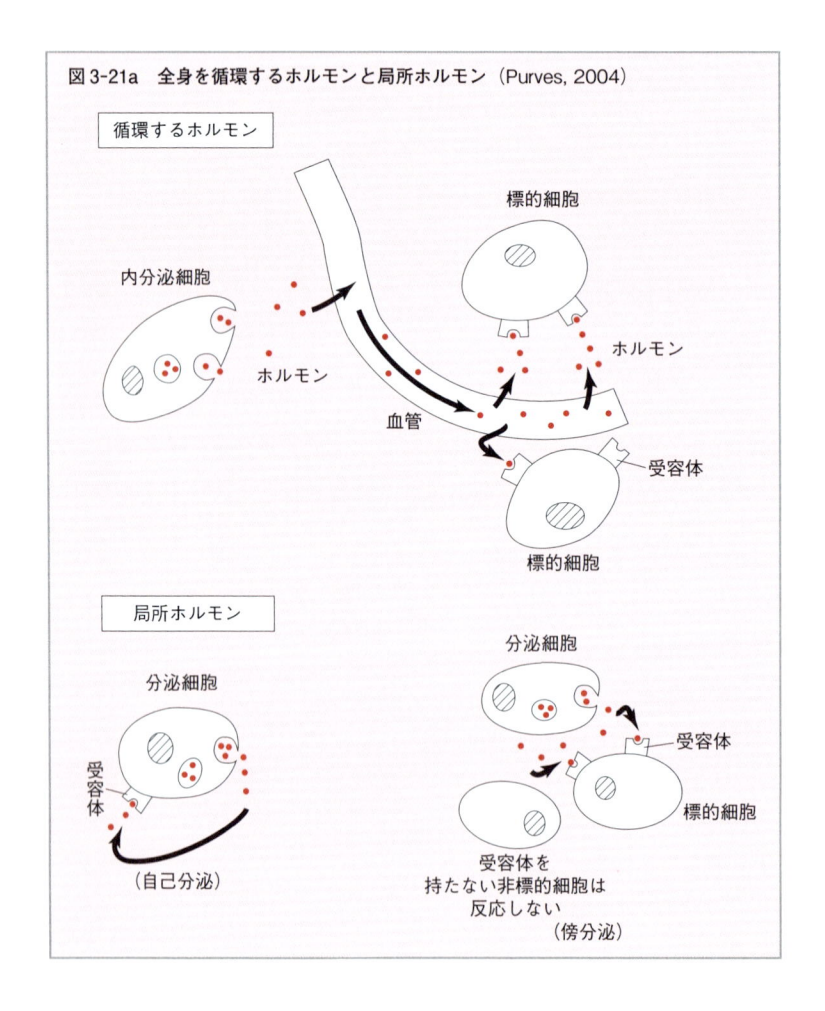

図3-21a　全身を循環するホルモンと局所ホルモン（Purves, 2004）

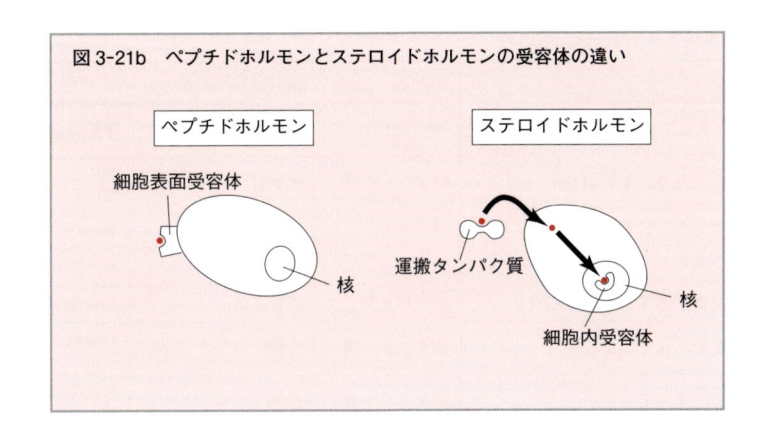

図3-21b　ペプチドホルモンとステロイドホルモンの受容体の違い

因子やサイトカインはこのような機序ではたらいている．

　ホルモンは次の3種類の化学物質の1つである．①ペプチドまたはタンパク質（インスリンなど），②ステロイド（脂質の1つでテストステロンなど），③アミノ酸誘導体（チロシンから派生したアドレナリンなど）．

　ペプチドホルモンなどは細胞表面の受容体を介して，信号が細胞内に伝わる．ステロイドホルモンのような疎水性の物質は運搬タンパク質を介して標的細胞に到達し，ホルモンは細胞膜を直接通過して細胞内受容体に結合する．このようにホルモンによって受容体の存在する場所が異なる（図3-21b）．

［2］　内分泌器官とホルモン（表3-2）

　視床下部（hypothalamus）には下垂体前葉（anterior pituitary gland）に向けて種々の放出ホルモンや放出抑制ホルモンが出て下垂体前葉のホルモン分泌を調節している．また，視床下部の神経細胞は突起（軸索）を伸ばし，下垂体後葉（posterior pituitary gland）に至る．これらの突起からはオキシトシン（oxytocin），バソプレッシンといったホルモンが放出される．これらを神経分泌（neurosecretion）という．下垂体前葉からは多くのホルモンが出るが，そのうち甲状腺刺激ホルモン（thyroid-stimulating hormone；TSH），副腎皮質刺激ホルモン（adrenocorticotropic hormone；ACTH），卵胞刺激ホルモン（follicle-stimulating hormone；FSH），黄体形成ホルモン（luteinizing hormone；LH）の4つのホルモンは他の器官からの別なホルモンの合成と放出を刺激するはたらきがある．プロラクチン（prolactine）は哺乳類の乳腺の発達や乳汁の合成を促すはたらきがある．メラノサイト刺激ホルモン（melanocyte-stimulating hormone；MSH）は色素細胞の活性を調節している．エンドルフィンやエンケファリンは脳内の受容体に結合し，痛みを抑えるはたらきがある．成長ホルモン（growth hormone；GH）は肝臓や骨・軟骨に作用して成長を促す．

　甲状腺（thyroid gland）はチロキシン（thyroxine）（T₄）またはトリヨードチロニン（triiodo-

表 3-2　内分泌器官とホルモン (Purves, 2004)

内分泌器官	ホルモン名	性状	標的器官, 細胞	機能
視床下部	種々の放出ホルモンと放出抑制ホルモン	ペプチド*	下垂体前葉	下垂体前葉ホルモンの放出
下垂体前葉	甲状腺刺激ホルモン(TSH)	糖タンパク質	甲状腺	チロキシンの合成と放出の刺激
	成長ホルモン(GH)	ペプチド*	骨, 筋, 肝臓	タンパク質合成と成長の刺激
	乳腺刺激ホルモン(プロラクチン)	ペプチド*	乳腺	乳汁産生の刺激
	副腎皮質刺激ホルモン(ACTH)	ペプチド*	副腎皮質	副腎皮質ホルモン放出の刺激
	卵胞刺激ホルモン(FSH)	糖タンパク質	性腺	卵の成長や成熟, 精子産生の刺激
	黄体形成ホルモン(LH)	糖タンパク質	性腺	卵巣や精巣からの性ホルモン放出刺激
	エンドルフィンとエンケファリン	ペプチド*	脊髄神経	鎮痛
下垂体中間部	メラノサイト刺激ホルモン(MSH)	ペプチド*	色素細胞	皮膚の色素の調節
下垂体後葉	オキシトシン	ペプチド*	子宮, 胸	子宮筋の収縮
	バソプレッシン	ペプチド*	腎臓	血圧上昇と水の再吸収
甲状腺	チロキシン	アミノ酸誘導体	多くの組織	正常な発生と成長に必要な代謝の維持
	カルシトニン	ペプチド*	骨	血中カルシウムレベルの低下
副甲状腺	副甲状腺ホルモン(PTH)(パラトルモン)	ペプチド*	骨	血中カルシウムレベルの上昇
胸腺	サイモシン	ペプチド*	白血球	T細胞の活性化
膵臓	インスリン	ペプチド*	筋, 肝臓, 脂肪 他	血糖値の低下
	グルカゴン	ペプチド*	肝臓	血糖値の上昇
	ソマトスタチン	ペプチド*	消化管, 膵臓の他組織	グルカゴンとインスリンの放出抑制
副腎髄質	アドレナリン(エピネフリン)	アミノ酸誘導体	心臓, 血管, 肝臓, 脂肪	血圧の上昇, 血糖値の上昇
	ノルアドレナリン(ノルエピネフリン)	アミノ酸誘導体	心臓, 血管, 肝臓, 脂肪	血圧の上昇, 血糖値の上昇
副腎皮質	グルココルチコイド	ステロイド	筋, 免疫系 他	筋肉からのグルコース合成, 免疫の低下
	ミネラルコルチコイド	ステロイド	腎臓	Na^+ や K^+ の血中の恒常性
胃	ガストリン	ペプチド*	胃	胃酸, ペプシノーゲンの分泌促進
小腸	セクレチン	ペプチド*	膵臓	膵臓の HCO_3^- の分泌促進
	コレシストキニン	ペプチド*	心臓, 肝臓, 胆のう	胆のうの収縮, 膵臓からの消化酵素分泌促進
松果体	メラトニン	アミノ酸誘導体	視床下部	生体リズムの制御
卵巣	エストロゲン	ステロイド	胸, 子宮 他	子宮内膜の増殖, 女性の二次性徴
	プロゲステロン	ステロイド	子宮	子宮粘膜の水分の維持
精巣	アンドロゲン	ステロイド	さまざまな組織	男性の二次性徴
心臓	心房性ナトリウム利尿ホルモン	ペプチド*	腎臓	Na^+ の排出増加 (利尿作用)
皮膚	(ビタミンD)	ステロイド	消化管, 腎臓, 骨	骨形成の促進, 小腸からの Ca^{2+} の吸収促進

*ペプチドホルモンはその大きさがアミノ酸3個のトリペプチドから分子量数万のタンパク質までいろいろである.

thyronine）（T$_3$）というよく似たホルモンを分泌する．いずれもアミノ酸チロシンから由来し，ヨウ素を前者は1分子当たり4原子，後者は3原子含んでいる．哺乳類では主にチロキシンを分泌するが，標的細胞ではT$_3$に変換されてはたらく．両生類ではオタマジャクシからカエルへの変態を調節するホルモンとして知られるが，ヒトでは骨格の成長に必須で，成人では体の恒常性の維持に必要なホルモンである．

甲状腺から出る別なホルモン，カルシトニン（calcitonin）と副甲状腺（parathyroid gland）から出る副甲状腺ホルモン（parathyroid hormone；PTH）は血中のカルシウムイオンのレベルを調節している．血中のカルシウムレベルが上がると甲状腺からカルシトニンが出て，骨の吸収を抑えることによって，骨のカルシウム沈着を促進し血中カルシウムレベルを下げる．腎臓でのカルシウムイオンの再吸収も減少する．一方血中カルシウムレベルが下がると副甲状腺ホルモンが分泌され，この結果，骨を吸収する破骨細胞（osteoclast）が活発にはたらいて，血中にカルシウムイオンを放出する．腎臓でもカルシウムイオンの再吸収が活発になり，またビタミンDの活性型が小腸での食物のカルシウムイオン取り込みを促進する．これらの結果，血中カルシウムレベルが上がり，恒常性を保つようになる（図3-22）．

血糖の調節も同様に拮抗的にはたらくホルモンのはたらきで，恒常性が保たれている．膵臓（pancreas）のランゲルハンス島（islets of Langerhans）のβ細胞から分泌されるインスリンは肝臓でのグリコーゲンの蓄積や細胞へのグルコースの取り込みを促進する．この結果，血糖値が低下する．一方，膵臓ランゲルハンス島のα細胞から分泌されるグルカゴンによって，肝臓のグリコーゲンが分解され血液中にグルコースが放出され，血糖値が上昇する．

血糖のレベルは副腎（adrenal gland）のホルモンによっても変化する．ストレスがかかると，副腎髄質（adrenal medulla）からアドレナリンやノルアドレナリンが放出されこの結果，グリコーゲンの分解が起こり血糖値が上昇する．血圧や代謝率も上がる．同じく副腎皮質もストレスに応答するはたらきがあり，ここからはミネラルコルチコイドやグルココルチコイドが出る．特にグルココルチコイドはグルコースの合成を促進したり，免疫系や炎症を抑えるはたらきがある．

生殖器である精巣からはアンドロゲンが分泌される．その1つはテストステロン（testosterone）で，精子形成を維持して男性の二次性徴の発達を促す．卵巣からはエストロゲン（estrogen）やプロゲステロン（progesterone）が出て，初期胚の着床に備えて子宮粘膜の維持にはたらき，また女性の二次性徴の発達を促す．

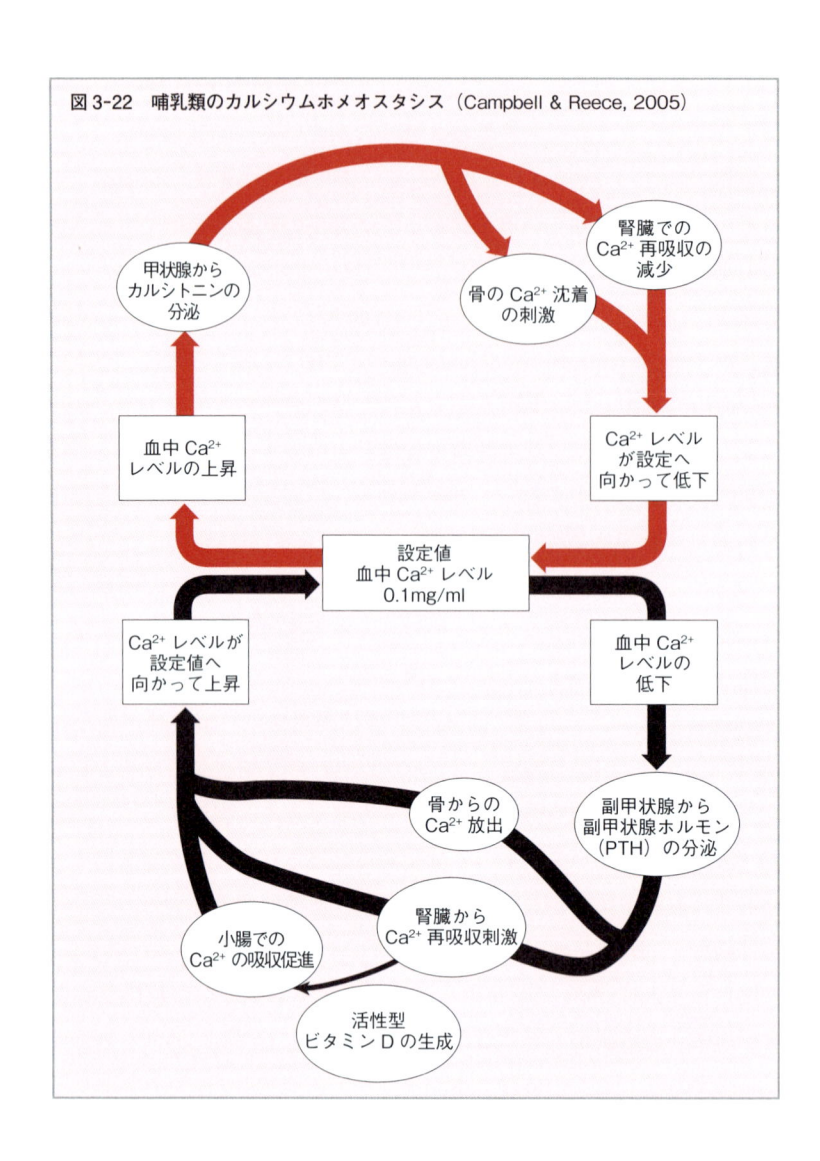

図3-22 哺乳類のカルシウムホメオスタシス (Campbell & Reece, 2005)

コラム

― リガンドと受容体 ―

神経系やホルモン・局所ホルモンでの体の恒常性の維持には，シナプスや受容体がはたらいている．細胞の表面には受容体とそれらに選択的に結合する分子（リガンドという）がはたらいて信号を伝えている（細胞の中にも受容体があるが，ここでは省略）．図3-23のように3種類の受容体がある．(1) イオンを通過させるチャネルで普段は閉じているがリガンドがチャネルに結合すると開くことでイオンを細胞内に入れて，信号を伝えるもの．運動神経と筋肉の接合部ではアセチルコリンをリガンドとして，Na^+チャネルを受容体とする機構がはたらいている．(2) 三量体のGTP結合タンパク質（Gタンパク質）と共役した受容体にリガンドが結合すると，不活性な酵素などを活性化して細胞内に信号を伝えるもの．多くの受容体が知られている．リガンドとしてはアドレナリン，甲状腺刺激ホルモン（TSH），副甲状腺ホルモン（PTH），バソプレッシンなどがある．受容体タンパク質は多くの種類があるが，いずれも単一ポリペプチドで7回膜を貫通している．(3) 受容体それ自身が酵素活性をもっていて，リガンドが結合すると活性化して，信号を細胞内に伝えるもの．リガンドとしてはインスリン，上皮成長因子（EGF），神経成長因子（NGF）などがある（図3-23）．受容体タンパク質の一群はRTK（receptor tyrosine kinase）と総称される．

(1) イオンチャネル共役受容体

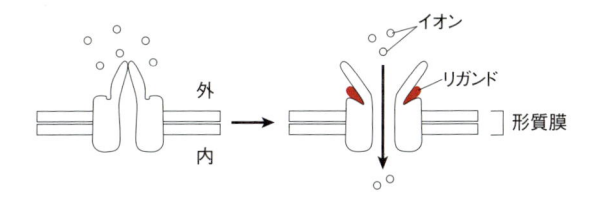

(2) Gタンパク質共役受容体

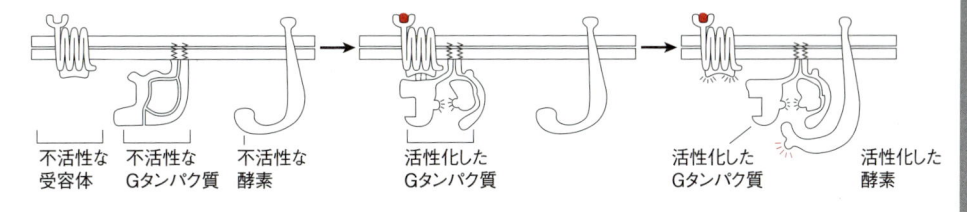

(3) 酵素共役受容体

図3-23（Alberts, 2008）

第3章　ヒトの体の構成と機能──II．内部環境の調節

III. 生体の防御（免疫）

1-免疫系を担う細胞

　多くの血液細胞が生体防御にかかわっている（☞50頁「コラム：体液［血液］」）. このなかには白血球が含まれる. 白血球には好中球, 好酸球, 好塩基球, 単球, リンパ球があり, リンパ球にはT細胞, B細胞, ナチュラルキラー細胞がある（**表3-3**）. 私たちの体は多くの病原体にさらされていて, 皮膚, 消化器, 呼吸器を介して, 病原体に感染するおそれがある. これを防ぐ機構として, 生体防御機構すなわち免疫機構が発達している. これには自然免疫と後述する獲得免疫がある（**図3-24, 図3-25**）. 自然免疫は速い応答が可能である. このなかには皮膚や粘膜やそこからの分泌物によって侵入してくる微生物（病原体）を防ぐことも含まれている.

2-自然免疫（natural immune response）

　私たちの体には病原体を食べる（貪食する）細胞がいる. 第一に好中球（neutrophil）である. これは全白血球中の60〜70%を占める細胞で感染組織に入り込み, 病原体を貪食し, 破壊する. この細胞は短命で数日しか生存することができない. マクロファージ（macrophage）は血中の約5%を占める単球（monocyte）から発達し, 好中球よりも寿命が長い. 病原体を貪食する. 樹状細胞（dendritic cell）も貪食能があり, 自然免疫に役割を果たすが, 後述のようにマクロファージとともに獲得免疫にもかかわる. 白血球の一種である好酸球（eosinophil）も寄生生物を攻撃して破壊するはたらきがある.

　血液中を循環している補体系（compliment system）は約20種類の可溶性のタンパク質で主

表3-3　免疫系を担う細胞

ヘルパーT細胞	抗原提示細胞上の外来ペプチドを認識し, キラーT細胞やB細胞を活性化する
細胞傷害性T細胞	獲得免疫でウイルスに感染した細胞や腫瘍細胞を認識し破壊する
B細胞（成熟して形質細胞）	抗体を産生, 分泌する
ナチュラルキラー細胞	自然免疫で非特異的にウイルス感染細胞や腫瘍細胞を破壊する
単球	マクロファージの前駆細胞
マクロファージ	自然免疫での貪食細胞で, 同時に獲得免疫での抗原提示細胞
好中球	感染や炎症で集まる自然免疫での貪食細胞
好酸球	寄生虫を破壊し, 慢性炎症にかかわる
好塩基球	血液中の肥満細胞
肥満細胞	結合組織中でヒスタミンを分泌し, 炎症を促進する
樹状細胞	最も強力な抗原提示細胞

図3-24 自然免疫と獲得免疫

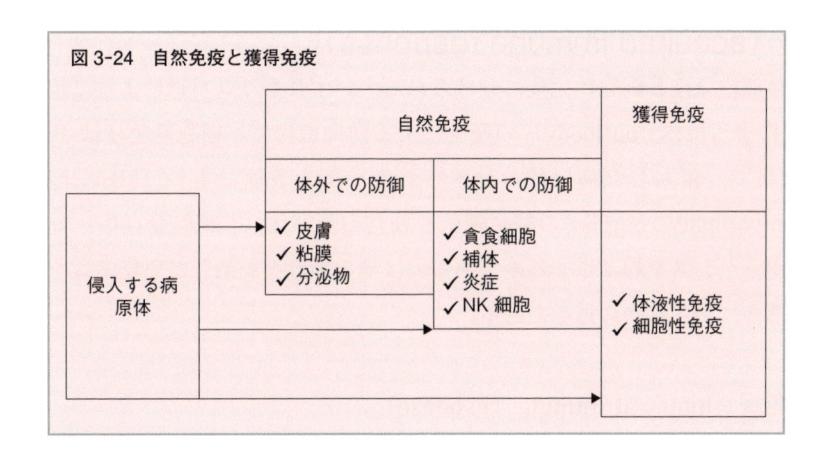

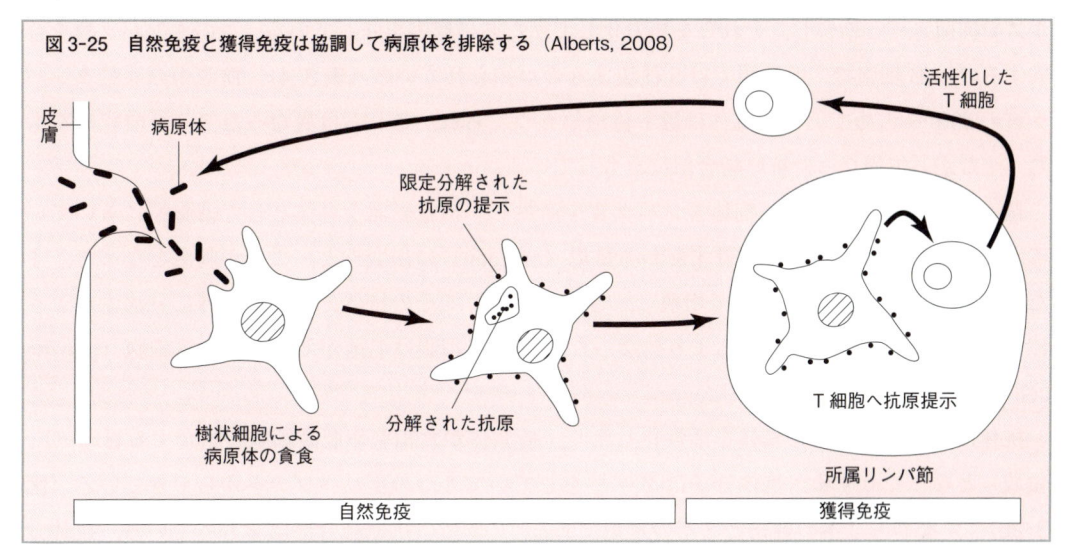

侵入する病原体	自然免疫		獲得免疫
	体外での防御	体内での防御	
	✓ 皮膚 ✓ 粘膜 ✓ 分泌物	✓ 貪食細胞 ✓ 補体 ✓ 炎症 ✓ NK 細胞	✓ 体液性免疫 ✓ 細胞性免疫

図3-25 自然免疫と獲得免疫は協調して病原体を排除する（Alberts, 2008）

に肝臓でつくられる．これらは通常は不活性であるが，病原体に感染すると活性化され，病原体を溶解したり，炎症反応や貪食細胞のはたらきを助けたりする．

　ナチュラルキラー細胞（natural killer cell；NK 細胞）も自然免疫の一部を担っている．この細胞はリンパ球の一種であってウイルスに感染した細胞にアポトーシスを起こさせて破壊する．後述の細胞傷害性 T 細胞（cytotoxic T cell）に似ているが，T 細胞のような受容体をもっているわけではない．ナチュラルキラー細胞はまた，低レベルの ClassI MHC（後述）を発現しているある種の癌細胞も破壊することが知られている．

　病原体が体内に侵入すると，ほとんどすべての場合炎症（inflammatory response）が起こる．この結果，痛んだり，赤くなったり，熱をもったり，膨らんだりする．血管の透過性が上がり，液体やタンパク質が血管外に出やすくなる．タンパク質性のシグナル分子のサイトカインや脂質のシグナル分子であるプロスタグランディンもかかわる．

3-獲得免疫 (acquired immune response)

　獲得免疫は体液性免疫と細胞性免疫に分けられる．いずれもリンパ球によって起きる．体液性免疫はB細胞による抗体 (antibody) の産生による防御機構で，細胞性免疫はT細胞によって起こる免疫機構で，侵入した病原体の分解された一部を表面にもつ (MHC上に) (MHCはmajor histocompatibility complexの略) 細胞を独自の受容体 (T細胞受容体) で認識し，直接感染細胞にアポトーシスを起こさせるか，あるいは他の細胞を刺激して免疫応答を活発化させることに協力するか，いずれかの道をたどる．

[1] 体液性免疫 (humoral immune response)

　抗体は免疫グロブリン (immunoglobulin；Ig) とよばれるタンパク質からできていて，ウイルスや細菌毒素と結合し，それらを無力化して私たちの健康を守っている．このタンパク質を合成するのはB細胞で，哺乳類では5種類あるのが知られている (表3-4)．血液中の血漿タンパク質の20%を占めている．抗体は数十億種類もつくられ，これらは異なったアミノ酸組成をもち，したがって異なった抗原結合部位をもっている．

　個々のB細胞は1種類の抗体タンパク質を産生し，細胞表面受容体として細胞膜に着いているが，この抗体に結合する物質すなわち抗原 (antigen) に出会うと，これが刺激となって，また後述のT細胞の助けを借りて増殖し，さらに分化してその抗体分子を細胞外に分泌するようになる．大量の抗体を分泌するようになった大型のB細胞は名前が変わり，形質細胞 (plasma cell) とよばれる．

　抗体は抗原と結合して補体を活性化したり，病原体が食細胞や肥満細胞と結合する目印 (Fc領域) となったりする．抗体分子はY字型をしていて4つのポリペプチドからできている (図3-26)．すなわち2本の軽鎖と2本の重鎖である．2ヵ所の抗原結合部位をもっている．抗体分子にはIgM, IgD, IgG, IgA, IgEなどの種類がある．最も多く存在するのはIgGで，二次免

表3-4　ヒトの抗体の性質 (Alberts, 2008)

性質	抗体のクラス				
	IgM	IgD	IgG	IgA	IgE
重鎖	μ	δ	γ	α	ε
軽鎖	κ or λ	κ or λ	κ or λ	κ or λ	κ or λ
4ペプチド鎖単位	5	1	1	1 or 2	1
血中の割合 (%)	10	<1	75	15	<1
補体の活性化	++++	−	++	−	−
胎盤の通過	−	−	+	−	−
マクロファージと好中球への結合	−	−	+	−	−
肥満細胞と好塩基球への結合	−	−	−	−	+

図 3-26 抗体の模式図（Alberts, 2008）

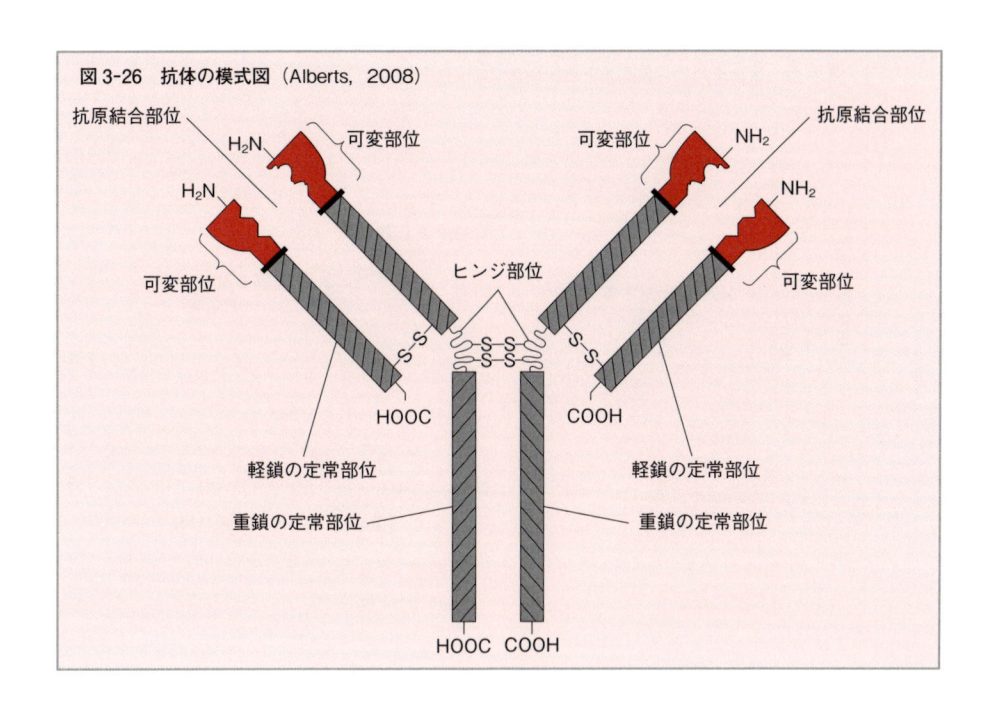

抗原結合部位／可変部位／ヒンジ部位／軽鎖の定常部位／重鎖の定常部位

疫応答で大量につくられる（**表 3-4**，**図 3-26**）．

　Y 字型をした抗体分子は可変部位（variable region）と定常部位（constant region）に分けることができる．重鎖と軽鎖でつくられる 2 ヵ所の抗原結合部位が可変部位となる．この名前はこの部位のアミノ酸組成が B 細胞ごとにきわめて異なっていることに由来する．したがって限られた数の遺伝子からきわめて多数の抗体分子がつくられるのはこの可変部位のためである（☞ 71 頁「コラム：抗体遺伝子の多様性獲得」）．一方，定常部位はそれぞれの B 細胞ごとにアミノ酸組成はほとんど変わらない．

　獲得免疫では神経系と同じように過去の経験が記憶されている．すなわちある抗原を動物に注射すると，数日でその抗原に反応する抗体が急速かつ指数関数的に増加する（一次応答）．数週間，数ヵ月，あるいは数年後，同じ抗原を動物に注射するとより早く大規模に抗体がつくられる（二次応答）．この現象は別な抗原では起こらない（**図 3-27**）．

［2］ 細胞性免疫（cellular immune response）

　B 細胞による抗体産生とは異なり，T 細胞による多様な免疫応答を細胞性免疫とよぶ．T 細胞は B 細胞と同様，骨髄の造血幹細胞からつくられるが，B 細胞とは異なりその成熟は胸腺（thymus）で行われる．T 細胞は外来抗原によって活性化され，増殖し特有の細胞に分化するが，これは抗原が細胞によって部分的に分解され MHC タンパク質（次項「MHC，抗体，T 細胞受容体（TCR）の多様性」を参照）によって T 細胞に提示されたときにだけ起こる．このことは抗原がそのまま抗体分子に認識される体液性免疫と異なる点である．

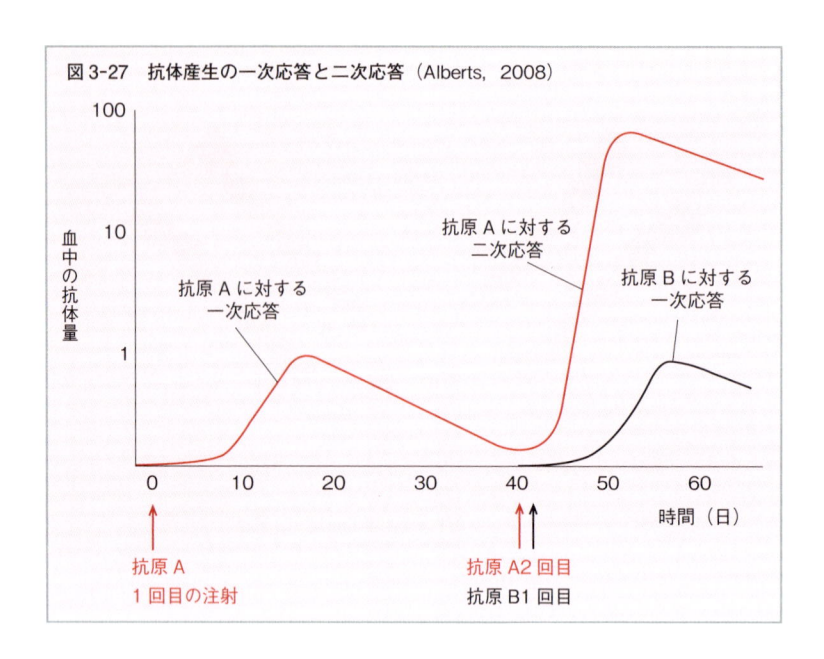

図3-27 抗体産生の一次応答と二次応答 (Alberts, 2008)

　2種類のT細胞が区別できる．1つは細胞傷害性T細胞（Cytotoxic T cell）（キラーT細胞）でもう一つはヘルパーT細胞（helper T cell）である．それぞれ標的細胞を殺したり，助けたりする能力がある．これらの細胞の活性化には末梢リンパ器官での抗原提示細胞（antigen-presenting cell）の存在が必須である．樹状細胞（dendritic cell），マクロファージ，B細胞の3つの抗原提示細胞のうち最も強力なものは樹状細胞である．この細胞の表面にClass II MHCと部分的に分解された外来抗原の複合体が提示される．

　T細胞とMHC分子の相互作用が知られている（図3-28，図3-29）．1つは細胞傷害性T細胞とClass I MHC分子との関係で，感染細胞中の断片化された抗原がClass I MHCの溝に入って，その複合体はT細胞の抗原受容体であるT細胞受容体（T cell receptor；TCR）によって認識される．2つ目はヘルパーT細胞とClass II MHC分子との関係で，病原体を取り込んだ抗原提示細胞が病原体を分解し，その断片をClass II MHCの溝に入れて，それがヘルパーT細胞のT細胞受容体に認識される．

　これら2つの相互作用は表面的にはよく似ているが，その結末は大きく異なっている．細胞傷害性T細胞が感染細胞を認識すると，細胞傷害性T細胞は感染細胞に穴を開け，中に分解酵素を送り込んで，細胞をアポトーシスにより破壊する．このときClass I MHC分子を見分けるCD8分子をT細胞が発現している（図3-28）．ヘルパーT細胞と樹状細胞の相互作用の場合はヘルパーT細胞が活性化され種々のサイトカインを出す．これらがヘルパーT細胞自身や細胞傷害性T細胞，B細胞などを活性化し，獲得免疫応答の中心的役割を果たすようになる．このときClass II MHC分子を見分けるCD4分子をT細胞が発現している（図3-29）．

図 3-28 細胞傷害性 T 細胞の働き (Campbell & Reece, 2005)

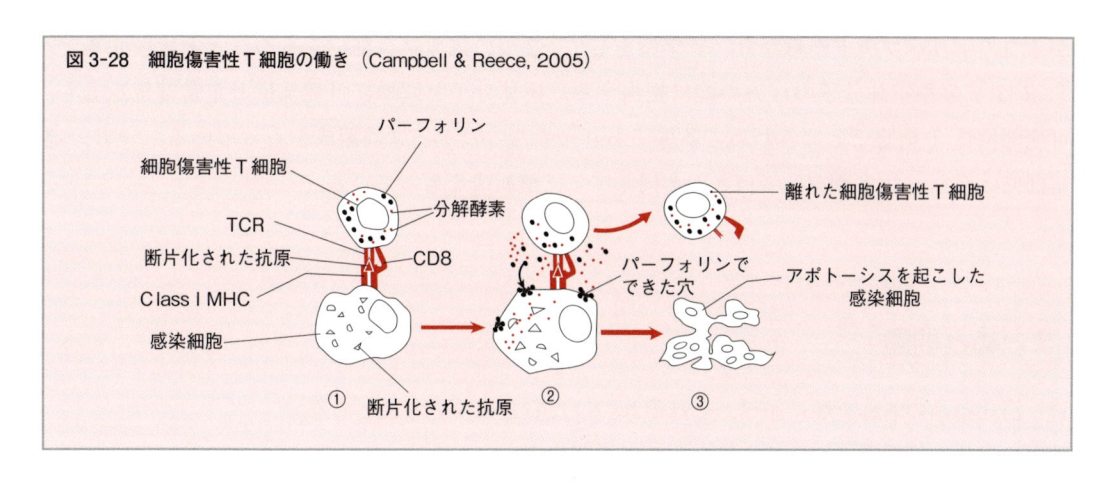

図 3-29 ヘルパー T 細胞の働き (Campbell & Reece, 2005)

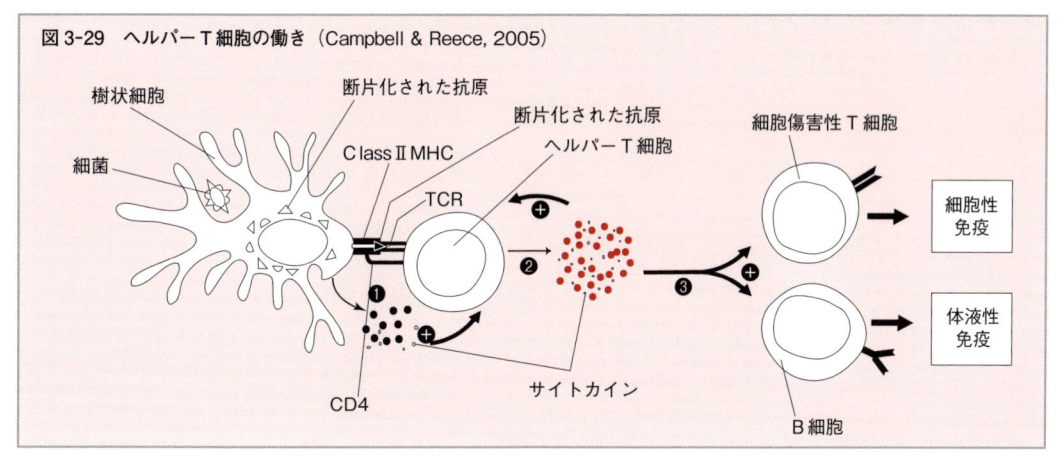

[3] MHC，抗体，T 細胞受容体（TCR）の多様性

　MHC タンパク質はヒトでは HLA 抗原とよばれる（human-leucocyte-associated antigens）．非常に多くの対立遺伝子をもっていて（場合によっては 200 以上），強い多型性を示している．さらに個人個人は少なくとも異なる MHC 遺伝子を 12 種類もっている．したがって，同じ MHC タンパク質を発現している個人はきわめてまれである．ほとんど全ての細胞に見られる Class I MHC と抗原提示細胞にだけ見られる Class II MHC とがある．

　一方，抗体遺伝子は抗原の結合する部位に相当する部分がきわめて変化に富んでいることが知られている．この変化は B 細胞が発達する際に，抗体遺伝子の DNA の再配列が起こり，その組み合わせによって多様な抗体遺伝子がつくられ，そこから多様な抗体タンパク質がつくられている（☞ 71 頁「コラム：抗体遺伝子の多様性獲得」）．

　T 細胞受容体（TCR）は前述のように T 細胞の表面にあって抗原分子と MHC の複合体と結合する．TCR は抗体分子とよく似ている．抗体遺伝子と同じように，TCR 遺伝子の再配列が起こり，きわめて多様な TCR 分子をつくる．この分子は 2 つのポリペプチドからなる．抗体分子

が4つのポリペプチドからなり，Y字型をして，2つの抗原結合部位をもつことと比較すると，TCRはY字型抗体分子の片方の腕に相当する．抗体分子と同様に可変部位と定常部位をもち，可変部位はT細胞ごとにきわめて多様であり，異なったアミノ酸組成をもっている．一方，定常部位は異なったT細胞間でほとんど同じアミノ酸組成をもっている．

まとめと問題

1) 消化器系の名称を順に並べ，それぞれのはたらきについてまとめる．
2) ヒトの血液循環について心臓を含めて説明する．
3) 恒常性を保つためのホルモンのはたらきの例を説明する．
4) 細胞性免疫を説明する．

コラム

― 抗体遺伝子の多様性獲得 ―

　ヒトの κ 軽鎖遺伝子は胚の時期には V 遺伝子が 40 種類，J 遺伝子が 5 種類クラスターをつくって存在している．離れたところに C 領域の遺伝子が 1 つある．B 細胞の発生過程では V 遺伝子の 1 つ（この場合には V3）が J 遺伝子の 1 つ（この場合には J3）の横に位置するようになる．余分な J4，J5 とイントロンは転写されるが，RNA スプライシングによって，除かれる．したがって，mRNA は V3 遺伝子，J3 遺伝子，C 領域の遺伝子をもち，これが翻訳される（**図 3-30**）．κ 軽鎖遺伝子座は 40×5＝200 種類のバリエーションをもつことになる．

　ヒトの重鎖遺伝子は胚の時期には，V 遺伝子が 40 種類，J 遺伝子が 6 種類，さらに V 遺伝子と J 遺伝子の間に D 遺伝子が 25 種類クラスターをつくっている．したがってバリエーションは 40×25×6＝6,000 種類になる（**図 3-31**）．軽鎖と重鎖の組み合わせでは驚くほど多数の抗体遺伝子をもつ B 細胞ができることになる．C 領域の遺伝子クラスター C_μ，C_δ，C_γ，C_ε，C_α はそれぞれ異なるクラスの抗体 IgM，IgD，IgG，IgE，IgA の一部をなす．

　このように抗体の遺伝子は多くの部品からなり，個々の抗体産生細胞である B 細胞が分化するときに，部品の DNA を再編成して多様な遺伝子をもつ細胞になる．これらの B 細胞が多くの種類の抗体タンパク質をつくることになる．また多様性を増す機構として，高頻度に突然変異が導入されるしくみも有している．

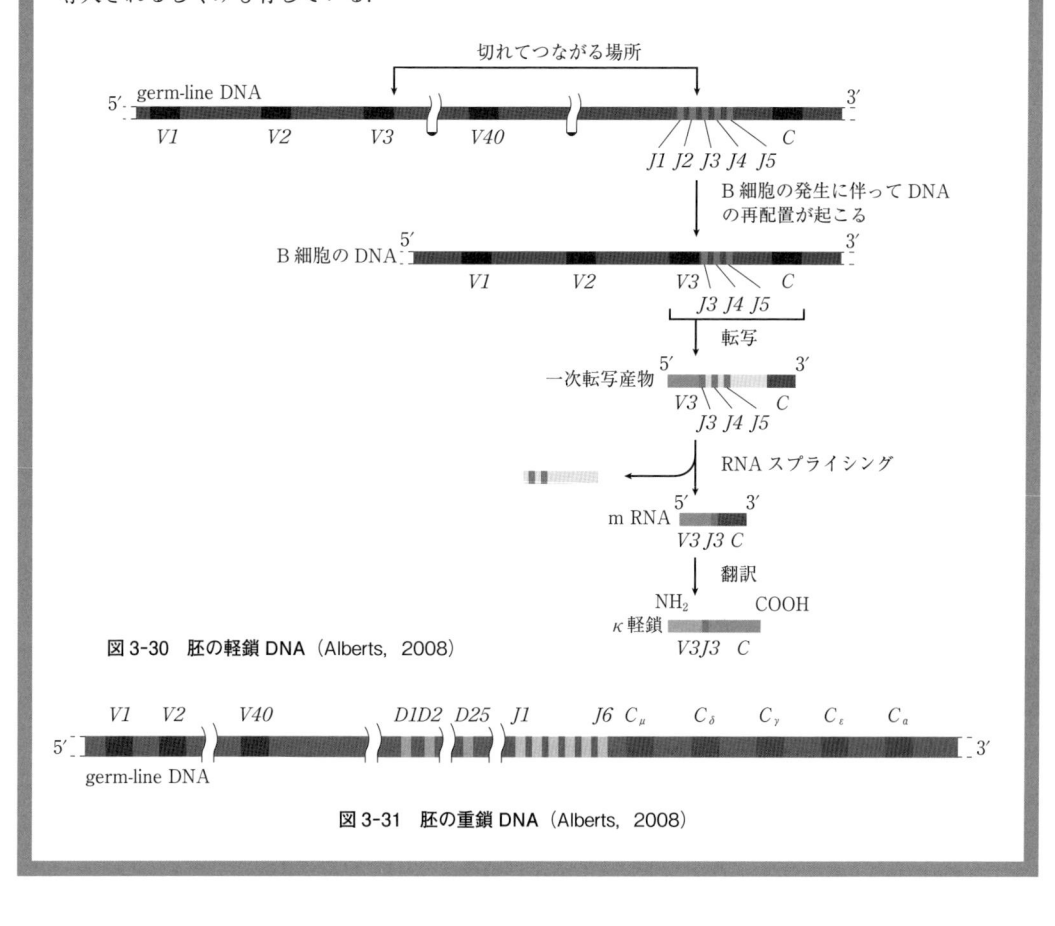

図 3-30　胚の軽鎖 DNA（Alberts, 2008）

図 3-31　胚の重鎖 DNA（Alberts, 2008）

第4章　生命活動とエネルギー

　生物は外界からさまざまな物質を取り入れ，それらを細胞内の化学反応によって必要な物質につくりかえている．このはたらきを**同化**（anabolism）という．また一方では，取り入れた物質や同化物質を化学反応によって分解や変換して生命活動のためのエネルギーをつくり出している．このはたらきを**異化**（catabolism）という．これら生体内で進行する一連の化学的変化の過程を**代謝**（metabolism）といい，代謝には，化学反応によって物質が変化する物質代謝と，エネルギーの出入りや変換がみられるエネルギー代謝とがある．

I. 酵素

　細胞の物質代謝における多くの化学反応は，**酵素**（enzyme）の触媒作用によって進行する．酵素は，酵素が関与しない場合に比べ，活性化エネルギー（物質が反応を受けやすくなるために必要なエネルギー）を低下させ，反応時間を大幅に短縮させることによって効率よく反応を進める生体触媒である．

1-基質特異性

　酵素作用によって反応する物質を**基質**（substrate）といい，酵素は特定の基質にだけ作用する性質をもっている．この性質を**基質特異性**（substrate specificity）という．酵素の主成分がタンパク質であり，アミノ酸配列によって固有の立体（三次）構造をもち，その立体構造に適合する立体構造をもつ基質だけが酵素作用を受けるためである．したがって，生体内で行われる多種多様な酵素反応には膨大な種類の酵素が必要になる．基質と結合する酵素表面の特定の領域を**活性部位**（active site）または**活性中心**（active center）といい，酵素反応は活性部位に基質が結合して一時的に酵素・基質複合体を形成することによって起こり，次のような反応式で表すことができる（図4-1）．

$$E + S \rightleftarrows ES \longrightarrow E + P$$

（E：酵素，S：基質，ES：酵素・基質複合体，P：生成物）

2-温度・pHの影響

　酵素は，周囲の温度の状況によってはたらきの度合い（酵素活性）に変化が現れる．それは反応の活性化エネルギーが変化するためであるが，酵素活性が最大となる温度を**最適温度**（opti-

図 4-1 基質特異性

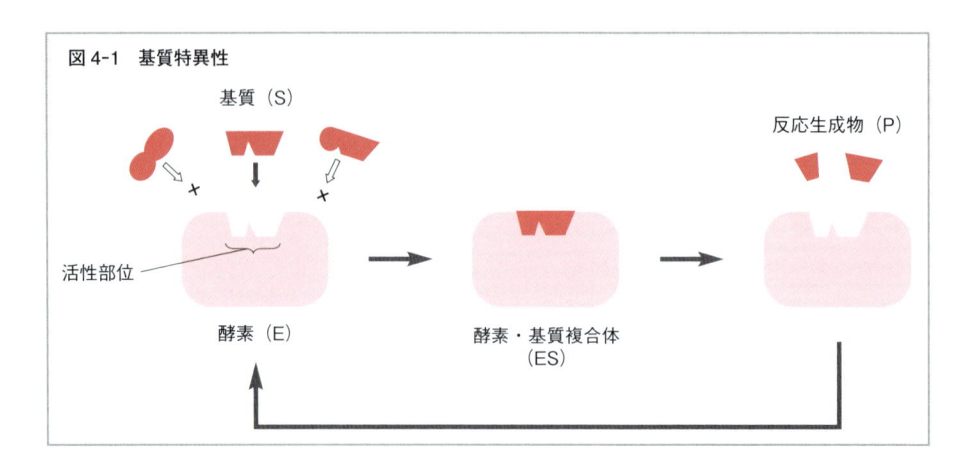

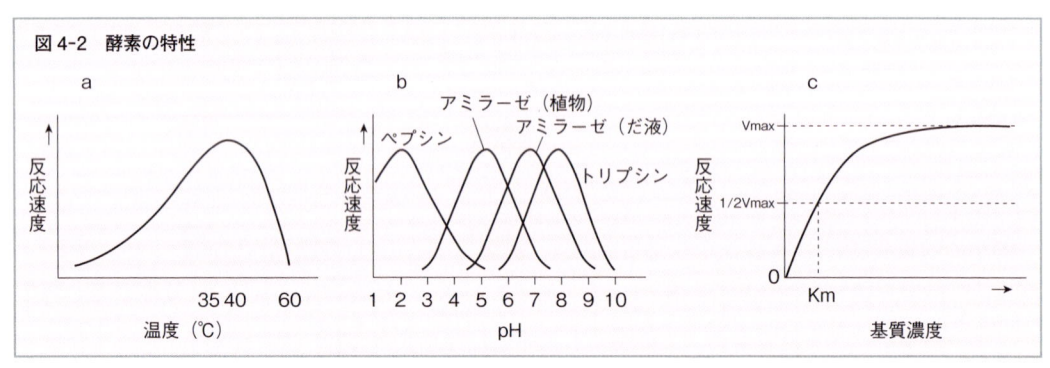

基質（S）／活性部位／酵素（E）／酵素・基質複合体（ES）／反応生成物（P）

図 4-2 酵素の特性

a：温度（℃）35 40 60 ／反応速度
b：pH 1〜10、ペプシン、アミラーゼ（植物）、アミラーゼ（だ液）、トリプシン／反応速度
c：基質濃度、Vmax、1/2Vmax、Km／反応速度

mum temperature）といい，多くの酵素では 30〜40℃である．一般に，約 60℃以上では酵素のはたらきが失われる．タンパク質が**変性**（denaturation）とよばれる立体構造の不可逆的な変化を起こし，活性部位に基質が結合できなくなるためである．このことを酵素の失活といい，生命活動を維持することができなくなる（図 4-2a）．しかし，80℃以上でも生命活動を営む特殊な細菌類（好熱菌）などの例外もある．このような生物では，酵素自体が熱変性を起こしにくい性質をもつことがわかっている．

　酵素は，周囲の pH の状況によっても活性が変化する．酵素を構成するアミノ酸の荷電状態が変化し，このことが活性部位の立体構造にも影響を及ぼすためである．多くの酵素では，最大の活性を示す**最適 pH**（optimum pH）は中性付近であるが，胃で分泌されるタンパク質分解酵素のペプシン（pepsin）のように強酸性（pH2.0〜2.2）や，好アルカリ菌の酵素類のように強塩基性（pH10 以上）が最適 pH のものも知られている（図 4-2b）．

3-基質濃度と反応速度

　酵素活性は，単位時間当たりの反応生成物の量（これを反応速度という）で表し，反応速度は形成される酵素・基質複合体の量に比例して上昇する（図 4-2c）．酵素の濃度が一定ならば，基

質濃度が低いうちは基質濃度の上昇につれて形成される酵素・基質複合体の量が増えるので反応速度は大きくなるが，基質濃度がある値よりも高くなると，酵素・基質複合体の量が増加しなくなるため，反応速度はある値以上には上昇せず一定になる．この値を最大反応速度という．

　ミカエリスとメンテン（Michaelis, L. and Menten, M.L. 1913）によって，基質濃度と酵素の反応速度との関係を表す次のような一般式が導かれた．

$$v = \frac{V_{max} \cdot [S]}{[S] + Km}$$

（v：反応速度，V_{max}：最大反応速度，$[S]$：基質濃度，Km：ミカエリス定数）

　これをミカエリス・メンテンの式（Michaelis-Menten kinetics）といい，**ミカエリス定数**は酵素ごとに異なる固有の値で，最大反応速度の半分の反応速度（$1/2V_{max}$）に達するときの基質濃度に相当することから，ミカエリス定数が小さい酵素ほど基質との親和性が高い——つまり，酵素活性が高い——ことを意味している（図4-2c）．

4-補助因子

　酵素の種類によっては，酵素作用を現すために非タンパク質性の物質を必要とするものがある．このような酵素では，タンパク質部分を**アポ酵素**（apoenzyme），非タンパク質性の共存物質を**補酵素**（coenzyme）といい，これらが結合して酵素活性をもつようになった複合体を**ホロ酵素**（holoenzyme）という．補酵素の多くはビタミンBの誘導体など低分子の有機物で，熱に対して比較的安定しているのが特徴である（図4-3）．

　また，酵素の中には，活性部位に金属原子（鉄，銅，亜鉛，マグネシウム，マンガンなど）や，そのイオンなどが結合して初めて酵素活性を現すものもある．これらの金属原子やイオンは**補因子**（cofactor）とよばれる．

5-酵素反応の調節

　物質代謝によって生じる物質の多くは，生体内で常に一定濃度を維持するようにその生成量が調節されている．一般的な調節機構として，多数の酵素が関係する一連の反応の最終生成物が初

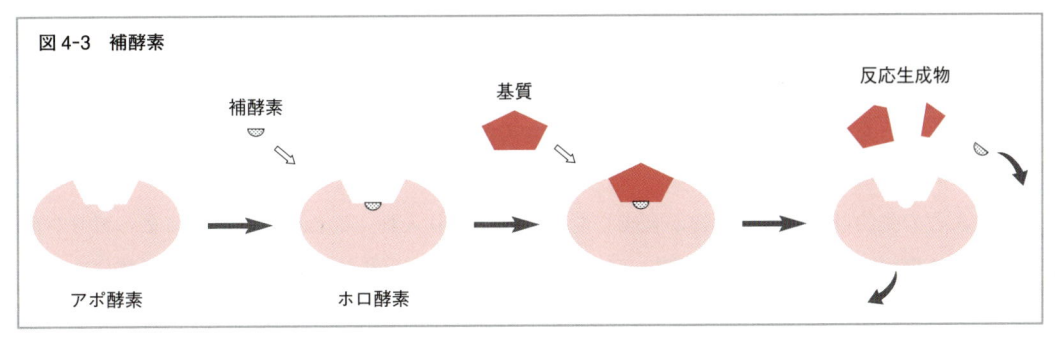

図4-3　補酵素

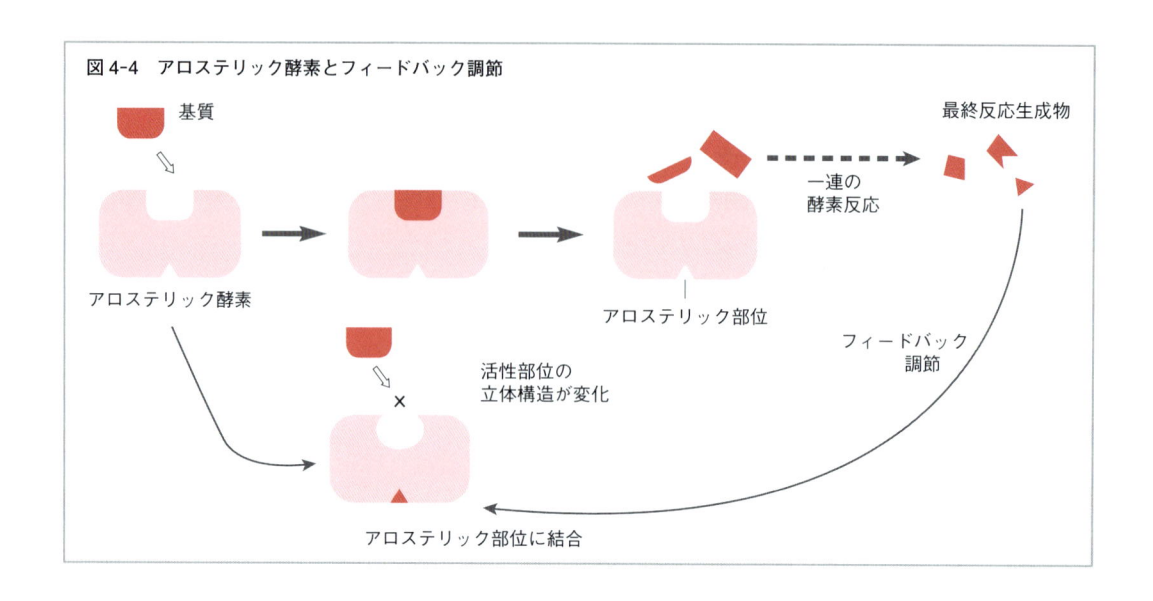

図4-4 アロステリック酵素とフィードバック調節

期段階の反応に作用する酵素に結合し，その酵素のはたらきを調節することによって反応系全体を調節する**フィードバック調節**（feedback control）が知られている．最初の反応に作用する酵素の活性部位に最終生成物が結合し，基質が活性部位に結合するのを妨げて酵素作用を抑制（阻害）するような場合を負のフィードバック調節という．

酵素によっては，活性部位のほかに基質以外の物質が結合する部位をもつものがある．この部位を**アロステリック部位**（allosteric site）といい，特定の物質がこの部位に結合すると，活性部位の立体構造が変化して基質が結合できず，反応系全体が影響を受けて最終生成物が減少する．このような酵素を**アロステリック酵素**（allosteric enzyme）という．多くのアロステリック酵素は最終生成物によるフィードバック調節に関係している（**図4-4**）．

II. 共通のエネルギー源

地球環境に存在するさまざまなエネルギーのうち，生物が直接的に利用できるものはごく一部のものに限られている．また，その一部のエネルギーでさえも利用する能力をもつ生物は，太陽の光エネルギーを利用する光合成生物や，無機物の酸化反応で遊離する化学エネルギーを利用する化学合成細菌などに限られている．

ほとんどの生物は，上記の生物が合成した有機物を取り入れ，これを酵素反応によってリン酸化合物の**ATP**（アデノシン三リン酸：adenosine triphosphate）に変換して蓄え，必要に応じてATPから自由エネルギーを取り出して生命活動に利用している．このことから，ATPはすべて

図 4-5 ATP（アデノシン三リン酸）の構造　図中の～は，高エネルギーリン酸結合を表す．

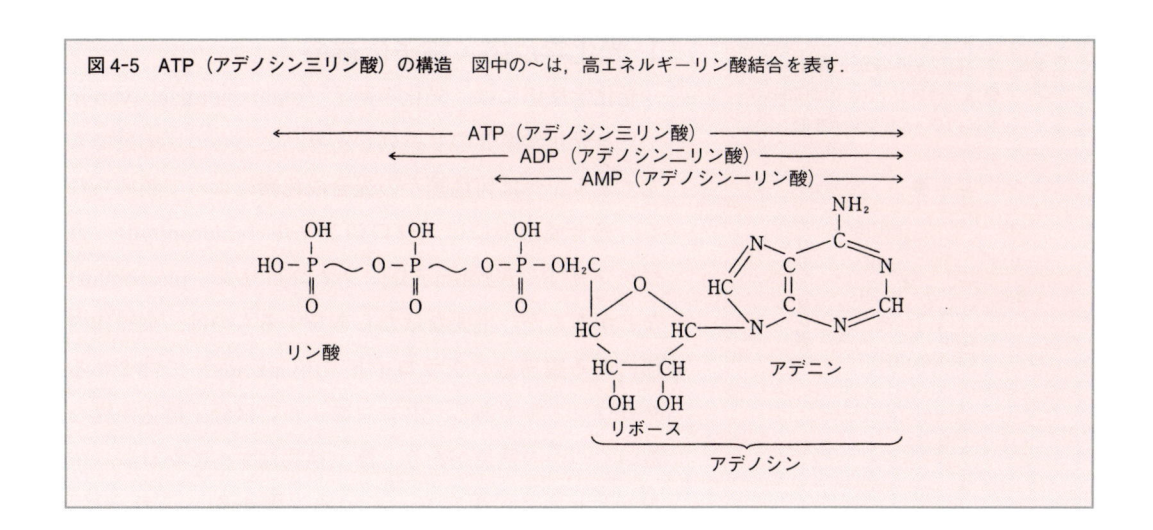

の生物の生命活動に利用できる共通のエネルギーを供給する高エネルギー物質と位置づけることができる．

　ATPは，アデニンとリボースがグリコシド結合したアデノシンに3分子のリン酸が結合した分子構造をもち，末端のリン酸2分子は**高エネルギーリン酸結合**とよばれる多量のエネルギーを含む不安定な化学結合をしている（図4-5）．**ATP 分解酵素**（ATPase）が最末端のリン酸の結合を加水分解して，**ADP**（アデノシン二リン酸 adenosine diphosphate）とリン酸を生成する際に1モルのATP当たり30.5 kJ（キロジュール）の自由エネルギーが放出される．この反応は可逆的で，同量のエネルギーが供給されるとATP合成酵素（ATPase）によってADPとリン酸基とが結合されて再びATPがつくられる．なお，ATPの分解と合成は同じ酵素によって行われるが，これは電車のモータが発電機としても機能することと似ている．

III. 光合成

　生物のさまざまな同化作用のうち，光のエネルギーによって二酸化炭素から炭水化物を生成する反応を**光合成**（photosynthesis）といい，**葉緑体**（chloroplast）をもつ植物のほか，ラン藻類や光合成細菌などにみられる．植物における光合成の過程は，光エネルギーを利用する光化学反応（光化学系），これに連動する電子伝達系，二酸化炭素を固定する反応（カルビン・ベンソン回路）から構成されている．

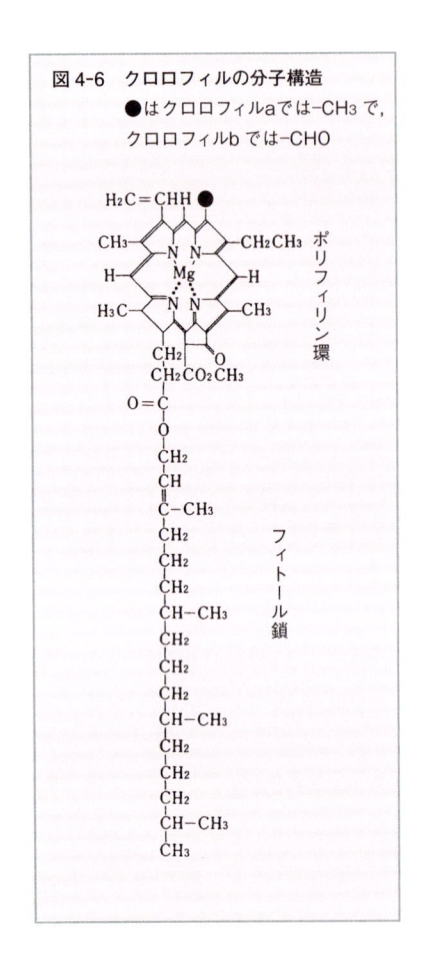

1-光化学反応・電子伝達系

　光化学反応には，光化学系Ⅰ（photochemical system Ⅰ）と光化学系Ⅱの2系列があり，どちらの反応系でも光エネルギーは何種類かの**光合成色素**によって集められる．光合成色素には，**クロロフィル**（chlorophyll），カロテノイド（carotenoid），フィコビリン（phycobilin）などがあるが，主要なはたらきをするものは，葉緑体内部にある膜構造の**チラコイド**（thylakoids）に含まれるクロロフィルである．クロロフィルには分子構造が異なるいくつかの種類があり，陸上植物はすべてクロロフィルaとbの2種類をもっている（図4-6）．これらは，構造の一部分のほか，吸収する光の波長も異なっている（図4-7）．

　この反応系は，光化学系Ⅱから開始される（図4-8）．吸収した光エネルギーによってクロロフィルaが活性化してエネルギーの高い状態（励起状態）になり，高エネルギーをもつ**電子**を放出する．そのとき，クロロフィルaは，次のように水を分解して新たに電子を補充するため，結果として酸素が発生する．

$$H_2O \longrightarrow 2H^+（プロトン）+ 2e^-（電子）+ O_2$$

　クロロフィルaから放出された高エネルギーをもつ電子は，**電子伝達系**（electron transport system）〔プラストキノン（plastoquinone），シトクロム（cytochrome），プラストシアニン（plastocyanin）などで構成〕へ流れ，この過程で，葉緑体の**ストロマ**（stroma）に存在するH^+をチラコイド内腔に取り込む．その結果，チラコイド内腔の

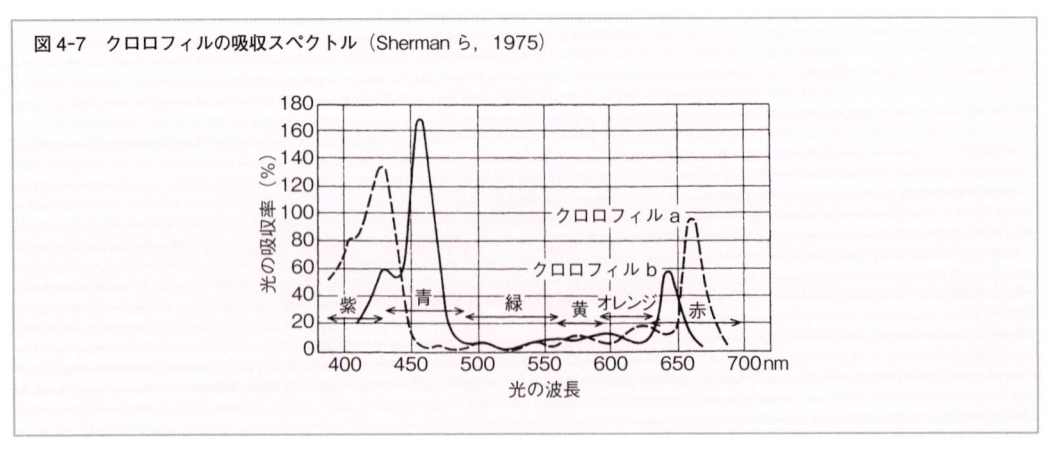

図4-6　クロロフィルの分子構造
●はクロロフィルaでは-CH₃で，クロロフィルbでは-CHO

図4-7　クロロフィルの吸収スペクトル（Shermanら，1975）

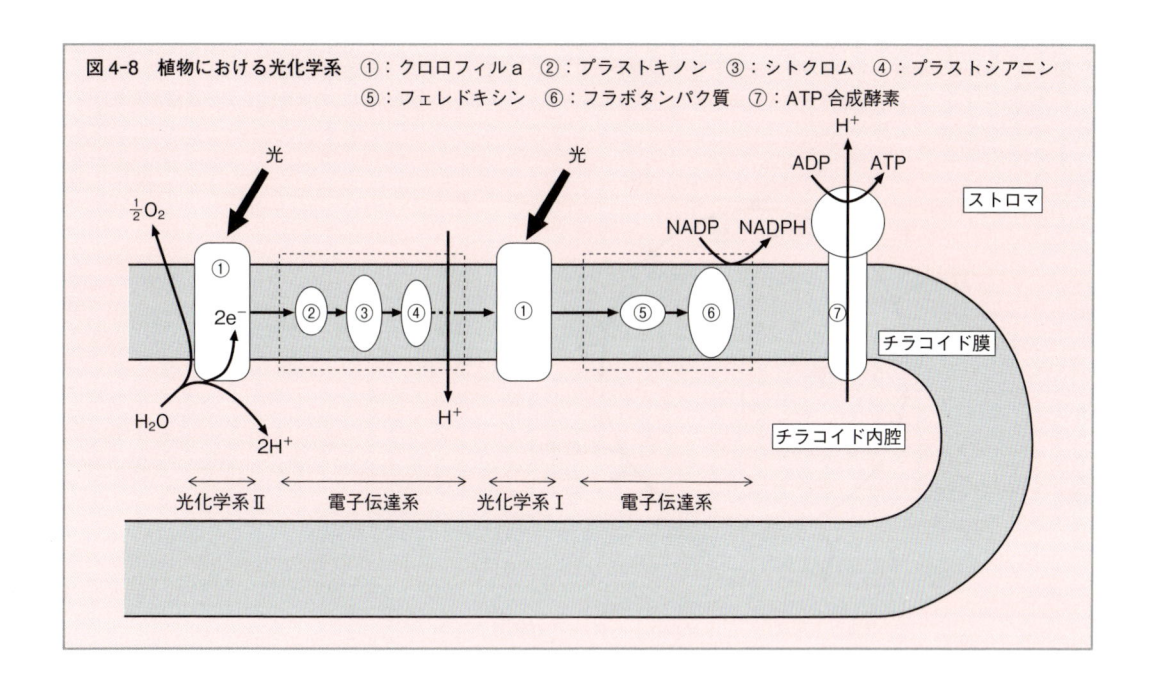

図4-8 植物における光化学系　①：クロロフィルa　②：プラストキノン　③：シトクロム　④：プラストシアニン　⑤：フェレドキシン　⑥：フラボタンパク質　⑦：ATP合成酵素

H^+濃度がストロマ内よりも高くなる（濃度勾配を生じる）ため，H^+はATP合成酵素を通過してストロマへ流れ込む．このときに放出されるエネルギーによってADPとリン酸が結合してATPが生成される．この反応を**光リン酸化**という．

エネルギーを失った電子は，連続するもう１つの反応系の光化学系Ｉに移動する．ここでは，光化学系Ⅱから電子を受け取った別のクロロフィルaが光エネルギーを吸収すると，電子は再び励起されて第二の電子伝達系〔フェレドキシン（ferredoxin）とフラボタンパク質（flavoprotein）などで構成〕に移り，この過程で酵素作用によってH^+から生じた水素で補酵素の**NADP**（ニコチン酸アミドアデニンジヌクレオチドリン酸：nicotinamide adenine dinucleotide phosphate）を還元して**NADPH**を生成する．

このようにして生成されたATPとNADPHは，次の**カルビン・ベンソン回路**（Calvin-Benson cycle）の反応に用いられる．

2-カルビン・ベンソン回路

この反応系はカルビン回路（Calvin cycle），**還元的ペントースリン酸回路**（reductive pentose phosphate cycle）ともよばれ，光化学系によって生成されたATPとNADPHを用いて，二酸化炭素を還元して炭水化物を生成する反応系である．光エネルギーは必要ではなく，酵素作用によって進行する回路状の化学反応からなり，この反応に関与する酵素類はすべて葉緑体のストロマに存在する．

葉の気孔から取り入れられた二酸化炭素は，反応系中のリブロース1,5-ビスリン酸と結合し

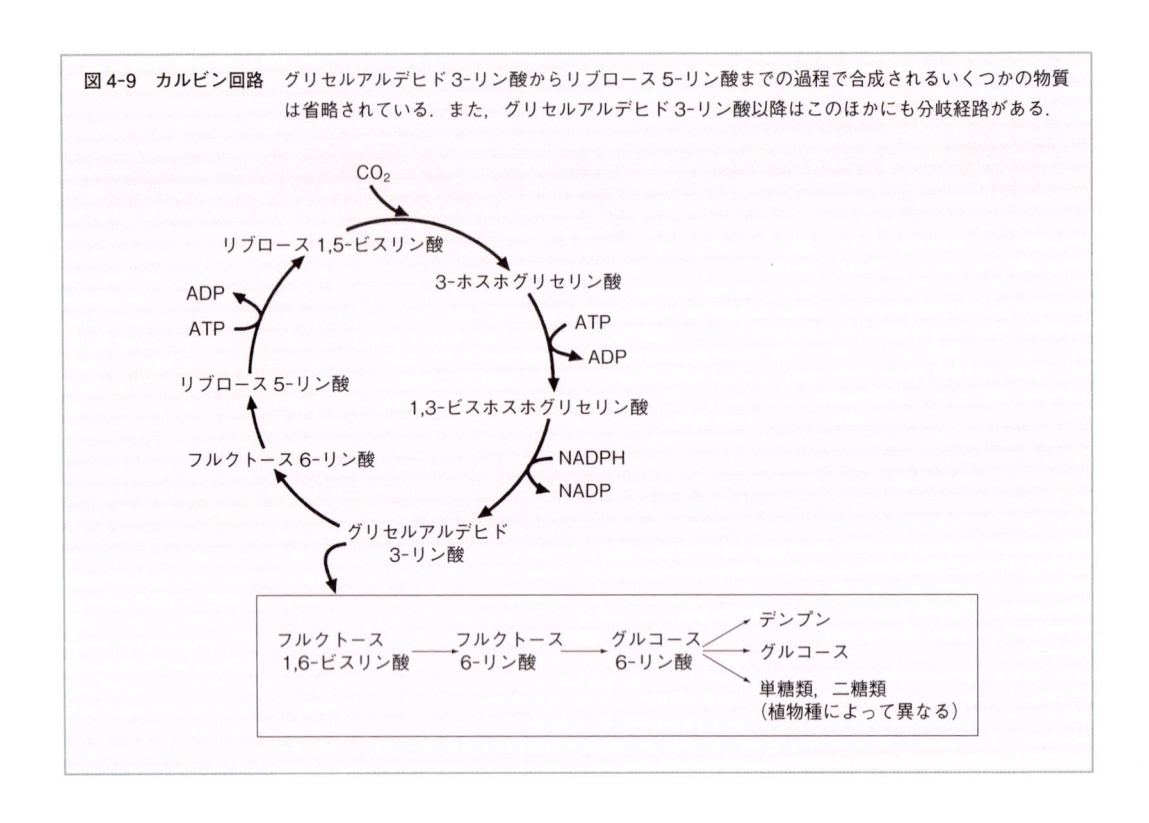

図4-9 カルビン回路 グリセルアルデヒド3-リン酸からリブロース5-リン酸までの過程で合成されるいくつかの物質は省略されている．また，グリセルアルデヒド3-リン酸以降はこのほかにも分岐経路がある．

て2分子の3-ホスホグリセリン酸を生じ，この反応系への**二酸化炭素の固定**が行われる．この後，光化学系と電子伝達系の過程で生成されたATPとNADPHを用いてグリセルアルデヒド3-リン酸が2分子生成され，最終的には再びリブロース1,5-ビスリン酸が生成される．この回路反応が6回繰り返され，生成された12分子のグリセルアルデヒド3-リン酸のうちの2分子がカルビン・ベンソン回路から離れ，別の反応経路を経てさまざまな炭水化物が生成される（図4-9）．

残り10分子のグリセルアルデヒド3-リン酸は，二酸化炭素を固定するためのリブロース1,5-ビスリン酸の再合成に用いられる．光化学反応・電子伝達系とカルビン・ベンソン回路を合わせた光合成全体の反応は次のように表される．

$$6CO_2 + 12H_2O + 光エネルギー \longrightarrow (C_6H_{12}O_6) + 6H_2O + 6O_2$$

IV. エネルギーの獲得

生物は，有機物を分解するときに遊離するエネルギーをATPに変換して蓄え，必要に応じてATPからエネルギーを取り出して生命活動に利用している．細胞内で有機物を分解する主な異

化作用には，酸素を用いない反応と酸素を用いる反応とがある．

1-発酵・解糖

エネルギー獲得の過程で酸素を必要とせず**嫌気呼吸**（anerobic respiration）ともよばれ，**酵母菌**による**アルコール発酵**（alcoholic fermentation），**乳酸菌**による**乳酸発酵**（lactic fermentation）や激しい運動中の筋細胞で起こる**解糖**（glycolysis）などが知られている．いずれの場合も，1分子の**グルコース**から2分子の**ピルビン酸**（pyruvate）が生成される反応過程は共通しており，**解糖系**（glycolytic pathway）またはEM経路（Embden-Meyerhof pathway）とよばれ，細胞質基質に存在する10種類の酵素によって無酸素状態で進行する反応系である（**図4-10**）．

解糖系の初期の段階では，1分子のグルコースから2分子のATPの分解を伴う4段階の反応を経て，リン酸化された高エネルギーをもつ2分子の三炭糖リン酸が合成される．これに続く酸化過程では，脱水素酵素（dehydrogenase）のはたらきで生じた水素によって補酵素の**NAD**（ニコチン酸アミドアデニンジヌクレオチド：nicotinamide adenine dinucleotide）が還元されて**NADH**が生成されるとともに，酵素作用によるリン酸化が起こりADPからATPが生成される．

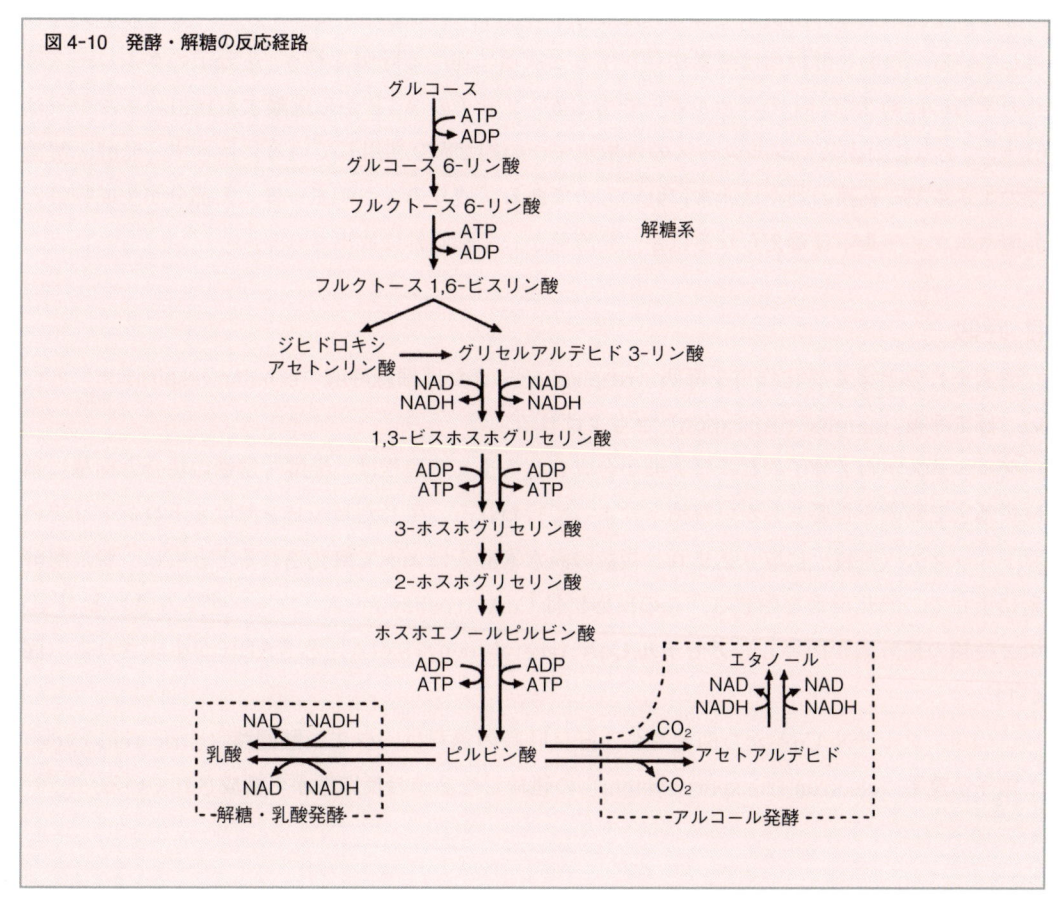

図4-10 発酵・解糖の反応経路

ピルビン酸が生成される最終段階においても，再び酵素作用によるリン酸化が起こりADPからATPが生成される．結局，1分子のグルコースから4分子のATPが生成されるが，初期の段階で2分子を消費するので，解糖系では差し引き2分子のATPが得られることになる．

酵母菌によるアルコール発酵では，解糖系で生成されたピルビン酸がピルビン酸脱炭酸酵素（pyruvate decarboxylase）のはたらきでアセトアルデヒドと二酸化炭素とに分解され，二酸化炭素は細胞外に放出されるが，アセトアルデヒドはアルコール脱水素酵素（alcohol dehydrogenase）の作用で，NADHから受け取った水素によって還元されてエタノールになる．その反応過程は

$$C_6H_{12}O_6 \longrightarrow 2C_3H_4O_3 + 2NADH + 2ATP \longrightarrow 2C_2H_5OH + 2CO_2 + 2NAD + 2ATP$$

のように表される．

乳酸菌による乳酸発酵や酸素の欠乏した筋細胞で起こる解糖では，解糖系で生成されたピルビン酸が**乳酸脱水素酵素**（lactate dehydrogenase）のはたらきで，NADHから受け取った水素によって還元されて乳酸を生じる．その反応過程は

$$C_6H_{12}O_6 \longrightarrow 2C_3H_4O_3 + 2NADH + 2ATP \longrightarrow 2C_3H_6O_3 + 2NAD + 2ATP$$

のように表される．

酵母菌や乳酸菌は，解糖系で得られた2分子のATPから遊離するエネルギーを生命活動に利用している．なお，酵母菌は酸素が存在すると次項に述べる呼吸を行う．1分子のグルコースは熱力学的には約2870 kJのエネルギーをもつが，2分子のATPから遊離する自由エネルギーは61 kJであることから，グルコースのエネルギーの約2%を利用しているに過ぎず，発酵・解糖でのエネルギー転換の効率は非常に低いものである．残りのエネルギーは，大部分が生成物質の乳酸やエタノール中に蓄えられるほか，発酵熱として細胞外に放出される．

2-呼吸

酸素を必要とする異化作用を**呼吸**（respiration）または**細胞呼吸**（cellular respiration）といい，**好気呼吸**（aerobic respiration）ともよばれる．

グルコースから2分子のピルビン酸が合成されるまでの過程は，発酵・解糖の場合と同様に細胞質基質で酸素を必要としない解糖系によって行われる．生じたピルビン酸はミトコンドリアのマトリックス（基質）に取り込まれ，複数の脱水素酵素によって酸化されるとともに，脱炭酸酵素によって二酸化炭素を生じる．この反応にはCoA（coenzyme A，コエンザイムA）とNADの2種類の補酵素が関係し，**アセチルCoA**（acetyl-coenzyme A）とNADHが生成される（図4-11）．

この後，アセチルCoAから開始される好気呼吸の過程は，**クエン酸回路**（citric acid cycle）と**電子伝達系**（electron transport system）の連続した2つの反応系から構成されている．

図4-11 クエン酸回路

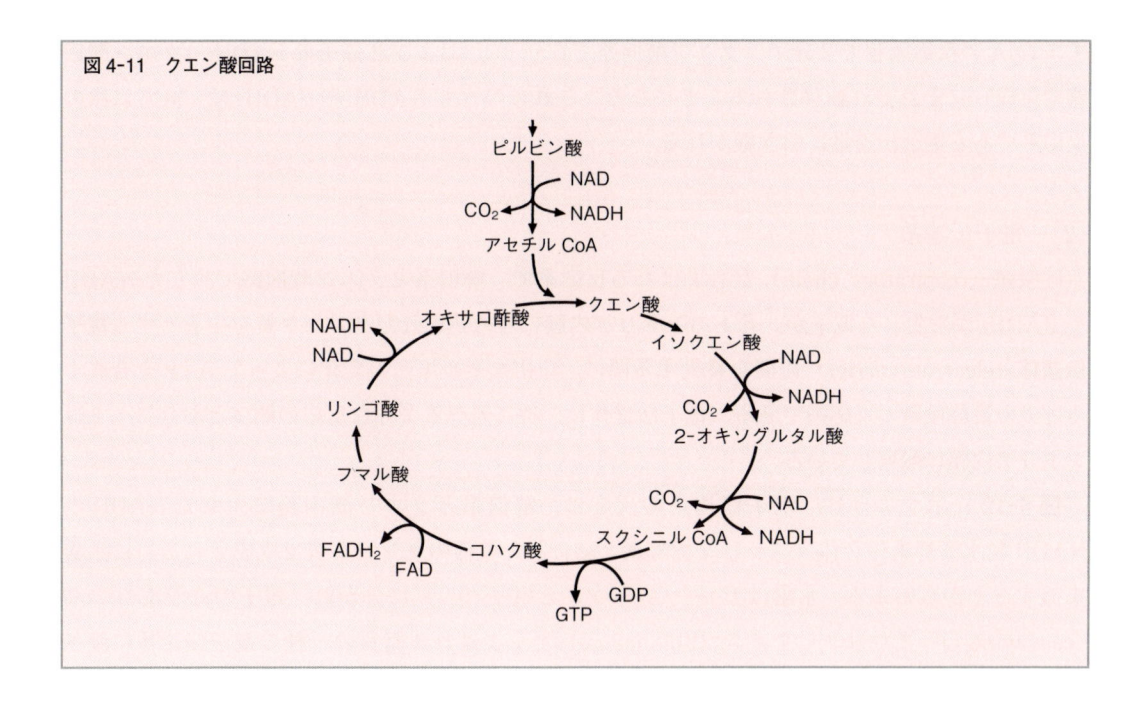

[1] クエン酸回路

トリカルボン酸（TCA）回路（tricarboxylic acid cycle），クレブス回路（Krebs cycle）ともよばれ，その反応はミトコンドリアのマトリックスに存在する8種類の酵素によって進行する．

クエン酸回路は，図4-11のように，アセチルCoAが**オキサロ酢酸**と縮合してクエン酸を生じることから開始され，さまざまな酵素反応を経てピルビン酸に由来するアセチルCoAのアセチル基（CH_3CO-）を二酸化炭素と還元物質としての水素とに完全に分解し，最終的に再びオキサロ酢酸を生成する回路状の反応系である．

4種類の**脱水素酵素**のはたらきで，補酵素のNADや**FAD**（flavin adenine dinucleotide）が還元されて，自由エネルギーが上昇した3分子のNADHと1分子の**FADH$_2$**を生じる．なお，これらの反応過程で遊離する2分子の二酸化炭素は，肺から放出する二酸化炭素そのものである．さらに，反応過程の1カ所で酵素作用によるリン酸化が起こり，GDP（guanosine diphosphate：ADPのアデニンがグアニンに置き換わったもの）から1分子のGTP（guanosine triphosphate）が合成される．これを基質レベルのリン酸化という．このGTPは，後に1分子のATPに変換される．

解糖系において，1分子のグルコースからは2分子のピルビン酸が合成され，クエン酸回路への導入物質であるアセチルCoAも2分子合成されることから，1分子のグルコースを二酸化炭素と**水素**とに完全に分解するには，計算上では2回転のクエン酸回路の反応が必要になる．その結果，これら2つの反応系において，1分子のグルコースの自由エネルギーは，4分子のATP（解糖系とクエン酸回路で2分子ずつ），10分子のNADH（解糖系で2分子，ピルビン酸からアセ

チル CoA の反応過程で 2 分子，クエン酸回路で 6 分子），および 2 分子の FADH₂（クエン酸回路で生成）にそれぞれ転移されることになる．これらのうち NADH と FADH₂ は，直ちに次の反応系である電子伝達系に引き継がれる．

［2］ 電子伝達系

呼吸鎖（respiratory chain）ともよばれる反応系で，解糖系とクエン酸回路で生じた NADH や FADH₂ から生じた電子が，**ミトコンドリア内膜**に埋め込まれたタンパク質を中心とする**電子伝達体**（electron carrier）の間を移動する間に，自由エネルギーの変化によって ATP を合成する呼吸の最終段階の反応系である．電子伝達体は，次に述べるような反応の順序どおりにミトコンドリア内膜に配列している．

図 4-12 に示すように，電子伝達系の反応は，解糖系とクエン酸回路で生じた NADH が NADH 脱水素酵素複合体（フラビン補酵素と結合した多種のタンパク質で構成される）に水素を渡すことから始まる．水素は H⁺（プロトン）と電子（e⁻）に分かれ，電子のみが次の CoQ（coenzyme Q）またはユビキノン（ubiquinone）ともよばれる脂質の一種の電子伝達体に渡され，H⁺ は内膜と外膜とのすき間（膜間域）に放出される．また，クエン酸回路で生成されたもう 1 つの還元型補酵素の FADH₂ は，脱水素反応の過程で H⁺ と電子を 2 つずつ受け取るため，1 つの H⁺ と 2 つの電子を受け取った NADH よりも還元力が低く，水素は CoQ に直接伝達される．

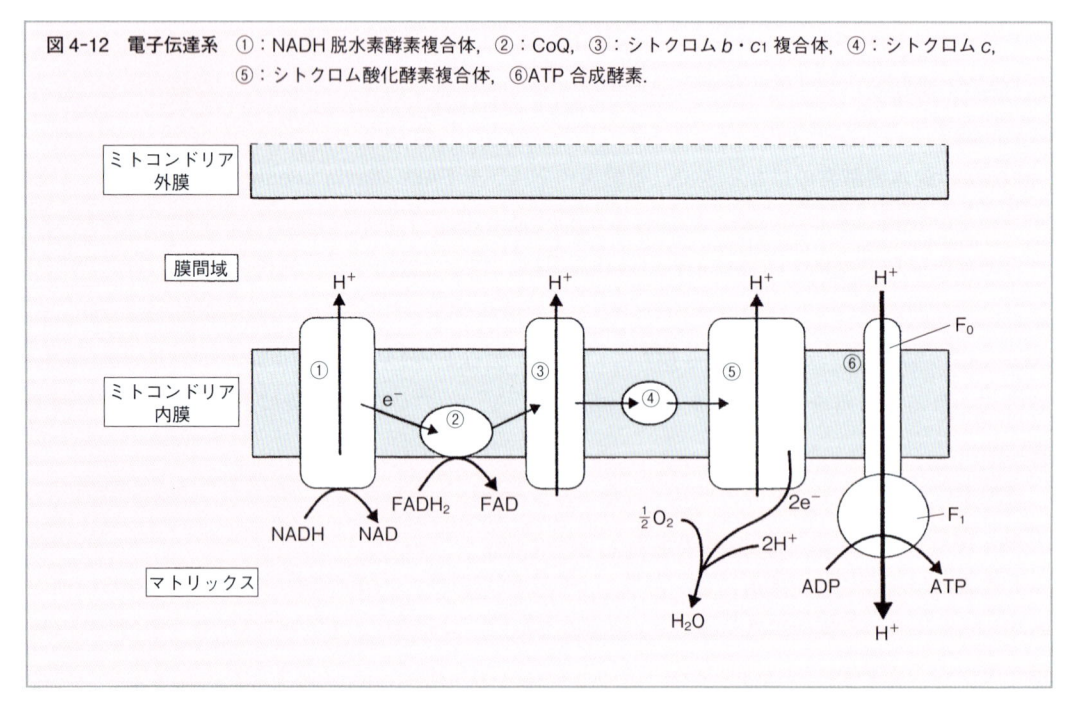

図 4-12 電子伝達系　①：NADH 脱水素酵素複合体，②：CoQ，③：シトクロム b・c₁ 複合体，④：シトクロム c，⑤：シトクロム酸化酵素複合体，⑥ATP 合成酵素．

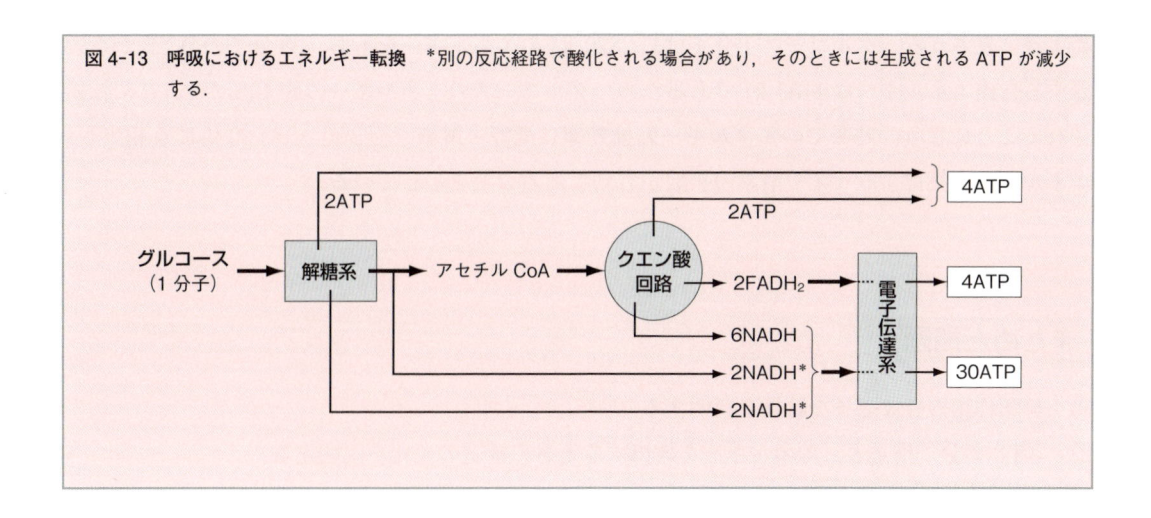

図4-13 呼吸におけるエネルギー転換　*別の反応経路で酸化される場合があり，そのときには生成されるATPが減少する．

次いで，電子はCoQからシトクロム$b \cdot c_1$複合体〔シトクロム（cytochrome）は鉄を含む複合タンパク質で，多くの種類がある〕に渡され，電子が複合体中を鉄の酸化還元反応によって移動する間のエネルギー変化を利用して，マトリックス内に遊離しているH^+をくみ上げて膜間域に放出する．この後，電子はシトクロムcを経てシトクロム酸化酵素複合体（シトクロム$a \cdot a_3$と銅で構成される）に移り，ここでも電子が複合体中を伝達される間にH^+のマトリックスからのくみ上げと，膜間域への放出が行われる．電子は最終的にこの複合体から酸素に渡されて，マトリックス内のH^+と結合して水を生じる．その反応は

$$2e^- + 1/2 O_2 + 2H^+ \longrightarrow H_2O$$

のように表され，このとき使われる酸素は肺から取り入れた酸素である．

電子の受け渡しの過程で，ミトコンドリアのマトリックス内のH^+が膜間域に送り込まれ，膜間域のH^+濃度がマトリックス内よりも高くなって濃度勾配を生じるため，**化学浸透圧**の差によって，H^+は内膜に結合する**ATP合成酵素**（ATPase）のF_0からF_1を通過してマトリックスへと流れ込む．ATP合成酵素はこのときに遊離する自由エネルギーを使ってADPをリン酸化してATPを生成する．この反応を**酸化的リン酸化**といい，光合成でみられる**光リン酸化**や，解糖系とクエン酸回路でみられる**基質レベルのリン酸化**とは区別される．

酸化的リン酸化によって生成される1分子のATPは，マトリックス内からのH^+のくみ上げ1回分に相当する．すなわち，NADHから始まる電子の受け渡しの過程では，マトリックス内からH^+のくみ上げは3カ所で起こるため，1分子のNADHからは3分子のATPが生成される．一方，$FADH_2$からの電子の移動は途中のCoQから始まるため，H^+のくみ上げは2カ所で起こり，1分子の$FADH_2$から合成されるATPは2分子になる．

呼吸の全過程を通して，1分子のグルコースからは最大で38分子のATPが合成される（**図4-13**）．その反応は，

$$C_6H_{12}O_6 + 6O_2 \longrightarrow 6CO_2 + 6H_2O + 38ATP$$

第4章　生命活動とエネルギー——IV．エネルギーの獲得

のように表される．グルコース1分子は約2870 kJ のエネルギーをもち，38分子のATPから遊離する自由エネルギーは1159 kJ であるため，グルコースのエネルギーの約40%がATPに転換されることになり，呼吸での**エネルギー転換効率**は発酵・解糖（約2%）の約20倍にも相当し，エネルギーを獲得するうえで酸素の摂取が有効であることを示している．

まとめと問題

1) 酵素作用のさまざまな特徴を説明する．
2) ATPの分子構造と，エネルギーを放出するときの構造の変化を説明する．
3) 光合成の反応過程を説明する．
4) 発酵を行う生物の例と，それらの反応過程を説明する．
5) 呼吸の反応過程を説明する．

第5章　細胞の増殖・生殖細胞の形成

　ヒトの体は数十兆もの体細胞（somatic cell）で構成されているが，元は受精卵というたった1つの細胞が分裂を繰り返して増殖した結果である．そして，これらすべての体細胞には受精卵と全く同じ内容で同じ量の遺伝情報が含まれている．また，完成した個体の生殖器官では，次の世代を生み出すための生殖細胞（精子や卵などで配偶子ともいう）も細胞分裂を経て形成されるが，それらに含まれる遺伝情報量は体細胞の正確に半分である．

　このような細胞分裂では，単に細胞数が増加するだけではなく，厳密な機構によって遺伝情報の保持や分配も同時に行われている．

I. 細胞周期

　細胞が増殖するとき，分裂が開始される前の**間期**（interphase）と，分裂が行われる**分裂期**（mitotic phase）を繰り返すので，この過程は**細胞周期**（cell cycle）とよばれている．細胞周期のなかでは間期の時間が圧倒的に長いが，要する時間は生物種や細胞の種類によってさまざまである．

1-間期

　分裂間期，**中間期**ともいい，遺伝情報の担い手であるDNAの複製が行われる**S期**（synthetic phase）を中心に，S期以前の**G_1期**（gap one），以後の**G_2期**（gap two）の3つの時期に細分化される（**図5-1**）．G_1，G_2期の名称は，S期と分裂期とのギャップ（gap：すき間）に由来している．

　G_1期にはタンパク質の合成，以降の過程に必要な物質の貯蔵，細胞小器官の形成などが行われて細胞が成長するとともに，DNAを複製するための準備が整えられる．成長した細胞は第2章に示すような形態をしている．この時期に十分な成長がみられない細胞や，すでに分化が終了した細胞（例えば，肝細胞，筋細胞，神経細胞など）では，細胞周期からはずれてG_1期の状態を保ち続ける．この細胞の状態をG_0期とよぶこともある．G_1期の終盤で細胞の成長状態のチェックが行われ，正常な場合にだけ次のS期に進むことができる．

　S期ではDNAの複製が行われるが，分裂期に**母細胞**（mother cell）から形成される2つの**娘細胞**（daughter cell）に，母細胞と同量のDNAが分配されるために不可欠な過程である．この時期には細胞のいくつかの構造に変化が現れる．核内に分散していたクロマチン（chromatin 染

図5-1 細胞周期

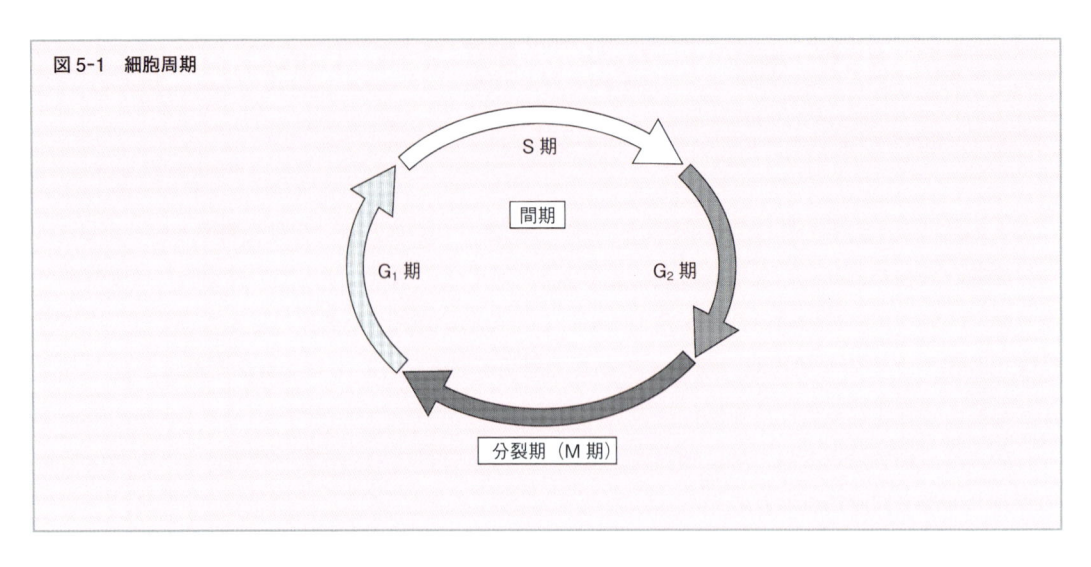

図5-2 間期（S期以降）のクロマチン線維のイメージ
環状構造のコヒーシンで接着
複製されたDNAを含むクロマチン線維（本来はヒストンと結合）

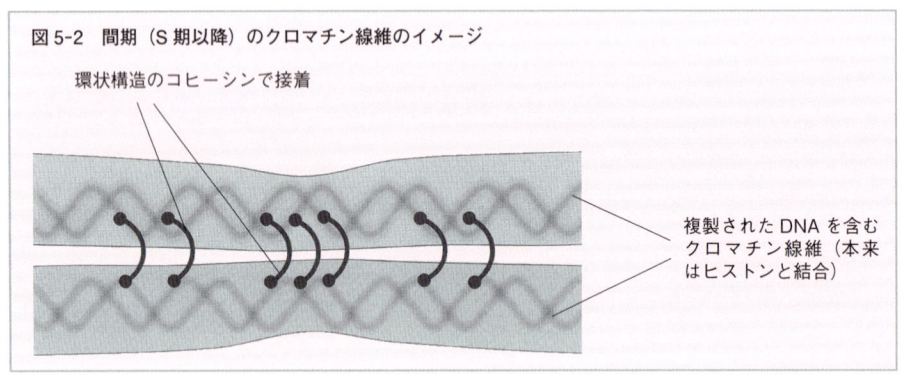

色質：☞23頁）は，しだいに凝縮を始めて細い糸（クロマチン線維）がからみ合った状態になる．光学顕微鏡では確認できないが，S期を終えるころには，G_1期と同量のDNAを含むクロマチン線維が2本ずつ存在し，各クロマチン線維の間は環状構造をした**コヒーシン**（cohesin）で接着されている．コヒーシンは4つのサブユニットからなる複合タンパク質で，G_1期に合成される（**図5-2**）．また，核の付近に存在する中心体もこの時期に2つに分裂する．

G_2期の細胞では，分裂期で大量に必要な**チュブリン**（tubulin）などのタンパク質が合成される．核内では，クロマチン線維がらせん構造を形成するため，太くなって何本かに分離した状態の**染色体**（chromosome）とよばれる構造が現れる．各染色体の中央部付近には**動原体**（centromere, kinetocore）とよばれるふくらみも認められるようになる．G_2期の終盤には，分裂への準備が整っているかどうかのチェック機構がはたらき，準備が完了するまでは分裂期に進むことはない．

2-細胞周期の調節

細胞周期の進行は，いくつかの段階で細胞の状態のチェックを受けながら調節される．調節に関与する因子として，**サイクリン**（cyclin）[注1]や**サイクリン依存性キナーゼ**（cyclin-dependent kinase；**Cdk**）などのタンパク質が知られている．サイクリンは20種類以上が，Cdkは9種類ほどが発見されている．

これらのタンパク質は複合体を形成して細胞周期の進行を調節する．細胞周期を進行させる際には，Cdkのトレオニンが**Cdk活性化キナーゼ**（Cdk activating kinase；**Cak**）でリン酸化され，サイクリン分子の中央部のサイクリンボックスとよばれる構造に結合して**サイクリン・Cdk複合体**を形成する．この複合体において，サイクリンによって活性化したCdkが細胞内のタンパク質の特定のアミノ酸をリン酸化することで細胞周期が進行する．作用を終えた複合体は分解酵素によって直ちに分解される．逆に，細胞周期の進行の停止は，サイクリン・Cdk複合体に阻害因子である**Cdkインヒビター**（Cdk inhibitor；**Cki**）が結合して，Cdkのキナーゼ活性（アミノ酸をリン酸化する作用）を妨げることによって行われる．

現在，3カ所のチェックポイントと，各過程に関与するサイクリン・Cdk複合体の種類が明らかになっている（図5-3）．各チェックポイントで，準備ができたことを感知したときにだけ細胞周期を進行させる．異常を検出した場合には，細胞周期の進行を止めて修復されるのを待つが，修復が不可能なときには細胞を崩壊へと導く．

[注1] サイクリン：1982年にハントら（Hunt, T., Hartwell, L. and Nurse, P. 2001年にノーベル医学生理学賞を受賞）によって酵母菌やウニ卵から発見された．細胞周期の時期によって発現量

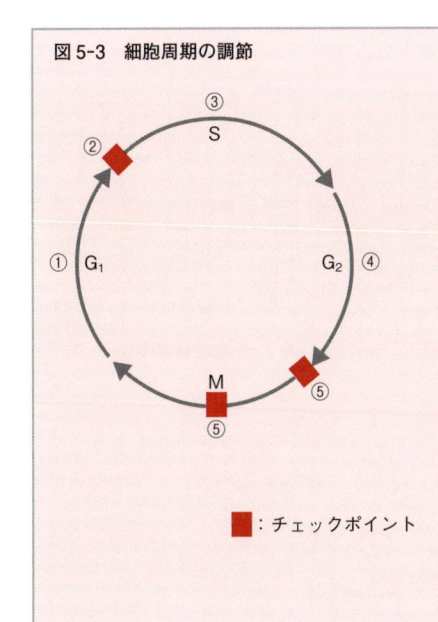

図5-3 細胞周期の調節

チェックポイント	チェック項目
G₁/S	DNAの損傷の有無
G₂/M	DNAの複製状況と，中心体の分裂の有無
M（中期）	染色体の配列状況と，紡錘体の形成の有無

過程	複合体	働き
①	サイクリンD1, 2, 3・Cdk4, 6	G₁期を進行させる
②	サイクリンE・Cdk2	G₁期からS期へ移行させる
③	サイクリンA・Cdk2	S期を進行させる
④	サイクリンA・Cdk1	G₂期を進行させる
⑤	サイクリンB・Cdk1 (MPF, Cdc 2[注2])	G₂期からM期へ移行させ，M期を進行させる

■：チェックポイント

が変動する.

注2) **MPF**：1970年代には，アフリカツメガエルなどの受精卵をホルモン刺激したときに出現する物質を**卵成熟促進因子**（maturation promoting factor）とよんだが，その後，体細胞分裂を促進する因子と同じ物質であることがわかり，**M期促進因子**（M-phase promoting factor；MPF）とよぶようになった．今では，サイクリンBとCdk 1との複合体であることが解明され，**Cdc 2**ともよばれている．

3-分裂期

通常，分裂中の細胞内には微小管でつくられた糸状の構造が観察されることから，このような分裂を有糸分裂（mitosis）とよぶことがある．分裂中に糸状構造が現れない無糸分裂（amitosis）もあるが，正常な分裂とはいえない．

細胞分裂の様式には，**体細胞分裂**（somatic mitosis）と**減数分裂**（meiotic mitosis）の2種類がある．

[1] 体細胞分裂

体細胞を増やすときの分裂様式で，間期にDNAを複製した母細胞から，母細胞と全く同じ量のDNAをもつ2つの娘細胞がつくられる．その過程（核分裂）は，形態的・機能的な特徴から，前期（prophase），中期（metaphase），後期（anaphase），終期（telophase）の4つの時期に分けられるが，変化は連続的なものであり，厳密な区分ではない（図5-4）．

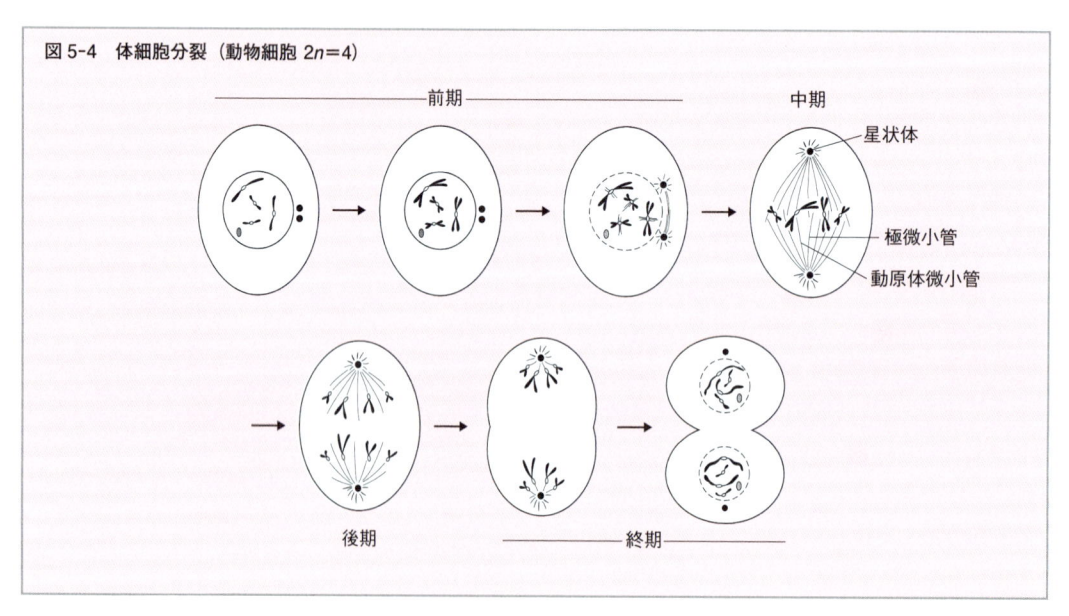

図5-4 体細胞分裂（動物細胞 2n=4）

1. 前期

　この時期には細胞の構造にいろいろな変化が起こる．初期には，染色体のらせん構造がさらに密に巻く（コイル化する）ため，染色体は間期のG_2期のときよりもさらに太く短くなる．この状態を**スーパーコイル**（supercoil）あるいは，**超らせん・高次らせん**（super helix）とよび，同じ形で同じ大きさの染色体が2本ずつ存在することが明確になる．それらの染色体を**相同染色体**（homologous chromosome）といい，両親から1本ずつ受け継いだものである．このような染色体が存在するときの核の状態を**複相**（diploid）といい，染色体数を$2n$で表す．

　染色体のコイル化がさらに進むと，染色体の中央部に長軸方向の裂け目（縦裂）が明確になり，やがて動原体の部分を残して染色体は2つに分離してX字状になる．二分されたそれぞれの染色体を**染色分体**や姉妹染色分体（chromatid）という．この現象は，染色分体どうしを接着しているコヒーシンが酵素（キナーゼ）のリン酸化作用によって動原体以外の部分で解離するためである．動原体の部分のコヒーシンは，別のタンパク質で覆われているため酵素の影響を受けない（図5-5）．

　この時期の後半には，核膜と核小体が消失し，2つの中心体に多数の微小管が結合して**星状体**（aster）を形成し，さらに，より太く短くなった染色体の動原体にも微小管が結合する．やがて，2つの星状体は細胞の極に向かって互いに反対方向へ移動を開始し，微小管も星状体が離れるにつれて両者の間に伸びる．一方，動原体に結合した微小管が星状体に向かって伸びるにつれて，分体化した染色体は細胞の赤道面に向かって集まり始める．

2. 中期

　両極の星状体間を結ぶ**極微小管**の束と，両極の星状体と赤道面に配列した染色体とを結ぶ**動原体微小管**の束が，染色体を中央にして紡錘形に配置して**紡錘体**（spindle）が完成する．

　染色体は発達したスーパーコイル構造をとり，最も太く短い形態をしているため，光学顕微鏡

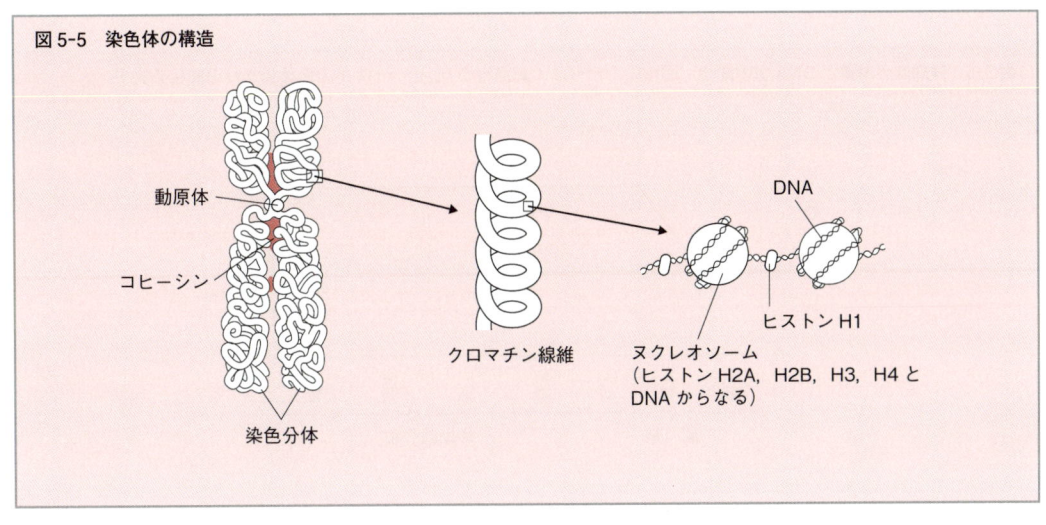

図5-5　染色体の構造

による染色体数や形態の分析（核型分析）に用いられる（第6章「Ⅲ．ヒトの染色体と遺伝子」を参照）．

3. 後期

　動原体部分を接着していたコヒーシンが，活性化したタンパク質分解酵素のセパレース（separase）によって分解される．同時に，動原体微小管も収縮することから，染色体を構成していた染色分体が動原体から分離し，動原体微小管によって互いに反対方向に引かれて，両極の星状体に向かっていっせいに移動を開始する．

　染色分体の分離は，母細胞と同じ遺伝情報を2つの娘細胞に等しく分配するための重要な過程であるため，M期のチェックポイントによって，すべての動原体が微小管と正しく結合していることや，すべての染色分体が両極に移動できることなどが確認されるまでセパレースの活性化は完全に抑えられている．

4. 終期

　両極に移動した染色体分体はスーパーコイルがゆるみ始め，しだいに細く長いひも状に変化し，動原体微小管や星状体の微小管も分解し始め核分裂が終了する．この後，動物細胞では細胞の赤道に沿って細胞膜にくびれが入り（植物細胞では赤道面に細胞壁と同成分の細胞板が形成され），細胞質が二等分される**細胞質分裂**が起こる．前期に消失した核膜と核小体も再形成されて，母細胞と等しい染色体数をもつ2つの娘細胞が形成される．染色体分体は徐々にクロマチンの状態に戻り，娘細胞はしだいにG_1期の形態を示すようになる．染色体の動向の特徴からこのような分裂様式を**同型核分裂**（homotypic division）という．

　以上のような染色体の分配に伴って，間期以降の過程では，形成された2つの娘細胞のDNA量は**図5-6**のように変化しながら，それぞれG_1期の母細胞と同じ量をもつようになる．

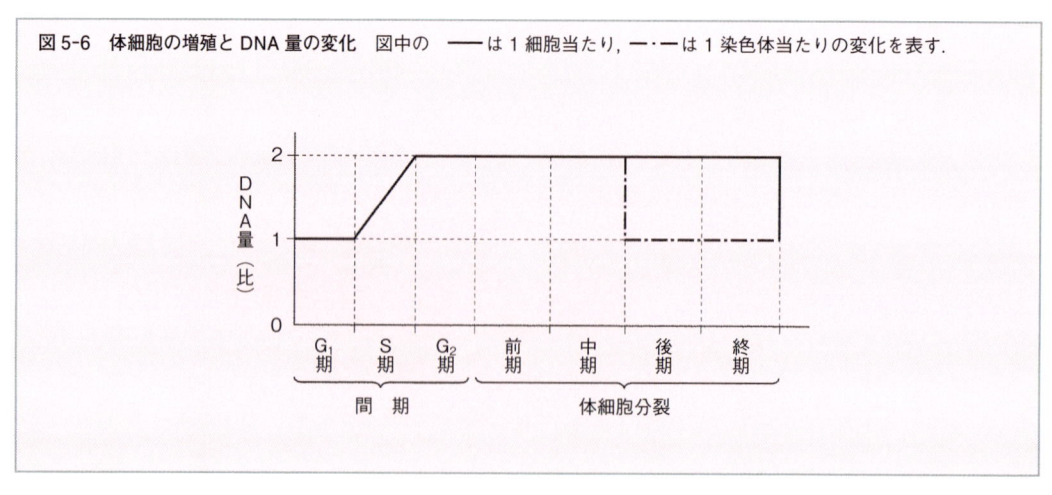

図5-6　体細胞の増殖とDNA量の変化　図中の ── は1細胞当たり，─・─は1染色体当たりの変化を表す．

[2] 減数分裂

動物では精巣（testis）や卵巣（ovary），種子植物では葯(やく)（anther）や胚珠（ovule）などの生殖器官にだけみられる分裂様式で，第一分裂と第二分裂の連続した2回の分裂からなっている（図5-7）．間期でDNAを複製した母細胞から，DNA量が母細胞の1/2になった4つの娘細胞を生じ，それらからは精子や卵（種子植物では花粉や胚嚢）などの生殖細胞（germ cell）・配偶子（gamete）が分化する．減数分裂の過程は体細胞分裂とは異なり，細胞周期は1回転のみであるが，それぞれの核分裂が4つずつの時期に区分されている点は共通している．

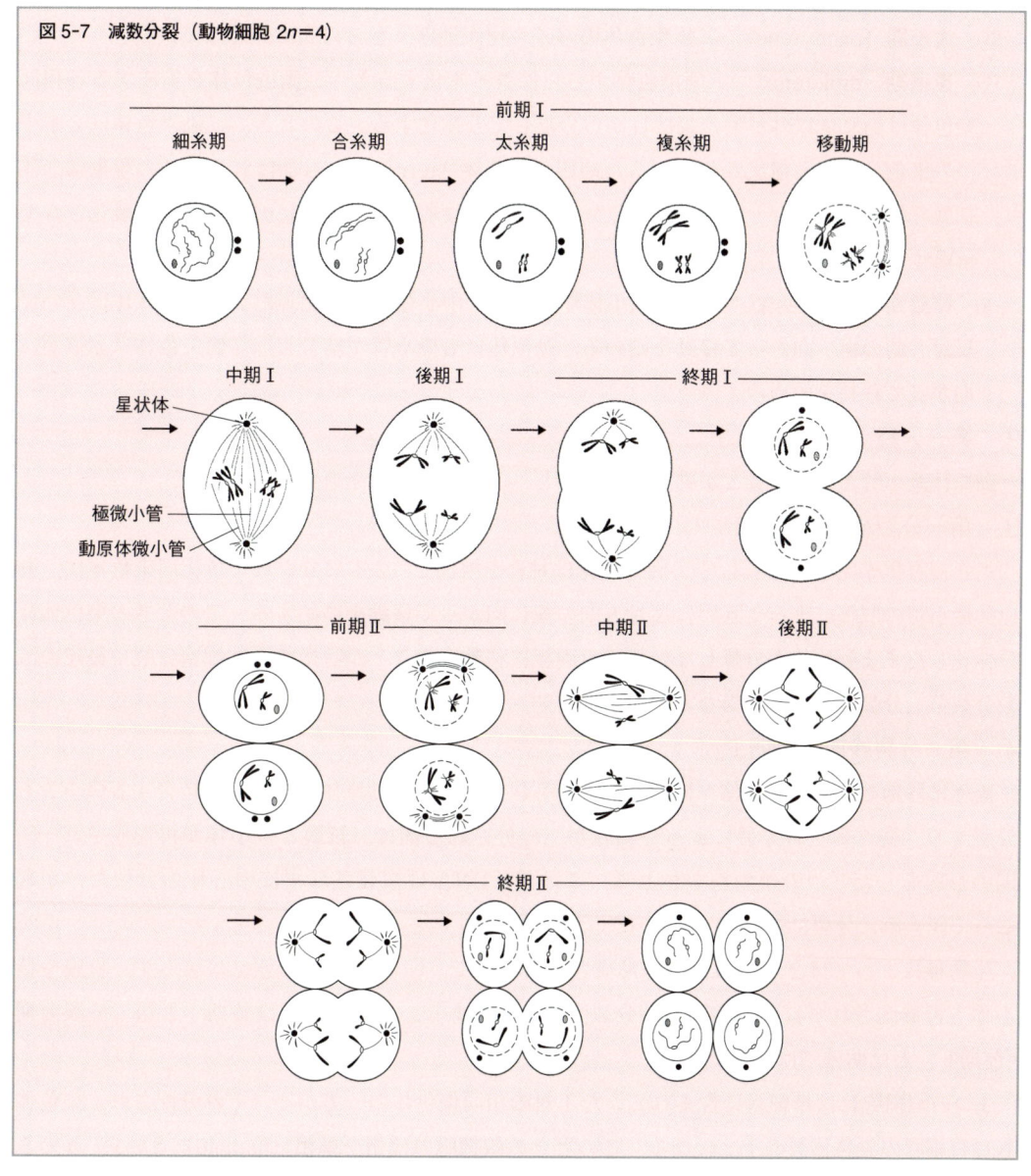

図5-7 減数分裂（動物細胞 2n＝4）

1. 第一分裂前期（前期Ⅰ）

形態的な変化に基づいて次の5時期に細分化される．

① **細糸期**（leptotene）：染色体がスーパーコイル化し始め，細く長いひも状になって相同染色体の存在が明らかになる．

② **合糸期**（zygotene）：相同染色体どうしが平行に並び，動原体を含めて部分的に接着する．この現象を対合（synapsis）といい，対合した相同染色体のペアを**二価染色体**（bivalent chromosome）という．この現象は減数分裂に特有なもので，相同染色体どうしがタンパク質による**シナプトネマ構造**または**対合複合体**（synaptonemal commplex）を形成して接着していることが明らかになってきた（☞101頁「コラム：キアズマと遺伝子組換え」）．

③ **太糸期**（pachytene）：二価染色体のコイル化が進み，さらに太く短くなる．

④ **複糸期**（diplotene）：二価染色体がさらにコイル化すると，二価染色体を構成する各相同染色体は動原体以外が縦の裂け目から分離して分体化する．このとき，二価染色体は2本ずつの染色分体から構成されているため**四分染色体**（tetrad）ともよばれる．この現象は，体細胞分裂前期の場合と同様に，染色分体どうしを接着しているコヒーシンがリン酸化されて解離するためと考えられている．

⑤ **移動期**（diakinesis）：核膜と核小体が消失し，中心体から変化した2つの星状体は互いに反対方向の極へ向かって移動を始める．動原体にも微小管が結合し，二価染色体は赤道面に向かって移動を始める．

2. 第一分裂中期（中期Ⅰ）

動原体微小管と極微小管とが紡錘体を形成し，二価染色体が赤道面に配列する．

3. 第一分裂後期（後期Ⅰ）

対合複合体が完全に分解して二価染色体は対合を解消し，2本に分かれた各相同染色体は，動原体微小管の収縮によって互いに反対方向の極に向かって移動を開始する．このときの染色体は分体化したまま動原体が分離しない状態で両極に移動することが特徴で，体細胞分裂や後述の減数分裂第二分裂の後期とは異なっている．

4. 第一分裂終期（終期Ⅰ）

両極に移動した染色体は徐々に細く長いひも状に変化し，動原体や星状体に結合する微小管も分解する．続く細胞質分裂によって細胞が二等分される間に，核膜と核小体が再形成され，G_1期の形態をした2つの娘細胞を生じる．この後，DNAは複製されずに中心体の分裂だけが起こって続く第二分裂に進む．

生物種によっては2つの娘細胞が形成されるだけで，G_1期の核の形態には戻らず，核膜や核小体も再形成されずに中心体だけが分裂するものもあり，この場合には終期Ⅰと第二分裂前期（前期Ⅱ）とは明確には区別できない．

2つの娘細胞には母細胞に含まれていた1対の相同染色体の一方がそれぞれ分配され，染色体数は母細胞の染色体数の1/2になる．このときの娘細胞の核相を**単相**（haploid）といい，nで表

す．染色体数が半減するこのような分裂様式を，**異型核分裂**（heterotypic division）という．

5. 第二分裂前期（前期Ⅱ）

　第二分裂は隣接して存在する2つの娘細胞で同期して進行する．細いひも状の染色体が徐々に太く短くなるころ，核膜や核小体が消失し，分裂した中心体に微小管が結合して星状体となり，動原体にも微小管が結合する．やがて2つの星状体がそれぞれ両極に向かって移動を始めると，分体化した状態の染色体は赤道面に向かって移動を開始する．

6. 第二分裂中期（中期Ⅱ）

　染色体が赤道面に並び，動原体微小管と極微小管によって紡錘体が完成する．

7. 第二分裂後期（後期Ⅱ）

　動原体部分を接着していたコヒーシンが分解されて2本の染色分体が分離した各染色体は，動原体微小管の収縮によって互いに反対方向の極にいっせいに移動を開始する．

8. 第二分裂終期（終期Ⅱ）

　両極に達した染色体は，しだいに細く長いひも状に変化し，動原体微小管や星状体の微小管も分解する．この後，**細胞質分裂**が起こり，核膜と核小体も再形成されて，減数分裂の全過程を終了する．

　第二分裂では，第一分裂で形成された2つの単相の娘細胞から同数の染色体をもつ4つの単相細胞が形成されることになり，分裂様式は体細胞分裂と同じ同型核分裂である．

　結局，間期〜減数分裂の過程では，G_1期の母細胞の1/2のDNA量をもつ4つの娘細胞が形成される（図5-8）．

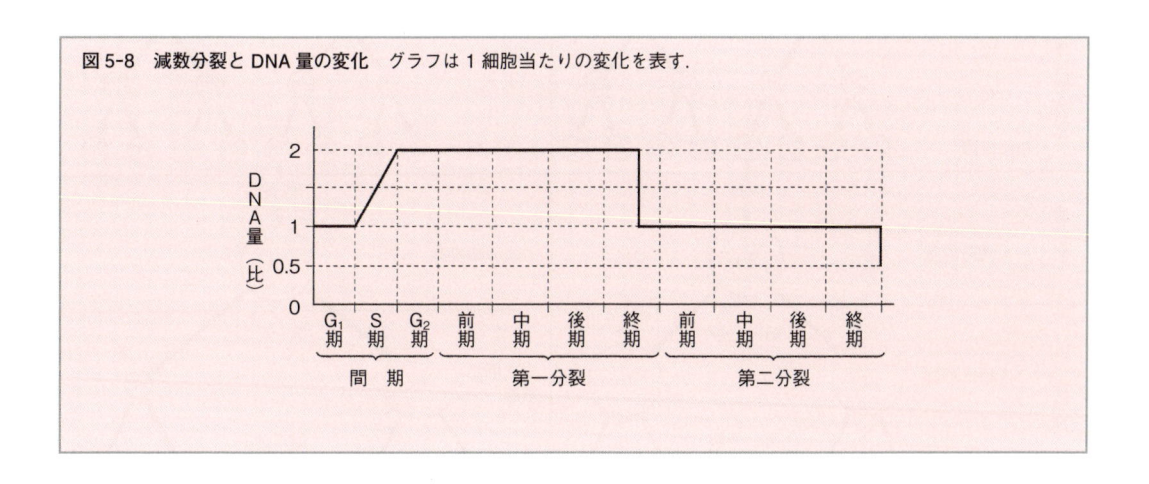

図5-8　減数分裂とDNA量の変化　グラフは1細胞当たりの変化を表す．

II. ヒトの配偶子形成

　精巣と卵巣で行われる配偶子形成（gametogenesis）では，複相の核をもつ生殖母細胞から減数分裂によって単相の娘細胞を生じる点は，精子形成（spermatogenesis）でも卵（卵子）形成（oogenesis）でも共通であるが，分裂の過程，分裂後の成熟過程，生じる配偶子の数などには大きな違いがある．

1-精子形成

　精巣の**精細管**（細精管）の中で始原生殖細胞が体細胞分裂を繰り返して多数の**精原細胞**（spermatogonia）を形成する．精原細胞は，思春期を迎えると2倍近くの大きさに成長して**一次精母細胞**（primary spermatocyte）になる．脳下垂体前葉から生殖腺刺激ホルモンのFSHが分泌されると，DNAを複製した一次精母細胞からは減数分裂第一分裂によって，同じ大きさで単相の**二次精母細胞**（secondary spermatocyte）が2つ生じ，DNAを複製せず直ちに第二分裂に進ん

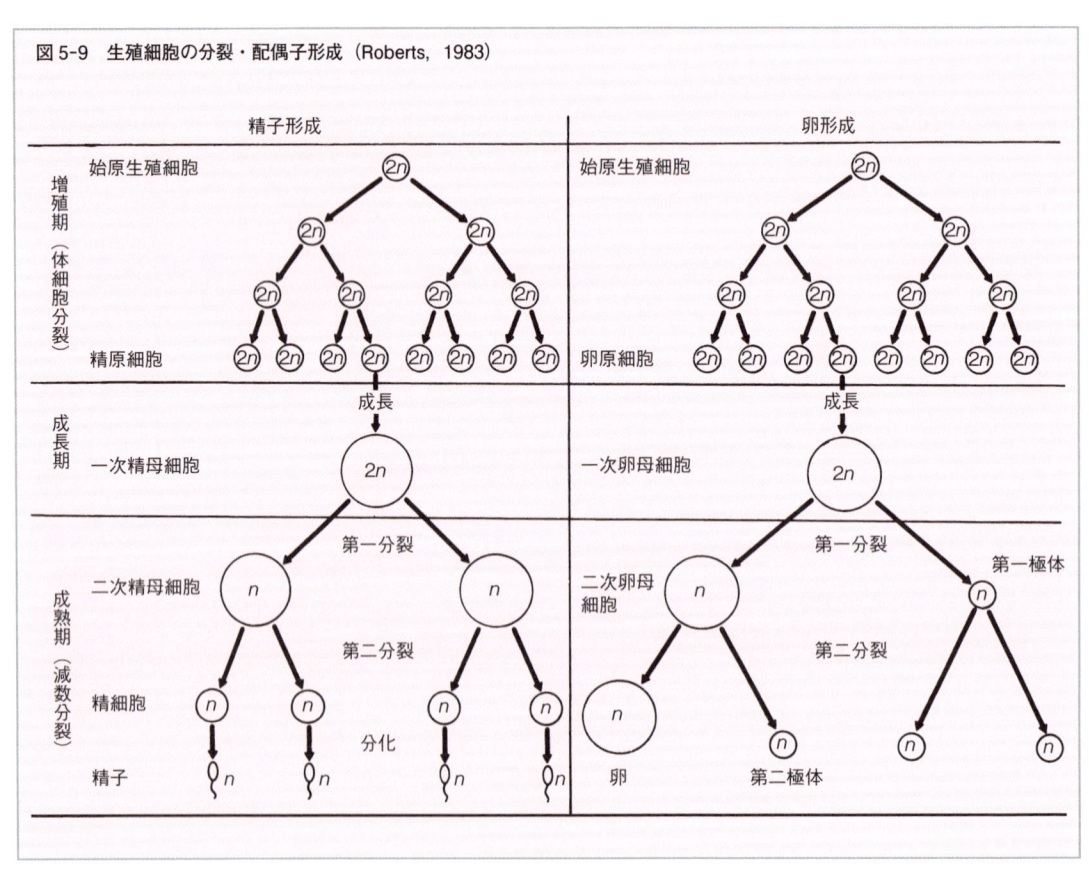

図5-9　生殖細胞の分裂・配偶子形成（Roberts, 1983）

図5-10 精巣

a. 精巣（Blooms）
精巣中隔によって多くの室に分けられ，各室は曲折した精細管で占められている．

b. 精細管とライディッヒ細胞

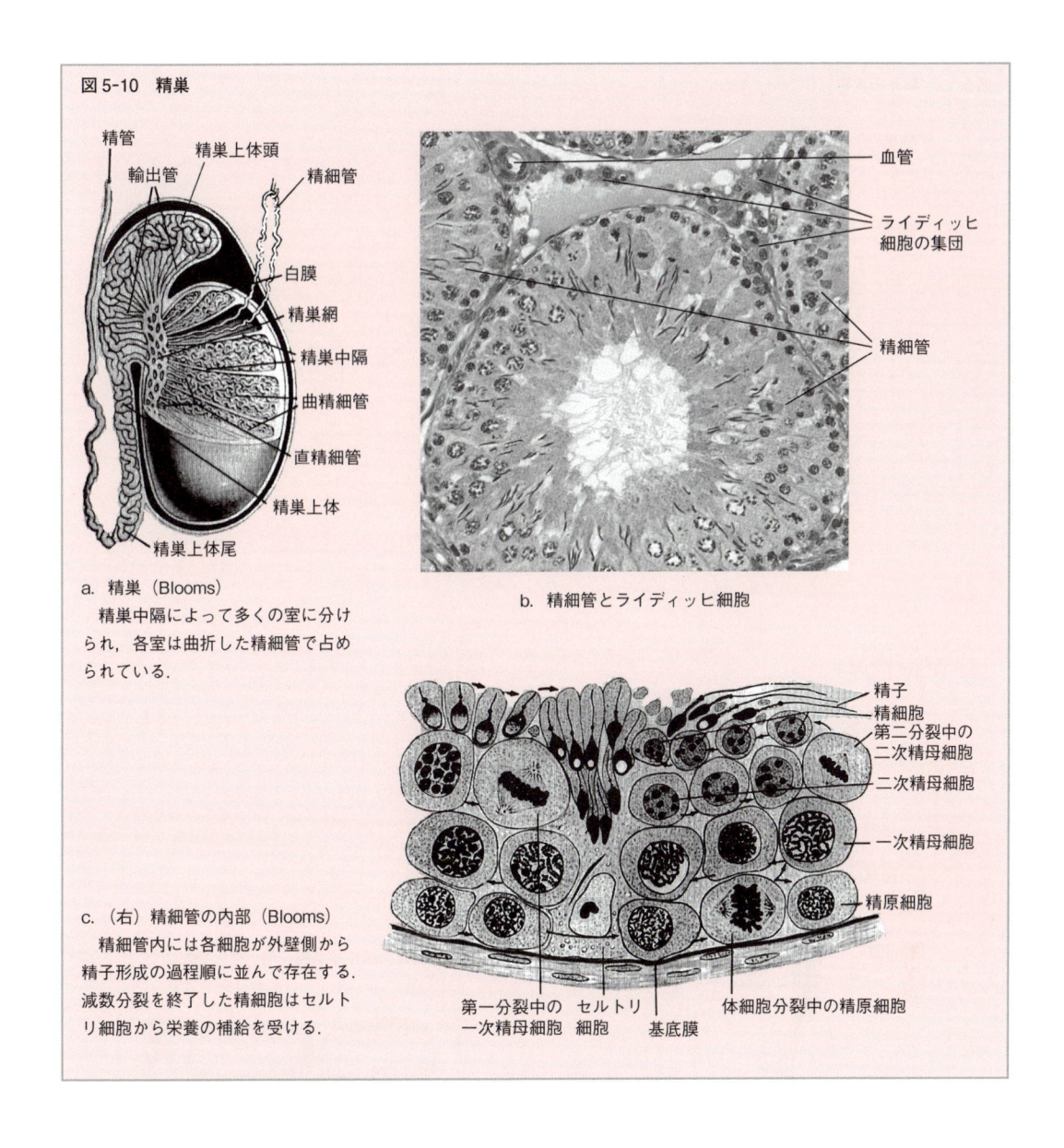

c.（右）精細管の内部（Blooms）
精細管内には各細胞が外壁側から精子形成の過程順に並んで存在する．減数分裂を終了した精細胞はセルトリ細胞から栄養の補給を受ける．

で4つの**精細胞**（精子細胞：spermatid）を生じる（図5-9，10）．

その後，精細胞は，精巣のライディッヒ細胞（Leydig cell，間質細胞）から分泌される男性ホルモンのテストステロン（testosterone）の刺激によって変態過程を経て**精子**（spermatozoon）に分化する（図5-11）．成熟したヒトの精子は全長が60 μmほどで，細胞質基質をほとんど含まず，頭部・中片（間）部・尾部からなっている．頭部には核のほか，その前端部に**先体**（acrosome）とよばれる小胞があり，アクロイシン，エステラーゼ，コラゲナーゼ，ヒアルロニダーゼ，プロテアーゼなど卵の周囲の物質を溶解するための酵素を含んでいる．中片部にはミトコンドリアがらせん状に並び，尾部を動かすためのATPを供給する．尾部には，頭部中心子から伸びる**9+2**構造の微小管でできた運動器官の鞭毛がある（図5-12）．

図5-11 精子の変態（Gilbert, 1991）

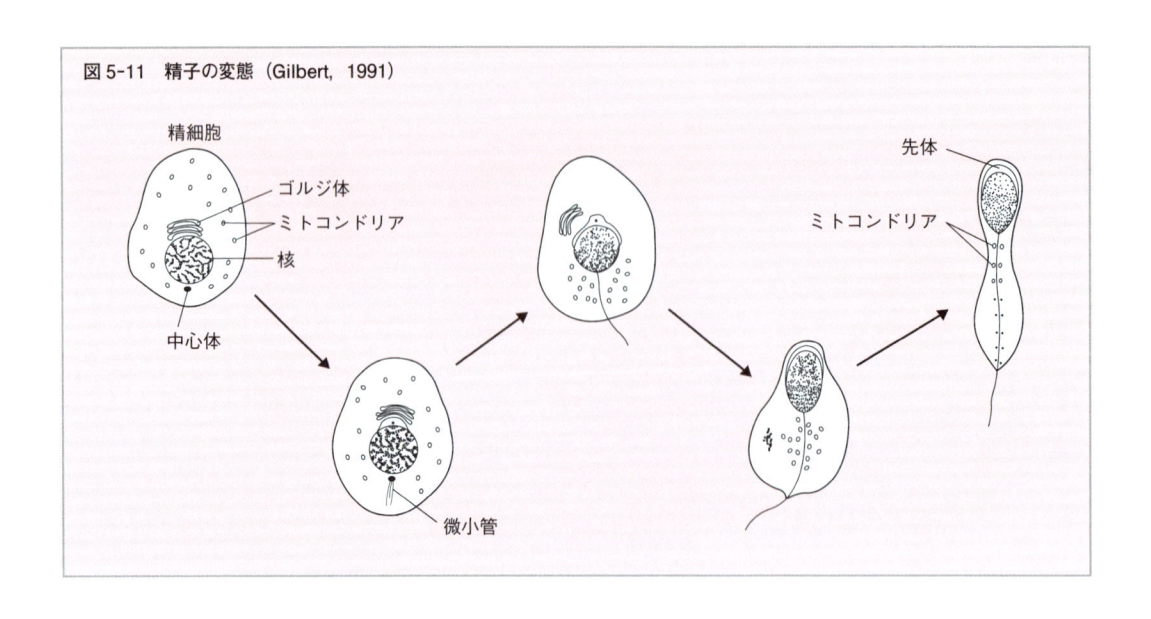

図5-12 ヒトの精子

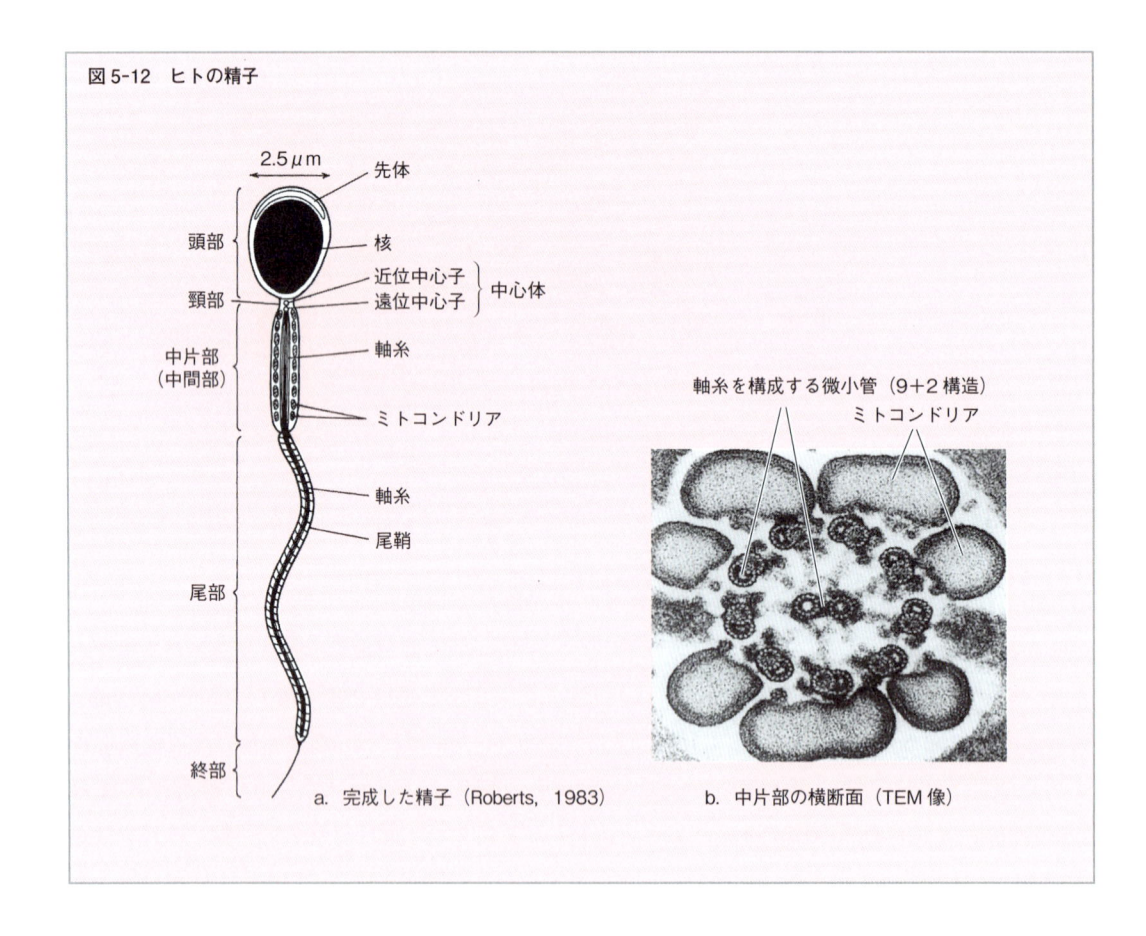

a. 完成した精子（Roberts, 1983）

b. 中片部の横断面（TEM像）

2-卵形成

　女児として誕生する前，胎生5カ月頃までに胎児の卵巣では，始原生殖細胞が体細胞分裂を繰り返して1対の卵巣で600万くらいの**卵原細胞**（oogonium）を形成し，それらは成長して複相の**一次卵母細胞**（primary oocyte）になる（**図5-9, 13**）．DNAを複製した一次卵母細胞の周囲は1層の卵胞細胞（扁平上皮細胞）に包まれて**原始卵胞**（primordial follicle）を形成するようになる．胎生8カ月頃までに，一次卵母細胞は減数分裂を開始して前期Ⅰの複糸期で分裂を停止したまま誕生を迎える．このとき1対の卵巣に存在する原始卵胞の数は200万くらいとされている．

　思春期を迎え，脳下垂体前葉から生殖腺刺激ホルモンのFSHが分泌されると，減数分裂が再開されるが，原始卵胞は卵巣の表層付近のものを除いて大部分が退化し，数は4万くらいに減少している．この現象を**卵胞閉鎖**という．原始卵胞の周囲の卵胞細胞が体細胞分裂を繰り返して増加して内外2層の卵胞細胞群を形成すると，そのすき間は女性ホルモンの**エストロゲン**（estrogen）を含む卵胞液で満たされるようになり，やがて卵巣からはエストロゲンの分泌が開始される．さらに増殖した卵胞細胞群の一部がすき間に半島状に突出して卵丘を形成し，卵胞周囲は2層の結合組織（血管が少なく線維性の外卵胞膜と，血管に富む内卵胞膜）に包まれるようになる．このときの卵胞を**成熟卵胞**，または**グラーフ卵胞**（Graafian follicle）といい，卵巣の表面を押し上げるようになる．

　グラーフ卵胞中の一次卵母細胞では，減数分裂の中期Ⅰで二価染色体が赤道面ではなく細胞の端部に配列するため，終期Ⅰでは細胞質が不均等に二分されて大小2つの単相細胞を生じる．大きい細胞を**二次卵母細胞**（secondary oocyte），小さい細胞を**第一極体**（polar body）という．その後，脳下垂体前葉からもう1つの生殖腺刺激ホルモンのLHが分泌されると，二次卵母細胞

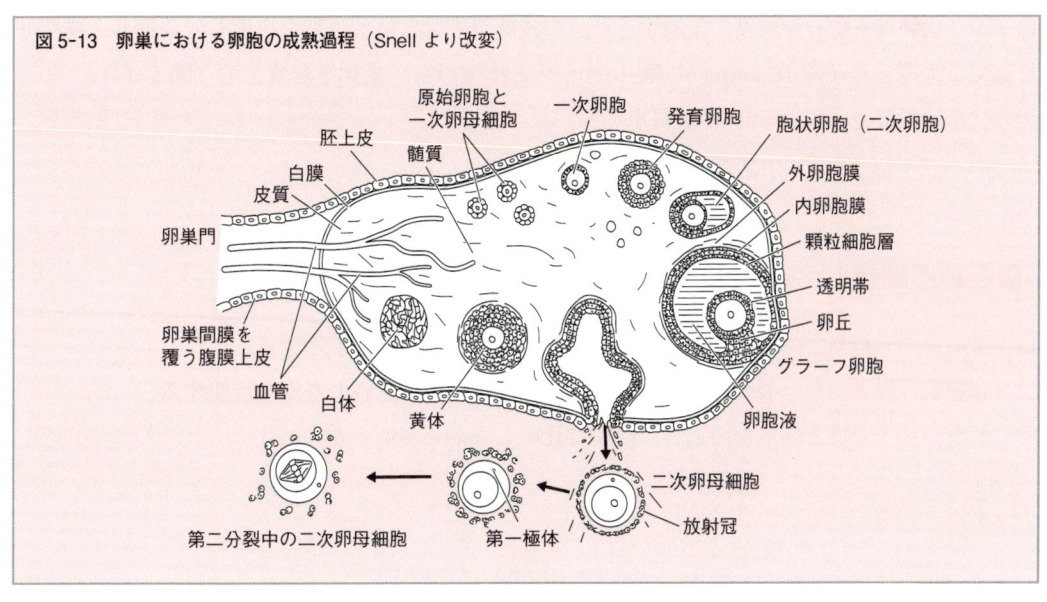

図5-13　卵巣における卵胞の成熟過程（Snellより改変）

図 5-14 ヒトの卵と精子の接近

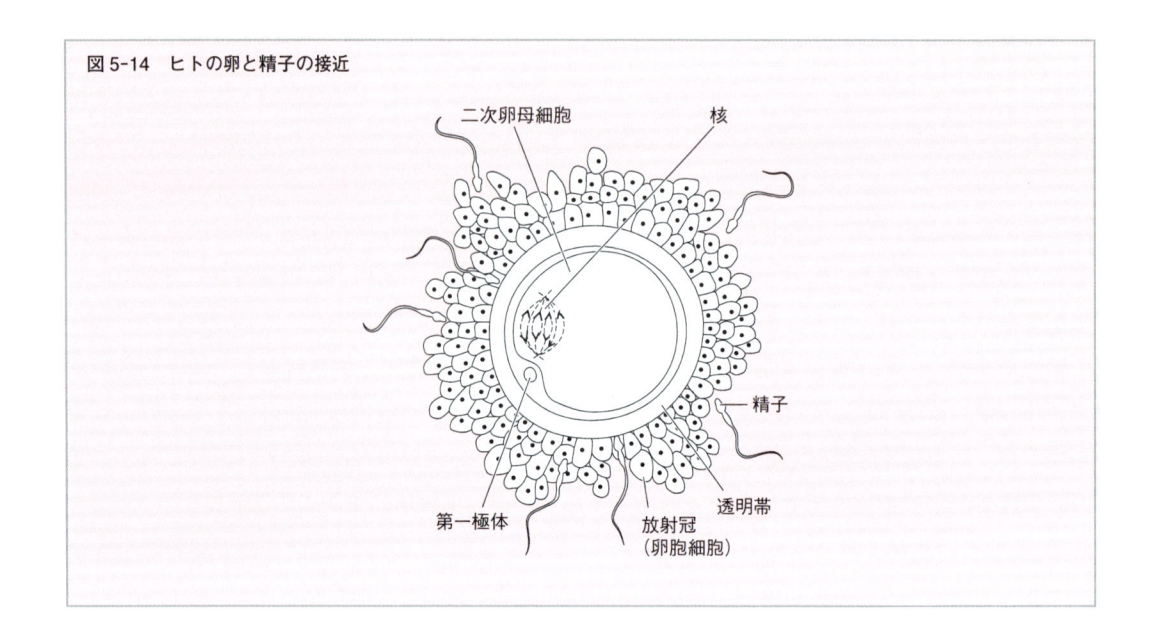

は中期Ⅱまでで減数分裂を停止して第一極体とともにグラーフ卵胞壁と卵巣表面の皮膜を破って卵巣外へ放出される．この現象を**排卵**（ovulation）といい，一生（生殖年齢）の間に排卵される二次卵母細胞の数は 300〜400 ほどとされている．

　排卵後の二次卵母細胞は，直ちに卵管采に捕えられて**卵管膨大部**へ移動し，ここで中期Ⅱのままで精子との出会いを待つ（**図 7-5**）．このときの二次卵母細胞の染色体も細胞の端部に並び，二次卵母細胞の周囲は卵胞細胞の分泌液でできた**透明帯**（zona pelucida）と，卵胞細胞群の一部で構成された**放射冠**（放線冠）（corona radiata）で囲まれている．放射冠と透明帯を通過した精子が二次卵母細胞の細胞膜に接触すると，二次卵母細胞は減数分裂を再開して後期Ⅱと終期Ⅱを経て，大型（直径約 120 μm）の**卵**（ovum）と小型の第二極体を形成する（**図 5-14**）．（この後の受精過程については 140〜142 頁を参照）

まとめと問題

1) 細胞周期の概略と，細胞周期の進行を調節する機構について説明する．
2) 体細胞分裂と減数分裂の過程を，染色体の動向を中心に比較しながら説明する．
3) ヒトの精子形成と卵形成の過程について比較しながら説明する．

コラム

― キアズマと遺伝子組換え ―

　減数分裂前期Ⅰの合糸期に二価染色体を形成するとき，対合した相同染色体どうしはファスナーでとめたように何カ所かで接着する．そのファスナー状の構造は，**シナプトネマ構造**あるいは**対合複合体**（synaptonemal complex）とよばれ，多くの種類のタンパク質からつくられていることが知られるようになった．

　次の複糸期で各相同染色体が分体化するとき，その接着を解消した後，別の染色分体と接触して切断と再結合によって染色分体の**乗換え**（crossing over）が起こることが多い．このとき，乗換えた部分の染色分体に異なった対立遺伝子が存在すれば，各染色分体間で遺伝子の交換（**遺伝子組換え**：genetic recombination）が生じることになる．

　この後，親和性を失った相同染色体は互いに離れ始めるが，中期Ⅰまでは切断と再結合が起こった部分だけは固く結合した状態で残っているため，染色分体の乗換えが起こった場所を知ることができる．この結合部分を**キアズマ**（chiasma）といい，後期Ⅰで対合を完全に解消した各相同染色体には，それまで存在しなかった遺伝子が含まれるようになる．

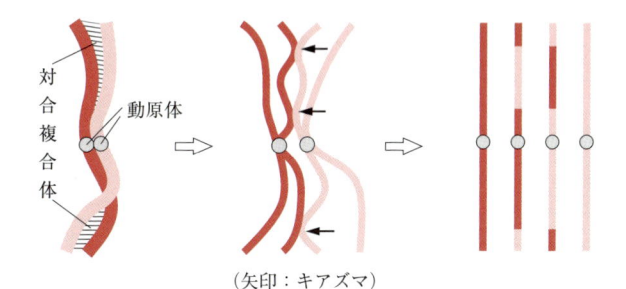

（矢印：キアズマ）

第6章 遺伝—ヒトを中心に—

　種（species）を特徴づける一群の**遺伝子**（gene）を**ゲノム**（genome）といい，細胞内で発現される遺伝子産物の総体が種の特徴を決める．大腸菌などの原核生物はゲノムを1組もつのに対して，ヒトは精子由来の1組と卵子由来の1組の合計2組をもつ．個々の遺伝子の父母由来の1対を**対立遺伝子**または**アレル**（allele）とよぶ．ヒトの個体差は，組織や臓器での対立遺伝子の発現の総和に起因していると考えることができる．

　　【注】　ポストゲノム時代になって「対立遺伝子」の意味が変化してきた．従来，「対立遺伝子」は，ある遺伝子について父母由来の2つの種類を指す場合と，集団中のすべての種類を指す場合とがあった．近年，遺伝子内に一塩基置換などの変異が多数発見されたため，個々の遺伝子における種類（多様性）と考えるのが一般的である．さらに，遺伝子としての情報をもたない塩基配列について用いられることも多いので，最近では「遺伝子」の概念をもたない「アレル」が使われている．

I. メンデルの法則

1-メンデルの法則の要約と当時の遺伝についての考え方

　メンデル（Mendel, G.）はエンドウの7つの形質が1対の**表現型**（対立形質）をもつことに着目して遺伝の仕方を調べた．例えば，種子の形における対立形質は丸型としわ型である．まず，丸型の種子だけをつける**純系**としわ型の種子だけをつける純系をかけ合わせると，**雑種第一代**（F_1）ではすべて丸型の種子をつけた．次にF_1どうしをかけ合わせた**雑種第二代**（F_2）では丸型としわ型の割合がほぼ3：1となった．他の6つの形質についても同様の結果を得た．さらに，2つの形質の伝わり方に着目した場合に，F_1およびF_2ではどのような表現型の組み合わせのものがどのような比率で生じるかを調べた．

　この交配実験の結果を現在の用語を用いて表現すると，次のように要約できる．

① 形質を決める因子として遺伝子があり，各遺伝子には2つの対立形質に対応して2つの対立遺伝子が存在する．

② 対立形質の純系どうしをかけ合わせたF_1，すなわち両方の対立遺伝子をもつF_1では，一方のみの形質が発現される（**優性の法則**）．その表現型を**優性形質**，その対立遺伝子を**優性遺伝子**（優性アレル）とよび，F_1で発現されない表現型を**劣性形質**，その対立遺伝子を**劣性遺伝子**（劣性アレル）とよぶ．

③ F_1の配偶子では2種類の対立遺伝子は別々の配偶子に入る（**分離の法則**，図6-1，6-2）．

図6-1 純系どうしのかけ合わせ

		優性形質丸型の純系 遺伝子型：AA	
	配偶子中の対立遺伝子	A	A
	配偶子の割合	1/2	1/2
劣性形質しわ型の純系遺伝子型：aa	a　1/2	Aa	Aa
	a　1/2	Aa	Aa
		すべて丸型	

F_1の遺伝子型／F_1の表現型

図6-2 F_1どうしのかけ合わせ

		F_1 丸型 遺伝子型：Aa	
	配偶子中の対立遺伝子	A	a
	配偶子の割合	1/2	1/2
F_1 丸型 遺伝子型：Aa	A　1/2	AA	Aa
	a　1/2	Aa	aa
		丸型：しわ型＝3：1 遺伝子型 AA と Aa は丸型，遺伝子型 aa はしわ型を発現	

F_2の遺伝子型／F_2の表現型

④　2つの遺伝子についてそれぞれの対立遺伝子の分離の仕方をみると，一方の遺伝子の対立遺伝子は他方の遺伝子とは無関係に独立に分離する（**独立の法則**）．したがって，F_2における対立形質の組み合わせの比率は，それぞれの遺伝子の対立遺伝子が独立に分離するときの確率（9：3：3：1）になる（**図6-3**）．

遺伝的特徴を決める因子についての当時の主な考え方の1つは，子供が親に似るのは親の表現型が絵の具を混ぜるように子供に発現されるというものであった．孫には祖父母の1/4ずつの特徴が伝わるということになるので，劣性形質が世代を超えて表現される現象を説明できなかった．子供に伝達されるのは表現された特徴ではなく遺伝子であると考えたことが，遺伝の法則の発見をもたらしたということができる．

メンデルが遺伝の法則を発表したのは1865年であったが，当時は全く注目されなかった．

図 6-3　2つの遺伝子の対立遺伝子の分離

		2つの遺伝子について優性形質の純系 AABB と劣性形質の純系 aabb の F₁ 遺伝子型：AaBb				
	配偶子中の対立遺伝子	AB	Ab	aB	ab	
	配偶子の割合	1/4	1/4	1/4	1/4	
2つの遺伝子について優性形質の純系 AABB と劣性形質の純系 aabb の F₁ 遺伝子型：AaBb	AB　1/4	AABB	AABb	AaBB	AaBb	F₂の遺伝子型
	Ab　1/4	AABb	AAbb	AaBb	Aabb	
	aB　1/4	AaBB	AaBb	aaBB	aaBb	
	ab　1/4	AaBb	Aabb	aaBb	aabb	
		[A-B-]：[aaB-]：[A-bb]：[aabb]＝9：3：3：1 （[A-], [B-] はそれぞれ A, B の優性形質，[aa], [bb] は劣性形質を意味する）				F₂の表現型の比率

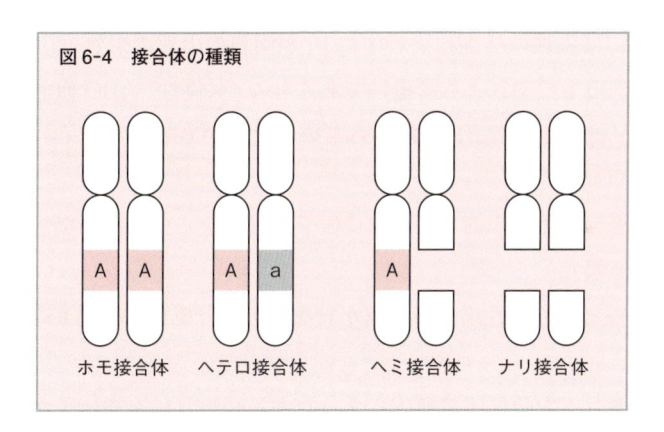

図 6-4　接合体の種類

ホモ接合体　ヘテロ接合体　ヘミ接合体　ナリ接合体

1879 年に減数分裂に際して相同染色体が分離することが明らかにされ，1900 年にメンデルの法則が再発見されると，遺伝子が染色体上にあると仮定するとメンデルの遺伝の法則をよく説明できることが明らかとなって（Sutton, 1902）メンデルの業績も再評価された．

2-遺伝子型とパネットの方形（Punnett square）

　メンデルの法則によって，表現型の発現や伝達を考える際には対立遺伝子の組み合わせに基づくべきことが示された．2つの対立遺伝子の組み合わせを**遺伝子型**という．遺伝子型には，2つの対立遺伝子が同質の**ホモ接合**，異質の**ヘテロ接合**，対立遺伝子が1つしかない**ヘミ接合**および2つとも欠失している**ナリ接合**などがある（図6-4）．パネット（Punnett, RC）は F₁ に現れる

対立形質の比率（**分離比**）を求めるために簡単な図式を考案した．親の遺伝子型が既知の場合，分離の法則に基づいて四角の隣り合った辺に両親の配偶子中の対立遺伝子を１つずつ並べ，交差した区画に縦横の対立遺伝子を組み合わせる．この表中には子供のすべての遺伝子型があげられ，優性の法則に基づいて分離比を予測できる．これを**パネットの方形**（Punnett square）とよぶ（図6-1～3）．

3-メンデル以降に発見された遺伝現象

1900年にメンデルの法則が再発見されさらに細胞学的な観察手段が進歩すると，遺伝に関する新しい現象が発見された．また，20世紀半ばには遺伝子がDNAであることが明らかにされ，20世紀後半に開始されたゲノムプロジェクトによってヒトの遺伝子の塩基配列やその発現についての多くの知見が得られた．主な成果を以下にまとめる．

① 各遺伝子は染色体上の決まった位置（遺伝子座）にあり，遺伝子座が近い２つの遺伝子の対立遺伝子は，分離の法則に従わずに同じ配偶子に入る確率が高い（連鎖）．連鎖は遺伝子間の距離に依存し，その確率は遺伝子間で組換え（☞101頁「コラム：キアズマと遺伝子組換え」）が起こらない確率と偶数回組換えが起こる確率の和である．遺伝子間で組換えが起こる確率を組換え価という．

② 対立遺伝子には優性の法則に従わずにF_1が両親の中間の形質（中間雑種）を示す不完全優性の関係にあるものや，ともに優性であるもの（共優性，ABO血液型，☞126頁）がある．

③ １つの形質が複数の遺伝子に支配されていることがあり，遺伝子の相互作用や多因子遺伝とよばれる．

④ 形質に影響を与える遺伝的な要因は遺伝子だけでなく染色体の突然変異もある（染色体異常疾患，☞119頁）．

⑤ ヒトでは男性と女性で性染色体構成が異なるので分離比に性差が生じる（血友病，☞127頁）．

⑥ メンデルが着目した遺伝子は核内にあったが，細胞質にも遺伝子がある（ミトコンドリア遺伝，☞127頁）．

⑦ 遺伝子には変異がない場合でも，転写調節領域の不活性化によって一方の対立遺伝子だけが発現される機構が哺乳類の細胞にある（ゲノムの刷り込み，☞128頁）．

II. 遺伝情報と形質の発現

メンデルが実験結果の説明に想定した遺伝子は，その100年後にはDNAという実在の物質であることが示され，2003年には，国際的なプロジェクト（ヒトゲノム計画：Human Genome

Project）によって，ヒトのゲノムを構成する DNA 中の約 30 億塩基対の配列順序がすべて明らかにされた．しかし，遺伝子としてのはたらきが解明されているのはわずかな領域に限られ，今後に取り組むべき課題はたくさん残されている．

1-遺伝子の本体

　遺伝子の本体（化学的実体）を解明する発端となったのは，**肺炎球菌**（肺炎双球菌ともいう）を用いた 2 つの実験であった．肺炎球菌には，菌体の周囲に被膜をもつ病原性の S 型菌と，被膜がなく非病原性（正確には弱病原性）の R 型菌とがあり，病原性の有無は遺伝する形質であることが知られている．

　グリフィス（Griffith, F. 1928）は，生きた R 型菌と加熱殺菌した S 型菌との混合液をマウスに注射したところ，マウスは肺炎を起こし，その体内からは生きた S 型菌を検出した．このことは，マウスの体内で R 型菌が S 型菌に形質を変えたと考えられ，この現象は**形質転換**（transformation）とよばれている．

　アベリー（エイブリー）（Avery, O. T. 1944）らは，形質転換は S 型死菌から R 型生菌に何らかの物質が移動したために起こったと考え，その原因物質を探る実験を行った．S 型死菌から DNA・タンパク質・多糖類などを抽出し，それらの物質を加えた培養液で R 型菌を培養して形質転換が起こるかどうかを調べた．その結果，DNA を加えた場合にだけ形質転換が起こることがわかり，形質転換の原因物質が DNA であることを明らかにした．このことは，DNA が肺炎球菌の形質を決める情報をもつことを示しており，DNA が遺伝子の本体であることがほぼ確実になったが，当時の反響は大きいものではなかった．

　ハーシーとチェイス（Hershey, A. D. and Chase, M. 1952）は，大腸菌に感染して増殖するウイルスの一種の**バクテリオファージ T_2**（以下，T_2 と省略）を用いて実験を行った．T_2 はタンパク質でできた外殻と，その内部に DNA を含むだけの比較的簡単な構造をしており，T_2 が大腸菌内で増殖するときには，これら 2 種類の物質のどちらかが T_2 の設計図になっているはずである．そこで，T_2 のタンパク質と DNA を区別するため，イオウの放射性**同位体**の ^{35}S を含む培養液と，リンの放射性同位体の ^{32}P を含む培養液でそれぞれ大腸菌を増殖させた後，T_2 をそれぞれの大腸菌に感染させて培養し，^{35}S で外殻タンパク質を，^{32}P で DNA をそれぞれ標識（ラベル）された 2 種類の T_2 を得た[注]．次いで，普通のイオウとリンを含む培養液で増殖させた大腸菌に，標識した T_2 をそれぞれ短時間だけ感染させた後，T_2 と大腸菌を分離して 2 種類の放射性同位体がどこに存在するかを調べた．その結果，^{35}S は T_2 だけに含まれていたが，^{32}P は標識していない大腸菌に含まれていたことから，T_2 は短時間の感染の間に DNA だけを大腸菌に送り込むことが明らかになった．このことは，大腸菌に入った T_2 の DNA の情報に基づいて多数の同じ T_2 が増殖することを示しており，遺伝子は DNA という実在の化学物質であることが証明された．

　　[注]　イオウはほとんどのタンパク質に含まれるが DNA には含まれていない．リンは DNA には含まれているがタンパク質には含まれていない．

2-DNA・RNA のはたらき

[1] 遺伝情報

　ガロット（Garrod, A. E. 1902）は，新生児の尿を放置すると黒色に変化することから**黒尿病**（後に**アルカプトン尿症**）とよばれ，成人では関節炎などを発症する病気が，メンデルの法則にあてはまる劣性遺伝子による遺伝病であることを明らかにした．1908 年には，黒尿病は正常な遺伝子に異常が生じてアミノ酸の代謝の過程でできるアルカプトンを酸化する酵素を生成できないことが原因であると推定し，遺伝子が酵素の生成を支配しているという考え方を示した．

　ビードルとテータム（Beadle, G. and Tatum, E. 1945）は，子嚢菌類のアカパンカビを実験材料にして，オルニチン→シトルリン→アルギニンというアミノ酸の代謝経路に関係する 3 種類の酵素のはたらきと遺伝子との関係を調べた．その結果から，1 種類の遺伝子が 1 種類の酵素の生成を決定しているとする仮説「**1 遺伝子 1 酵素説**」を提唱した．

　これらの仮説などや，酵素の主要成分はタンパク質であることと，遺伝子の実体は DNA であることなどから，DNA はタンパク質の種類を決める情報をもつと考えられるようになった．1950 年代半ばから，リン酸とデオキシリボースが交互に結合した 2 本のヌクレオチド鎖からなる DNA のらせん構造はどの生物にも共通しているが，2 本の鎖を水素結合でつないでいる 4 種類の塩基の配列順序はさまざまであることから，塩基の配列順序がタンパク質の種類，つまりアミノ酸の種類と結合順序，を決める情報になっているという考え方が定着した．

[2] DNA の複製

　生物体を構成している多数の体細胞にはすべて，受精卵に含まれていたのと同じ量と内容の DNA が含まれている．これは，体細胞分裂を開始する前の間期に DNA が正確に複製されて 2 倍量になり，分裂期に二等分されて各細胞に分配されるからである．

　メセルソンとスタール（Meselson, M. and Stahl, F. 1958）は，次のような実験によって DNA の複製様式を明らかにした．塩化アンモニウム NH_4Cl の窒素を同位体の ^{15}N（非放射性で，普通の窒素の ^{14}N よりも質量が 1％ほど大きい）に置き換え，これを唯一の窒素源とする培養液で大腸菌を増やし，大腸菌の DNA 中の塩基を ^{15}N で標識した（この DNA を ^{15}N-DNA と表す）．この後，大腸菌を普通の窒素を含む培養液に移して同期培養し，分裂を終えるごとに一部の大腸菌を取り出して DNA を抽出し，密度勾配遠心法によって DNA の質量（密度）を調べた．その結果，1 回目の分裂を終えた菌は，すべて ^{15}N-DNA と ^{14}N-DNA の中間の質量を示す DNA（これを ^{14}N・^{15}N-DNA と表す）をもつことがわかった．2 回目の分裂後では，^{14}N-DNA をもつ菌と，^{14}N・^{15}N-DNA をもつ菌の割合が 1：1，3 回目の分裂後では，^{14}N-DNA をもつ菌と，^{14}N・^{15}N-DNA をもつ菌の割合が 3：1 であった（図 6-5）．

　このことから，母細胞の 2 本鎖 DNA がほどけて，各 1 本鎖が鋳型になってそれぞれに相補的な新しいヌクレオチド鎖がつくられ，それぞれが水素結合によって結ばれて 2 分子の DNA が複製され，1 分子ずつ娘細胞に分配されることを明らかにした．このような複製様式を**半保存的複**

製（semi-conservative replication）という．

　Okazaki, R（岡崎令治）らは，間期の大腸菌で短い1本鎖DNAがつくられることに気づいた．この短い1本鎖DNAは，後に**岡崎フラグメント**（Okazaki fragment）とよばれるようになった．この発見を契機に，1966年にDNAの半保存的複製がどのようなしくみで行われるかを説明する仮説の**不連続複製モデル**（discontinuous replication model）を提唱し，後に，真核生物も含めて多くの生物種でこの仮説が正しいことが確認された（**図6-6**）．

　DNA分子を構成する2本のヌクレオチド鎖は互いに逆向きの配置をしているので，半保存的

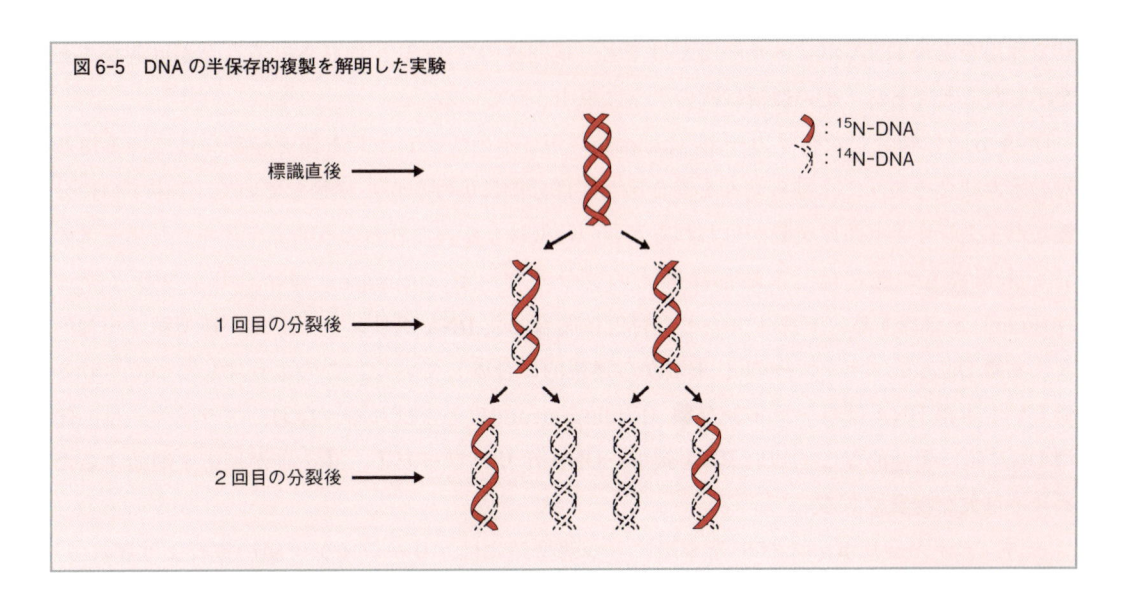

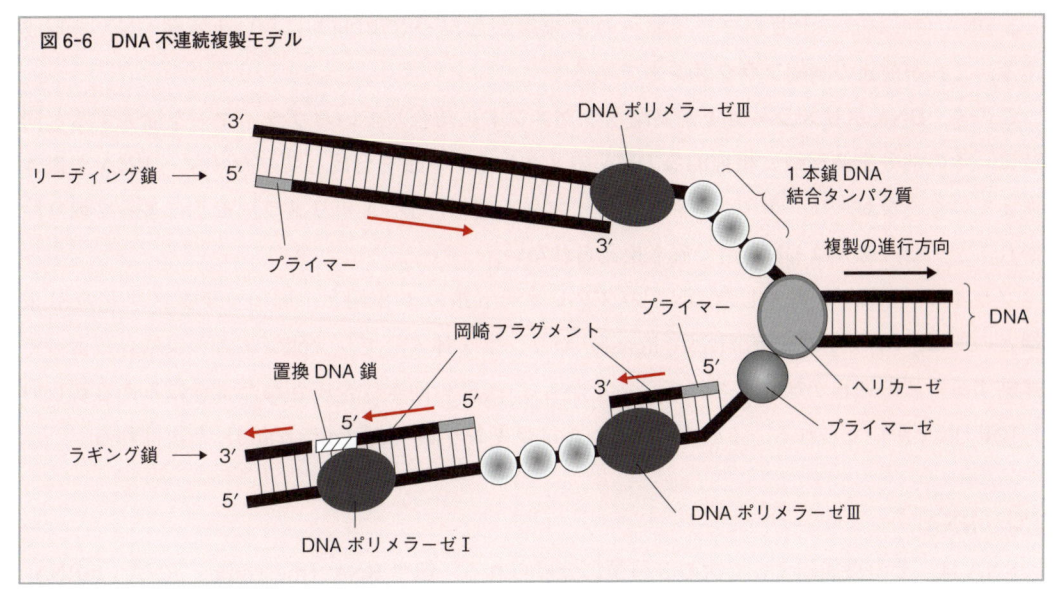

図6-5　DNAの半保存的複製を解明した実験

図6-6　DNA不連続複製モデル

第6章　遺伝——II．遺伝情報と形質の発現

複製が行われるときには，元の各鎖に対して逆向きの新しい相補的な鎖が 1 本ずつ結合しなければならない．

大腸菌では，ヌクレオチド鎖を伸長させる作用をもつ酵素として，DNA ポリメラーゼ（DNA polymerase）Ⅰ，Ⅱ，Ⅲ の 3 種類が発見されているが，いずれの酵素もヌクレオチド中のデオキシリボースの 5 番炭素（$5'$）と結合したリン酸を，隣接するヌクレオチドのデオキシリボースの 3 番炭素（$3'$）にリン酸ジエステル結合でつなぎながらヌクレオチド鎖を伸長させる作用をもっている．つまり，いずれの酵素もヌクレオチド鎖を $5'$ から $3'$ 方向に伸長させるだけで，逆向きの $3'$ から $5'$ 方向へ伸長させる作用をもつ酵素は現在まで発見されていない．

不連続複製モデルにおける重要な点は，新しくつくられるヌクレオチド鎖を $5' \to 3'$ へ伸長させる作用をもつ DNA ポリメラーゼだけでも，逆向きの $3' \to 5'$ へ伸長させることが可能なことを示したことである．その機構は次のように説明されている．

DNA 分子に結合した**ヘリカーゼ**（helicase）が 2 本のヌクレオチド鎖を結びつけている塩基対の水素結合を切り，二重らせんを巻き戻して部分的に広げながら移動していく．1 本ずつに分離したヌクレオチド鎖は複製が行われるときの鋳型になる．これらのうち，デオキシリボースの $3'$ を末端にもつ鎖には，末端部に酵素の**プライマーゼ**（primase）が結合して**プライマー**（primer）を合成する．プライマーゼの付近に結合した **DNA ポリメラーゼⅢ** が鋳型鎖に相補的な 1 本鎖 DNA をプライマーの $3'$ 末端から連続的に合成していく．このようにしてつくられる新しい 1 本鎖 DNA は**リーディング鎖**（leading strand）とよばれる．なお，プライマーは，鋳型 DNA 鎖に相補的なごく短い RNA 鎖で，DNA ポリメラーゼⅠ，Ⅱ，Ⅲ が反応を開始するために不可欠な物質である．

一方，デオキシリボースの $5'$ を末端にもつ鋳型鎖には，リーディング鎖の進行より遅れて，末端部から少し離れた位置に複数のプライマーゼが結合して複数のプライマー RNA を合成すると，DNA ポリメラーゼⅢ がプライマーの $3'$ 末端から $5' \to 3'$ の向きに短い 1 本鎖 DNA を形成する．これが前述の**岡崎フラグメント**である．

この後，**DNA ポリメラーゼⅠ** が岡崎フラグメントに結合しているプライマーを除去すると同時に，その部分を鋳型鎖に相補的な DNA のヌクレオチド鎖を合成してプライマー RNA と置き換えていく．なお，リーディング鎖のプライマーも同様に DNA ポリメラーゼⅠ によって取り除かれるが，その部分は DNA 鎖で置き換えられない．

プライマー RNA と置換した DNA のヌクレオチド鎖の $3'$ 末端と，岡崎フラグメントの $5'$ 末端との間は，**DNA リガーゼ**（DNA ligase）がリン酸を挿入してリン酸ジエステル結合によって連結する．この過程が繰り返されて，あたかも $3' \to 5'$ の向きに合成されたようにみえる新しい 1 本鎖 DNA がつくられる．この 1 本鎖 DNA は**ラギング鎖**（lagging strand）とよばれる．

[3] RNA

RNA は，その機能によって次の 3 種類に分けられる．**伝令 RNA**（messenger RNA；**mRNA**）

は，DNAの遺伝情報を写し取りリボソームに伝える役割をもつ．**リボソームRNA**（ribosomal RNA；**rRNA**）は，タンパク質とともに細胞小器官のリボソームを構成する．分子の大きさの異なるものが数種類ある．**運搬RNA**（transfer RNA；**tRNA**）は**転移RNA**ともよばれ，アミノ酸と結合してアミノ酸をリボソームに運ぶ役割をもつ．運搬RNAが結合するアミノ酸の種類は**アンチコドン**（anticodon）とよばれる3つの連続した塩基によって決まり，アミノ酸と結合した運搬RNAを**アミノアシルtRNA**（aminoacyl tRNA）という．

　これらのRNAは，すべて酵素作用によってDNAの特定の塩基配列を写し取って合成されることから**転写**（transcription）とよばれるが，原核細胞と真核細胞ではその機構に異なる点がある．

1. 原核細胞の転写

　転写は，**プロモーター**（promotor）とよばれるDNAの特別な塩基配列の部分に**RNAポリメラーゼ**（RNA polymerase）が結合してDNAの二重らせんをほどくことから始まる．この後，RNAポリメラーゼはデオキシリボースの3′を末端にもつ1本鎖DNAだけを鋳型として，5′→3′の向きに1本鎖のRNAを合成していく．このとき，DNAの鋳型鎖の塩基とリボヌクレオチドの塩基とは，GとC，TとA，CとGがそれぞれ水素結合によって塩基対をつくるが，DNAのAに対してだけはU（ウラシル：uracil）が対応する．ただし，DNAの鋳型鎖と合成されたRNAとの塩基対の形成は一時的なもので，RNAは徐々にDNA鋳型鎖から遊離して1本鎖の状態になる（図6-7）．

　RNAポリメラーゼがDNA鋳型鎖の**ターミネーター**（terminator）とよばれる特別な塩基配列に出会うと鋳型鎖からはずれるためRNAの合成が完了する．RNAポリメラーゼは反応を開始する際にプライマーを必要としない．なお，DNA複製に関係するプライマーゼもRNAポリメラーゼの一種である．

2. 真核細胞の転写

　真核細胞にはRNAポリメラーゼがⅠ～Ⅲの3種類あり，酵素ごとに合成するRNAの種類が決まっているが，DNAの塩基配列を写し取る過程に原核細胞の場合と大きな違いはない（**表6-1**）．しかし，真核細胞のDNAには，**エキソン**（exon）とよばれるタンパク質の合成に関与する領域と，**イントロン**（intron）とよばれるそれとは無関係な領域が含まれているため，mRNAを合成する際にはイントロンを取り除く必要があり，原核細胞の場合とは異なった機構がみられる．

　核内において，RNAポリメラーゼⅡによってDNAの特定領域から転写されたpre-mRNA［mRNAの前駆体で，HnRNA（heterogenous nuclear RNA）ともいう］は次のような修飾を受ける．pre-mRNAの5′末端には7-メチルグアノシン三リン酸（m7Gppp）が結合して**キャップ**（cap）構造が付加され，3′末端には酵素作用によって多数のアデニル酸が連なった**ポリA**（poly A）が結合してpre-mRNAの両末端の修飾が完了する（図6-8）．

　このときのpre-mRNAには，エキソンとイントロンの2つの領域が混在しているが，この後

表 6-1　RNA ポリメラーゼ

原核細胞	真核細胞		
酵素名	酵素名	所在	転写前駆体
RNA ポリメラーゼ	RNA ポリメラーゼ I RNA ポリメラーゼ II RNA ポリメラーゼ III	核小体 核質 〃	rRNA mRNA tRNA

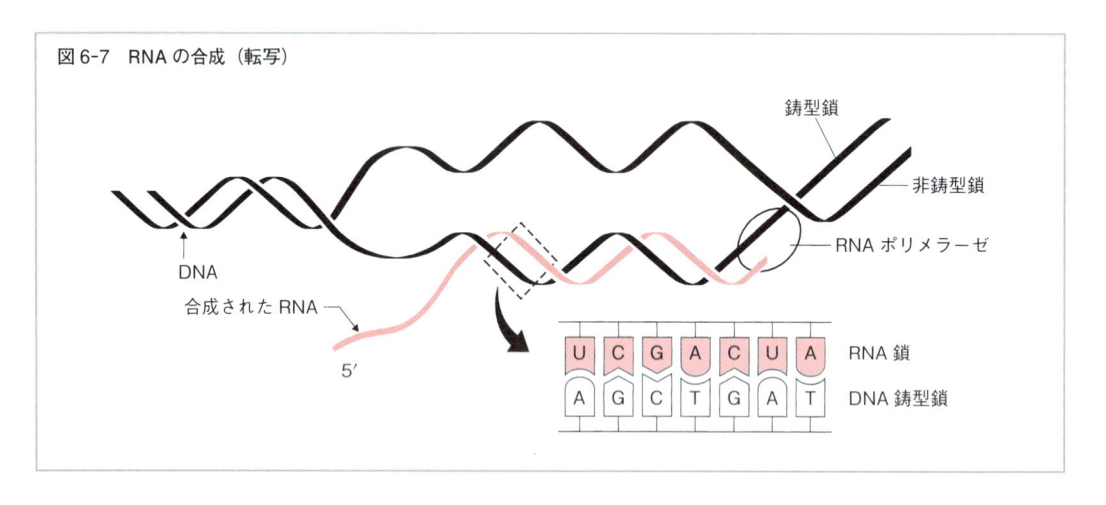

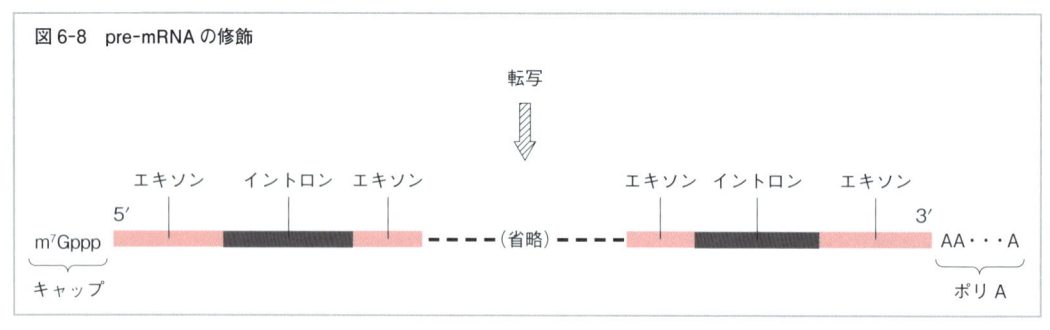

図 6-7　RNA の合成（転写）

図 6-8　pre-mRNA の修飾

の RNA スプライシング（splicing）とよばれる過程で，イントロンの除去とエキソンの結合が行われる．そのしくみは，1977 年にシャープ（Sharp,P.A）とロバート（Roberts,R.J）によって別個の研究から次のように解明された．

　エキソンとイントロンの結合部分には共通の塩基配列があり，その部分を認識した酵素のスプライセオソーム（spliceosome）が 1 つのイントロンの両端に結合し，イントロンを環状に変形して取り除く．次いで，スプライセオソームは残されたエキソンどうしを結合して成熟した mRNA がつくられる．スプライシングの過程を進行するスプライセオソームは低分子のタンパク質と核内に局在する低分子の RNA との複合体で，それらの組み合わせによって多くの種類がある．いずれも酵素としての活性部位は RNA の部分にある．pre-mRNA の修飾からスプライシングを経て成熟 mRNA の形成までの一連の過程を mRNA のプロセシング（processing）とい

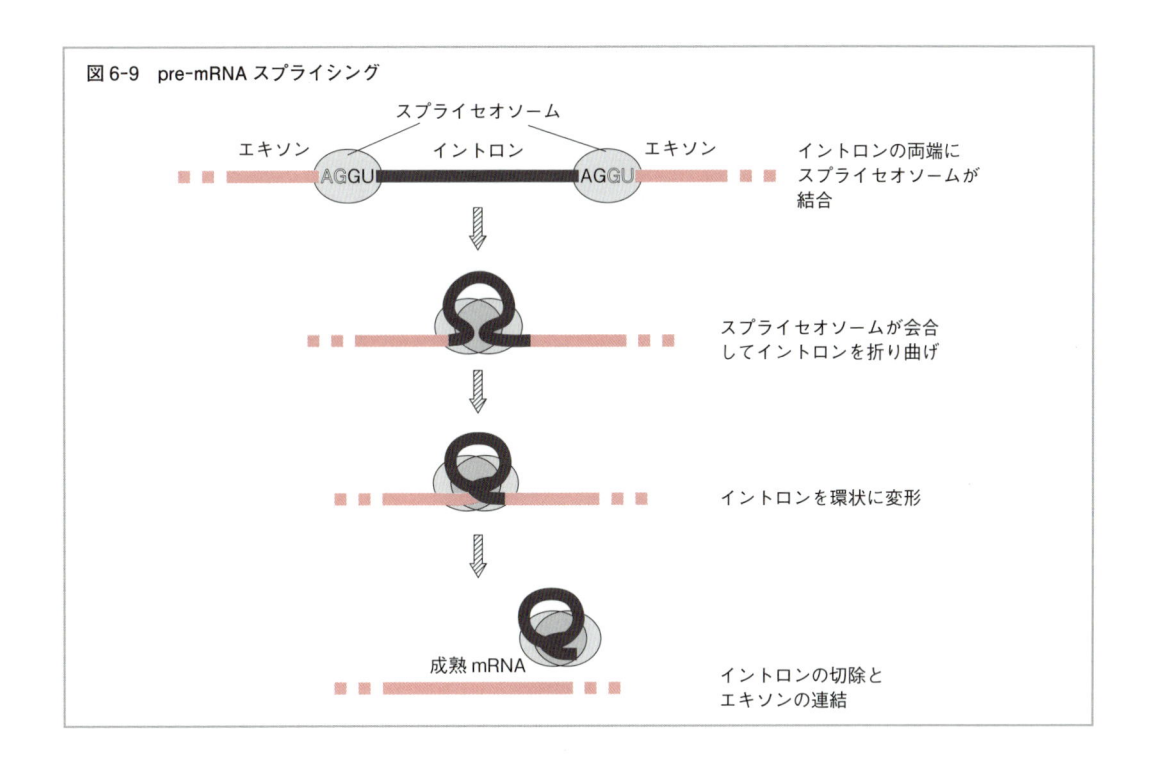

図 6-9 pre-mRNA スプライシング

　エキソン　スプライセオソーム　エキソン　　　イントロンの両端に
　　　　　AGGU　イントロン　AGGU　　　　　スプライセオソームが
　　　　　　　　　　　　　　　　　　　　　　結合

　　　　　　　　　　　　　　　　　　　　　　スプライセオソームが会合
　　　　　　　　　　　　　　　　　　　　　　してイントロンを折り曲げ

　　　　　　　　　　　　　　　　　　　　　　イントロンを環状に変形

　　　　成熟 mRNA　　　　　　　　　　　　　イントロンの切除と
　　　　　　　　　　　　　　　　　　　　　　エキソンの連結

う（**図 6-9**）．この後，成熟 mRNA は核膜孔を通過して細胞質中に輸送され，リボソームに向かって移動する．

　rRNA と tRNA の形成過程でもスプライシングが行われるが，それらの場合にはスプライセオソームの関与はなく，RNA 分解酵素（RNase）や RNA 分解酵素の活性をもった RNA である**リボザイム**（ribozyme）などがイントロンを除去する．

[4] 遺伝暗号

　1960 年代前半に，DNA を構成する塩基の配列順序がアミノ酸のペプチド結合の順序を決める情報であることが確実視されるようになると，アミノ酸の種類を決定する DNA の塩基配列——これを**遺伝暗号**（genetic code）という——を解明する研究が活発に行われるようになった．

　ニレンバーグ（Nierenberg, M. W. 1961）は，人工的に合成したウラシルだけを含むリボヌクレオチド鎖（ポリウリジル酸とよばれ，UUUUU…の塩基配列をもつ RNA）を，放射性同位体で標識したアミノ酸と，大腸菌から分離したリボソーム，tRNA，ATP，酵素類の混合液に加えると，アミノ酸のフェニルアラニンだけがペプチド結合によってつながったポリペプチド（ポリフェニルアラニン）が合成されることを示した．その結果から，RNA がタンパク質合成の際の情報になりうることや，ポリウリジル酸の UUUUU…の塩基配列がフェニルアラニンを指定する暗号であることなどが明らかになった．しかし，この実験からは，1 つのアミノ酸を指定する遺伝暗号の単位——これを**コドン**（codon）という——を構成する塩基数を知ることはできない．

表 6-2　遺伝暗号表

UUU UUC	}フェニルアラニン (Phe)	UCU UCC	}セリン	UAU UAC	}チロシン (Tyr)	UGU UGC	}システイン (Cys)
UUA UUG	}ロイシン (Leu)	UCA UCG	(Ser)	UAA UAG	}終止	UGA UGG	終止 トリプトファン (Trp)
CUU CUC CUA CUG	}ロイシン (Leu)	CCU CCC CCA CCG	}プロリン (Pro)	CAU CAC CAA CAG	}ヒスチジン (His) }グルタミン (Gln)	CGU CGC CGA CGG	}アルギニン (Arg)
AUU AUC AUA	}イソロイシン (Ile)	ACU ACC ACA	}トレオニン (Thr)	AAU AAC AAA AAG	}アスパラギン (Asn) }リシン (Lys)	AGU AGC AGA AGG	}セリン (Ser) }アルギニン (Arg)
AUG	メチオニン (Met)	ACG					
GUU GUC GUA GUG	}バリン (Val)	GCU GCC GCA GCG	}アラニン (Ala)	GAU GAC GAA GAG	}アスパラギン酸 (Asp) }グルタミン酸 (Glu)	GGU GGC GGA GGG	}グリシン (Gly)

遺伝暗号は mRNA の塩基で表す習慣になっている．

　コラーナ（Khorana, H. G. 1965）は，「TTGTTG…TTG」や「TGTG…TG」などの塩基配列をもつ1本鎖DNAを人工的に合成し，これらを鋳型にしてRNAポリメラーゼを用いてRNAを合成した．ニレンバーグらが用いたタンパク質人工合成系にそれらのRNAを加え，得られたポリペプチドのアミノ酸配列を調べた結果，連続した3つの塩基が1つのアミノ酸を指定すること（CAAがヒスチジン，ACAがトレオニンなど），すなわち，1コドンは連続した3塩基からなる——これを**トリプレットコード**（triplet code：**三つ組暗号**）という——ことを明らかにした．

　タンパク質合成に用いられるアミノ酸は20種類であるのに対し，RNAの4種類の塩基を3つずつ組み合わせると，全部で64種類（4^3種類）のコドンが存在することになるが，1965年中には，多くの研究者によって64種類すべてのコドンの解明が完了した（**表6-2**）．それによると，1種類のアミノ酸に対して2～6種類（メチオニンとトリプトファンだけは1種類）のコドンが存在し，全部で61種類のコドンがアミノ酸を指定する．残りの3種類（UAA，UAG，UGA）はアミノ酸の種類を指定するのではなく，タンパク質の合成過程の終了を指令するコドンで**終止コドン**（termination codon）とよばれる．これらのコドンは，一部の生物を除いて，ほとんどの生物種に共通なものである．

[5]　タンパク質合成

　原核細胞におけるタンパク質合成の過程は，次のように3つの段階に分けることができる（**図6-10**）．

図6-10 遺伝情報の翻訳（タンパク質合成）の過程　　注：リボソームのE部位は省略

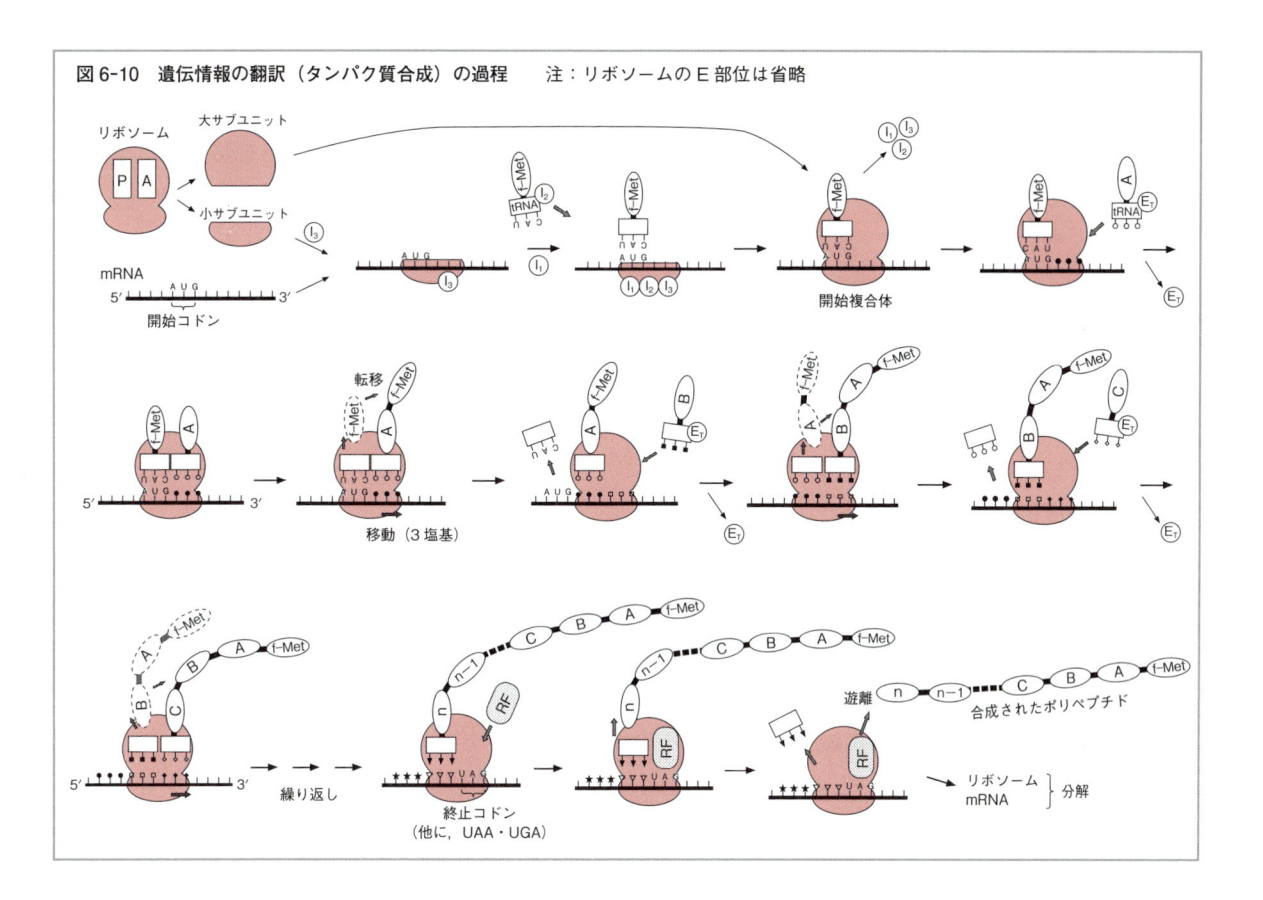

1. 合成の開始（initiation）

　リボソームの小サブユニット（小粒子）がmRNAの塩基配列中のAUG（**開始コドン**）と結合する．この結合にはタンパク質でできた開始因子（initiation factor）I_1〜I_3が必要である．次に，mRNAの開始コドンAUGに，CAUの**アンチコドン**をもつアミノアシルtRNAが結合する．このアミノアシルtRNAにはアミノ酸のメチオニン（Met）が修飾されたフォルミルメチオニン（fMet）が結合している（以降，fMet-tRNAと表記する）．

　この後，リボソームの大サブユニットが小サブユニットと結合して**合成開始複合体**（initiation complex）が完成する．合成開始複合体にはmRNAの9塩基（3つのコドン）が配列できるスペースがあり，2分子のアミノアシルtRNAが結合できるが，fMet-tRNAのアンチコドンはmRNAの5′寄りに配置した開始コドンのAUGと結合する．リボソームのこの部分を**P部位**（peptidyl site）という．

2. ポリペプチドの伸長（elongation）

　合成開始複合体中のmRNAの開始コドンの3′末端に連続したコドンに，これに対応するアンチコドンをもつアミノアシルtRNAが結合する．リボソームのその部位を**A部位**（aminoacyl site）という．その結果，リボソームには，P部位とA部位に2つのアミノアシルtRNAが隣接

して配置することになる．その直後，P 部位の fMet-tRNA から fMet だけが切り離され，A 部位の tRNA のアミノ酸とペプチド結合する．このときの A 部位の tRNA をペプチジル tRNA といい，P 部位から A 部位への fMet の転移はリボソーム大サブユニットに存在する**転移酵素**のはたらきによる．fMet を失った tRNA が P 部位から隣接する E 部位（exit site，図 6-10 の P 部位の左側に位置するが，ここでは省略）を経てリボソームから離脱すると，リボソームは mRNA 上を 3′ 方向に 1 コドン分だけ移動するため，ペプチジル tRNA は自動的に P 部位に位置するようになる．空白になった A 部位には，mRNA の新たなコドンに対応するアミノアシル tRNA が結合する．A 部位へのアミノアシル tRNA の結合や，アミノ酸の P 部位から A 部位への転移にはタンパク質でできた**伸長因子**（elongation factor）E_T などが必要である．この過程を繰り返してペプチジル tRNA に結合したままポリペプチドは伸長していく．

3. 合成の終止（termination）

mRNA のコドンのうち，アミノ酸を指定しない終止コドンが A 部位に到達すると，その塩基配列に対応するアンチコドンをもつ tRNA は存在しないため，代わってタンパク質でできた**放出因子**（releasing factor；RF）が結合する．P 部位のペプチジル tRNA には転移酵素が作用するため，tRNA は結合しているポリペプチドをリボソームから遊離させ，次いで tRNA と mRNA もリボソームから離れ，タンパク質の合成過程が完了する．

この直後に，最初に結合したアミノ酸の fMet が取り除かれて遺伝情報どおりのタンパク質が完成する．そのタンパク質の一次構造では，開始コドンの次のコドンで指定されたアミノ酸が一方の端部に位置し，そのアミノ酸は残基にアミノ基をもつことから **N 末端**とよばれる．もう一方の端部には，**終止コドン**の直前のコドンで指定されたアミノ酸が位置し，そのアミノ酸は残基にカルボキシ基をもつため **C 末端**とよばれる．

III. ヒトの染色体と遺伝子

1-ヒトの染色体

正常な男女の核型を図 6-11 に示す．各染色体は大きさと動原体の位置および縞模様によって 23 対（$2n=46$）に分類される．同じ形態を示す 2 本の染色体を**相同染色体**（homologous chromosome）といい，相同染色体が 2 本ある状態を**ダイソミー**（disomy：二染色体性）という．男女共通の 22 対の染色体を**常染色体**（autosome），男女で異なる 1 対を**性染色体**（sex chromosome）といい，女性のもつ 1 対の性染色体を X 染色体，男性だけがもつ性染色体を Y 染色体とよぶ．すべての常染色体がダイソミーである個体を**二倍体**（diploid）という．大きさと形を基準として染色体を並べたものを**核型**（karyotype）といい，大多数のヒトがもつ核型を正常核型，まれな核型を異常核型あるいは染色体異常という．染色体の記載方法を図 6-12 に示す．

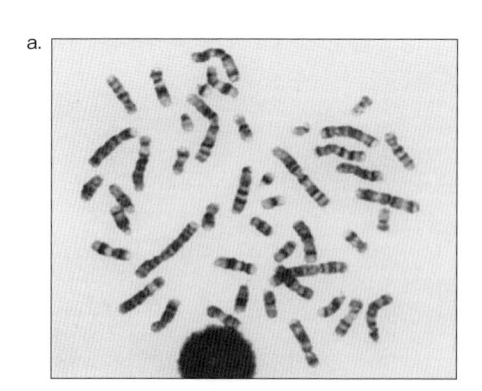

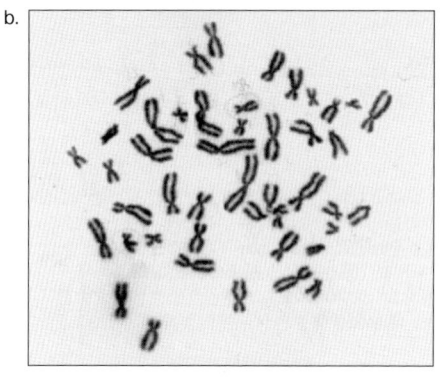

図6-11 分裂中期像と男女の核型
a：G分染法で染色した分裂中期像．b：通常のギムザ染色をした分裂中期像．
c：女性の核型．d：男性の核型．
　1番から22番までの男女共通の染色体を常染色体，男女で異なる1組を性染色体（X染色体およびY染色体）とよぶ．通常のギムザ染色による分類法では，常染色体をA群からG群に分類する（A群：1番～3番，B群：4番と5番，C群：6番～12番およびX，D群：13番～15番，E群：16番～18番，F群：19番と20番，G群：21番と22番）．

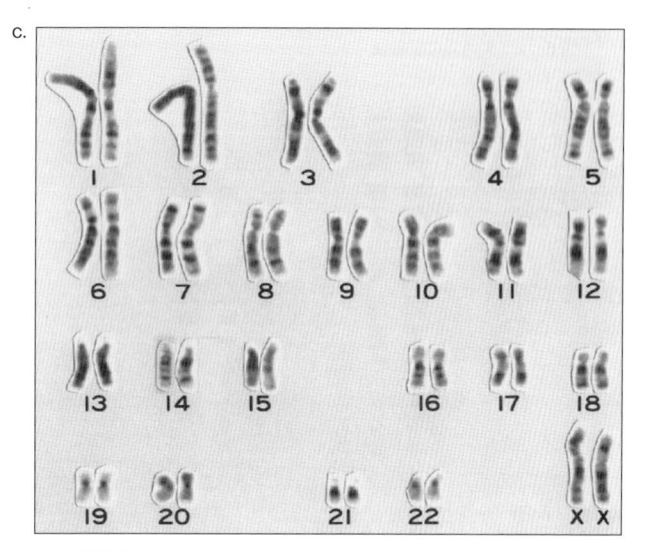

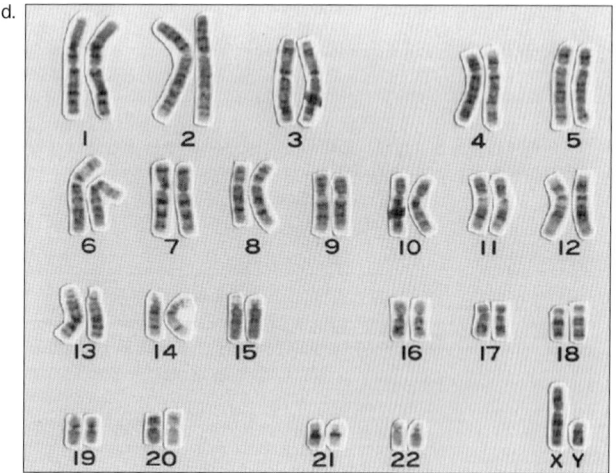

2-ヒトの遺伝子

　一般にタンパク質のアミノ酸配列をコードしているDNA領域を遺伝子とよび，ヒトの細胞は約22,000ほどの遺伝子をもつと考えられている．この他にtRNAやrRNAをコードするDNA領域や遺伝子発現調節機能をもつRNAを産生するDNA領域があり，これらも形質の発現に大きな役割をもっている．ヒト9番染色体およびX染色体上の遺伝子を図6-13に例示する．
　一般にそれぞれの遺伝子に複数の対立遺伝子があり，対立遺伝子の多様性が個性の遺伝的背景となっている．ゲノム科学の進展によって塩基配列に1塩基の変化がある箇所が多数確認されている．この1塩基置換をSNPs（single nucleotide polymorphisms）という．今後，個々の対立

図6-12 染色体の記載法

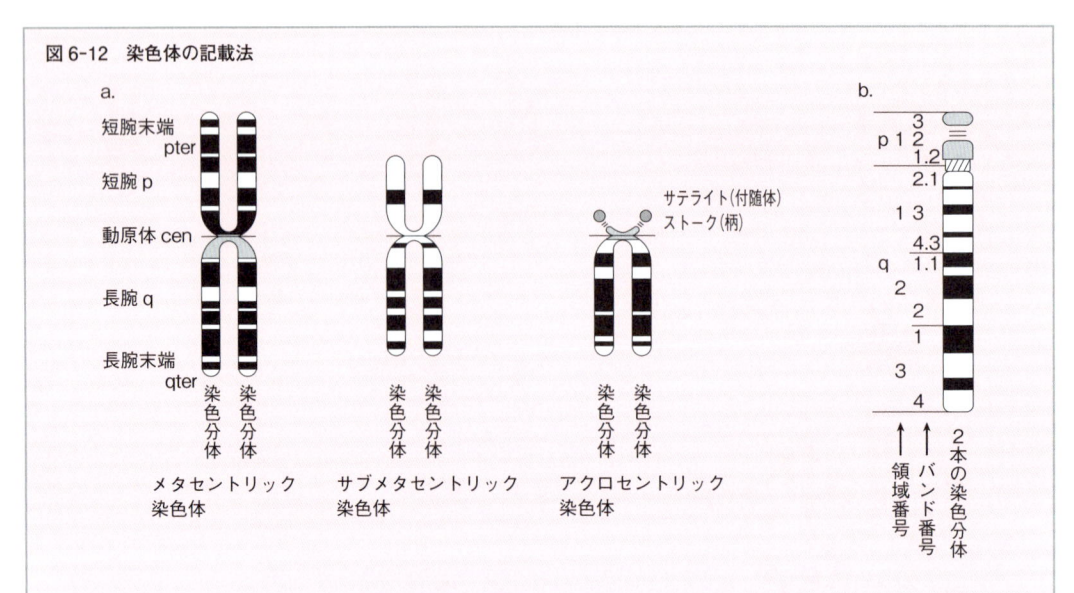

a. 染色体は2本の染色分体と1つの動原体をもち、動原体から末端までの短いほうを短腕、長いほうを長腕とよび、それぞれ、pおよびqと略記する。動原体、短腕末端、および長腕末端をそれぞれ、cen, pter, および qter と記す。各染色体は、大きさと動原体の位置および濃淡のバンドによって同定される（図6-11）。動原体の位置によって、メタセントリック染色体（中部動原体染色体、長腕と短腕がほぼ同じ長さ）、サブメタセントリック染色体（次中部動原体染色体、短腕と長腕の区別が容易）、アクロセントリック染色体（端部動原体染色体、短腕が非常に小さい）に分類される。

b. 安定して出現するバンドを指標として領域番号を付し、さらに細かくバンド番号を連ねる。13番染色体の長腕の第1領域のある4番目のバンドは、13q14 と標記する。G分染像では2本の染色分体が膨潤して1本に見える（図6-11）。

図6-13 9番染色体およびX染色体上の遺伝子
（http://www.ncbi.nlm.nih.gov/Genome 参照）

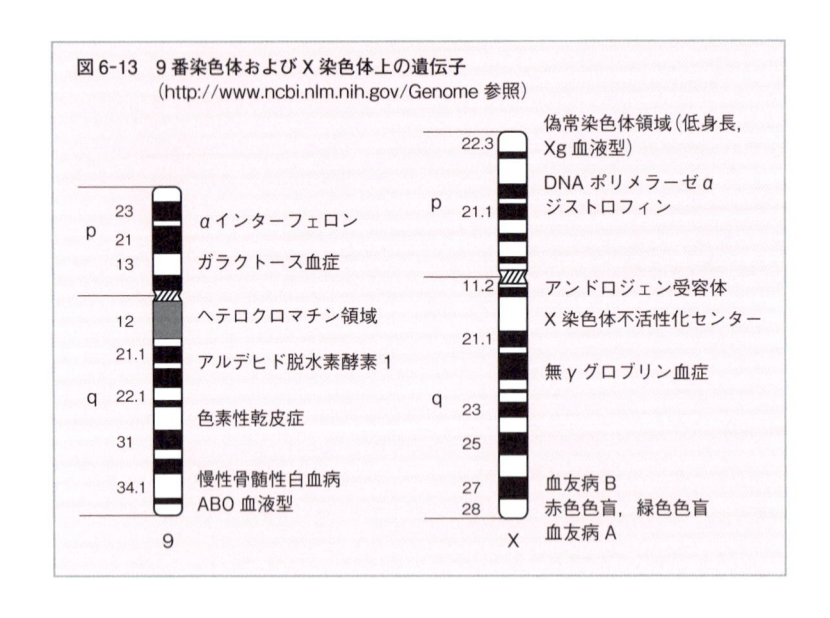

遺伝子の機能と該当する SNPs の関連が解明されることが期待されている。

ヒトの DNA にはさまざまな変異が蓄積されており、新たな変異も起こる。主な変異には、塩

基が他の塩基に変化する**塩基置換**，1〜2個の塩基の欠失や挿入が起きてコドンの翻訳の枠が変化する**フレームシフト**などがある．その結果，タンパク質のアミノ酸配列に変化が起こったものを**ミスセンス変異**，終止コドンができてタンパク質が短くなったものを**ナンセンス変異**という．塩基置換がスプライスサイト（エクソンとイントロンとの境界）に起こると正常なスプライシングができなくなるため，タンパク質の長さに変化が起きてその機能も変化する．塩基置換が起こってもアミノ酸が変化しないことがある．これをセイムセンス変異あるいはサイレント変異という．数千万塩基以上にわたる DNA の欠失や挿入は染色体レベルでも確認できることがあり，遺伝子異常と染色体異常が連続的なものであることを示している．遺伝子の場合も染色体同様，大多数がもつ配列を正常とよぶ．

3-形質の発現における遺伝子と染色体の役割

形質は，2つの対立遺伝子から産生されるタンパク質の**質**（はたらき）と量によって変化する．タンパク質の質的な違いは上述したようにそのアミノ酸配列によって決まる．タンパク質の量の変化は遺伝子の調節領域に変異が起こったり，調節領域の下流で染色体の転座が起こることによる．また，染色体数が増減したときや染色体の構造異常によって対立遺伝子の数に過不足が起こったときにもその染色体上の遺伝子産物の量が増減することが知られており，これを**遺伝子量効果**という．**染色体異常疾患**の表現型が正常とは異なる原因は，遺伝子量効果による細胞内タンパク質の量の違いが正常とは異なる平衡状態をつくり出したためと考えられる．染色体の構造異常によるタンパク質の質的，量的な変化は多くのがん細胞に観察されている．

IV. ヒトの遺伝性疾患の分類と発生頻度

ヒトの遺伝性疾患は5種類に大別される（**表6-3**）．遺伝性疾患の発生頻度が大規模な調査に基づいて推定されており，新生児の5〜10％が20歳頃までに遺伝性疾患を発症すると報告されている．これらの資料は遺伝病が特殊な家系の問題ではなくどの家系にも起こりうることを示しており，遺伝子を受け取っても当事者の責任ではないことが認識されるようになった．

ヒトの遺伝現象を調べる際に家系図を正確に作成することが重要である．家系図の書き方の一例を図6-14に示す．

1-染色体異常疾患

多くのヒトの体は，46本の決まった形の染色体をもつ1種類の細胞からなっているが，まれに（200人に1人程度）染色体の数や構造が違ったり，異なった核型を示す複数の種類の細胞をもつ人がいる．まれな染色体あるいは核型を染色体異常とよぶ．染色体異常の分類と代表的な染

表 6-3 遺伝性疾患の分類および新生児中の頻度
（「原子放射線の影響に関する国連科学委員会 2001 報告」を改変）

種類	疾患例・形質例	新生児 100 人中の罹患者
単一遺伝子遺伝（メンデル遺伝）		2.4
常染色体優性	家族性大腸ポリポージス，ハンチントン病	(1.5)
常染色体劣性	鎌状赤血球症，色素性乾皮症	(0.75)
X 連鎖優性	色素性失調症，	(0.15)
X 連鎖劣性	血友病 A，血友病 B，ドゥシャンヌ型筋ジストロフィー	
Y 連鎖	無精子症	
染色体異常		0.4
数の異常	トリソミー型ダウン症候群 クラインフェルター症候群	
構造の異常	転座型ダウン症候群 5p モノソミー症候群	
構成比の異常	モザイク型ダウン症候群 XX/XY キメラ	
多因子遺伝		6.0
連続形質	血圧・知能（形質例）	
しきい形質	兎唇・口蓋裂 統合失調症	
ミトコンドリア遺伝（細胞質遺伝）	ミトコンドリア脳筋症	少
ゲノムの刷り込み	プラダーウィリ症候群	少
合計		8.8

色体異常を図 6-15 に示す．染色体異常は，**数の異常**，**構造の異常**および**構成比の異常**に大別される．また，染色体の部分的過不足がない**均衡型**と過不足のある**不均衡型**に分けられる．均衡型の個体は各遺伝子の対立遺伝子の数が正常者と同じく 2 つであるため正常者と同等に健常であるが，出産に際して自然流産が多かったり障害児を産みやすいので出生前診断や遺伝カウンセリングの対象となる．不均衡型の個体は対立遺伝子の数が正常者と異なるため自然流産となったり多発奇形や精神遅滞を伴うことが多い．図 6-16 に相互転座の分離様式を，**表 6-4** に主な染色体異常疾患と核型の例を示す．ヒトは男女とも配偶子の 10〜25% が染色体異常を有していると報告されており（**表 6-5**），実験動物に比べて染色体異常を起こしやすい生物といえる．妊娠初期の自然流産児の半数に染色体異常がみられるので，配偶子や受精の過程で起こった染色体異常は妊娠初期に淘汰されていると考えられている．

[1] 常染色体異常

染色体異常疾患のうち，**ダウン症候群**（Down syndrome），**13 トリソミー症候群**（trisomy 13

表 6-4 染色体異常疾患

疾患名	異常の分類	核型の例*	症状
ダウン症候群 （21トリソミー症候群）	数 構造 構成比	トリソミー型 ロバートソン転座型（図6-15参照） 相互転座型（21q21.2 － 22.3 の部分トリソミー） モザイク型（正常細胞と21トリソミー細胞のモザイク，図6-15参照）	精神遅滞，低い鼻根 つり上がった眼
13トリソミー症候群	数	トリソミー型	発達遅滞，短命
18トリソミー症候群	数	トリソミー型	発達遅滞，短命
5pモノソミー症候群	構造	欠失（5p13-pterの部分モノソミー）	精神遅滞，子猫様鳴き声
相互転座保因者	構造	相互転座	習慣性流産，不妊
ターナー症候群	数 構造 構造＋構成比 構成比	Xモノソミー 欠失（X短腕モノソミー） 長腕イソ染色体（X短腕モノソミーおよびX長腕トリソミー，図6-15参照） 環状染色体モザイク（X短腕および長腕の部分モノソミー） モザイク（図6-15参照，X/XX/XXX，X/XX など）	原発性無月経，低身長
クラインフェルター症候群	数 構成比	異数性（XY＋過剰X：XXY，XXYY など） モザイク（XY/XXY など）	乏精子症，女性化乳房

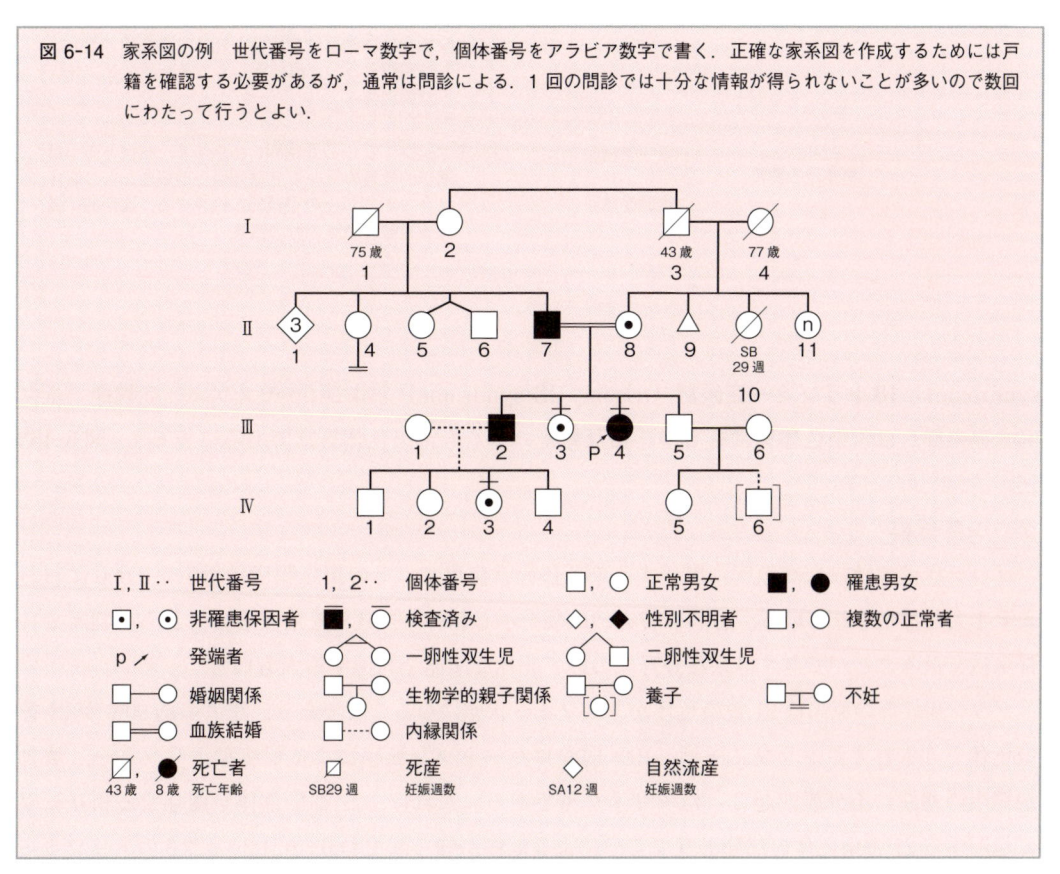

図 6-14 家系図の例　世代番号をローマ数字で，個体番号をアラビア数字で書く．正確な家系図を作成するためには戸籍を確認する必要があるが，通常は問診による．1 回の問診では十分な情報が得られないことが多いので数回にわたって行うとよい．

図6-15 染色体異常の分類

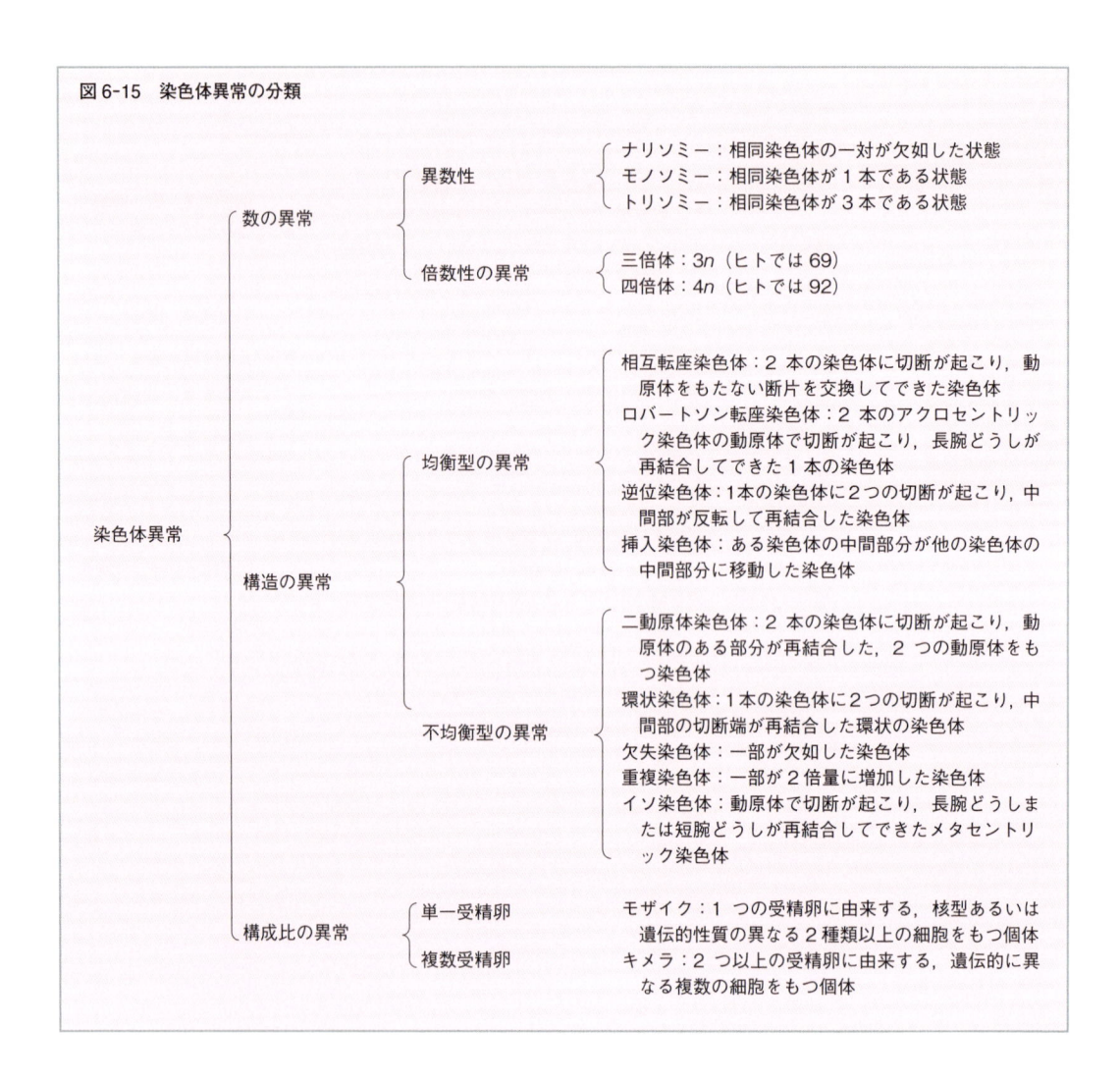

- 染色体異常
  - 数の異常
    - 異数性
      - ナリソミー：相同染色体の一対が欠如した状態
      - モノソミー：相同染色体が1本である状態
      - トリソミー：相同染色体が3本である状態
    - 倍数性の異常
      - 三倍体：3n（ヒトでは69）
      - 四倍体：4n（ヒトでは92）
  - 構造の異常
    - 均衡型の異常
      - 相互転座染色体：2本の染色体に切断が起こり，動原体をもたない断片を交換してできた染色体
      - ロバートソン転座染色体：2本のアクロセントリック染色体の動原体で切断が起こり，長腕どうしが再結合してできた1本の染色体
      - 逆位染色体：1本の染色体に2つの切断が起こり，中間部が反転して再結合した染色体
      - 挿入染色体：ある染色体の中間部分が他の染色体の中間部分に移動した染色体
    - 不均衡型の異常
      - 二動原体染色体：2本の染色体に切断が起こり，動原体のある部分が再結合した，2つの動原体をもつ染色体
      - 環状染色体：1本の染色体に2つの切断が起こり，中間部の切断端が再結合した環状の染色体
      - 欠失染色体：一部が欠如した染色体
      - 重複染色体：一部が2倍量に増加した染色体
      - イソ染色体：動原体で切断が起こり，長腕どうしまたは短腕どうしが再結合してできたメタセントリック染色体
  - 構成比の異常
    - 単一受精卵
      - モザイク：1つの受精卵に由来する，核型あるいは遺伝的性質の異なる2種類以上の細胞をもつ個体
    - 複数受精卵
      - キメラ：2つ以上の受精卵に由来する，遺伝的に異なる複数の細胞をもつ個体

syndrome），**18トリソミー症候群**（trisomy 18 syndrome）および5pモノソミー症候群（ネコ鳴き症候群）は常染色体異常をもつ．**相互転座**の多くも常染色体異常である（表6-4，図6-15，16）．

ダウン症候群

ダウン症候群は最も高頻度に出現する染色体異常疾患で，その出生頻度は新生児1,000におおよそ1人と推定されている．患者は特有の顔貌を示し精神発達遅滞を有するが，自らの判断で日常生活を送ることができ，得意な分野において非凡な才能を発揮する人もいる．

ダウン症候群の原因は21番染色体がトリソミー状態になることであり，患者の約90%が21番染色体を3本有するトリソミー型，10%弱がロバートソン転座による転座型トリソミー，数%が発生の初期に不分離が起こったモザイク型である．まれに，21番染色体が関与する相互転座に起因する21番染色体の部分トリソミーによる症例が知られており，q21.2～q22.3のトリソミー

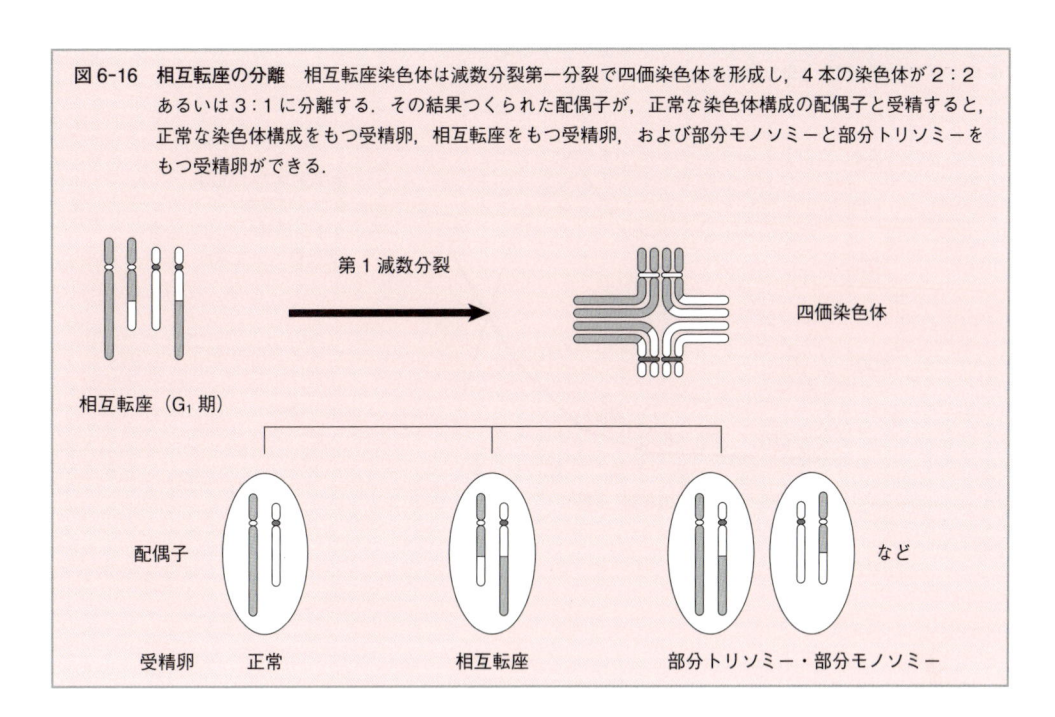

図6-16 相互転座の分離 相互転座染色体は減数分裂第一分裂で四価染色体を形成し，4本の染色体が2：2あるいは3：1に分離する．その結果つくられた配偶子が，正常な染色体構成の配偶子と受精すると，正常な染色体構成をもつ受精卵，相互転座をもつ受精卵，および部分モノソミーと部分トリソミーをもつ受精卵ができる．

表6-5 染色体異常をもつ配偶子および受精卵の割合
（美甘，1994を改変）

過程	異常の種類	ヒト	ハムスター
配偶子		(%)	(%)
女性	数の異常	18.1	1.9
	構造の異常	4.7	1.3
男性	数の異常	1.4	0.7
	構造の異常	14.1	1.4
小計		15～25	2～3
受精・発生			
	受精	[16.0]	0.9
	発生	[?]	1
小計		～20	1.9
染色体異常をもつ受精卵の割合		～50～	～5～

状態がダウン症の症状を引き起こすとされて，ダウン症関連領域とよばれている．原因となる変異の大部分は親の配偶子形成過程で起こっており，親が保因者であるものはロバートソン転座と相互転座を有する症例の約半数にすぎない．

単純なトリソミー型ダウン症の原因となる配偶子形成過程での不分離は，母親が高年齢になると起こりやすくなることが知られている（**図6-17**）．一方，相互転座や遺伝子変異は精子形成過程で起こることが多い（表6-5）．

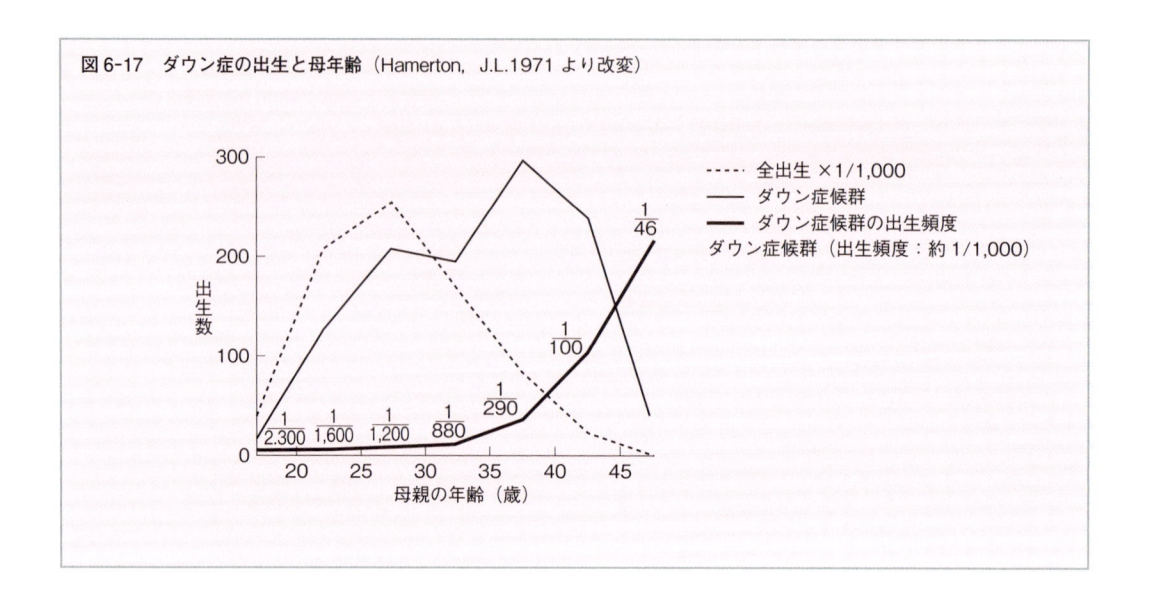

図6-17 ダウン症の出生と母年齢（Hamerton, J.L.1971 より改変）

[2] 性染色体異常

　表6-4にあげる染色体異常疾患のうち，**ターナー症候群**（Turner syndrome）および**クラインフェルター症候群**（Klinefelter syndrome）は性染色体異常による疾患である．相互転座染色体の保因者の一部に性染色体が関与するものがある（表6-4）．

　ターナー症候群はX染色体短腕の**モノソミー**による疾患で，X染色体の種々の異常による（表6-4）．知能は正常で，主な症状は低身長と第二次性徴の欠如である．原発性無月経のため不妊となる．ダウン症候群の場合と異なり，ターナー症候群の出生頻度と母年齢との相関は認められないので，母親の減数分裂過程での不分離以外の機構によると考えられている．

　クラインフェルター症候群はY染色体と複数のX染色体をもつことによる疾患である．多くの場合，知能は正常で主な症状として乏（無）精子症による不妊を示す．母年齢の高齢化によって出生頻度が高まる．

2-単一遺伝子形質

　単一遺伝子形質はメンデル形質ともよばれ，その形質の発現に1つの遺伝子が関与しているとされる形質である．その遺伝子座と発現の様式によって，**常染色体優性**，**常染色体劣性**，**X連鎖優性**，**X連鎖劣性**および**Y連鎖**に分類される．この分類は，親の遺伝子型を推定して子供で発現する確率（**分離比**）を予想するために有用である．表現型が疾患である場合には，分離比は**再発率**とよばれる．家系図から遺伝様式を推定するために用いられる各遺伝様式の特徴を**表6-6**に示す．

　ヒトの遺伝現象については，メンデルが用いたエンドウの形質ほど単純ではないことが明らかになっており，遺伝様式を推定する際の障害となることがある．その例を次に列挙する．

① メンデルの実験では優性遺伝子のホモ接合体もヘテロ接合体も同じ表現型を示すが，高等動物の表現型の多くはホモ接合体のほうが程度が強い（☞131頁「コラム：三毛猫の遺伝学」）．
② 同じ変異をもっているエンドウは同じ表現型を示すが，ヒトでは同じ変異をもつ同胞でも表現型に軽重があって**表現度の差異**とよばれている．
③ ヒトの場合，ある形質が本来表現されるべき遺伝子型をもっていても表現されないことがある．このような現象を**不完全浸透**といい，表現型を有する個体の割合を**浸透率**という．
④ エンドウでは対立遺伝子は各世代で安定して伝達されているが，ヒトでは遺伝子内あるいは遺伝子近傍の3塩基の繰り返し配列が増幅することによって発症する**トリプレットリピー**

表6-6 メンデル遺伝形質の家系分析

遺伝様式	世代間伝達	患者の性比	伝達の特徴	備考
常染色体優性	垂直伝達	男：女≒1：1	患者の両親の一方は患者	
常染色体劣性	水平伝達	男：女≒1：1	患者の両親はともに正常（保因者）	表6-4
X連鎖優性	垂直伝達	女性過剰	男性患者の娘は全員患者 患者の両親の一方は患者	
X連鎖劣性	垂直伝達	男性大過剰	男性患者の母親は正常（保因者）	
Y連鎖	垂直伝達	男性のみ	男性患者の息子は全員患者	

注：家系内に新生突然変異は起こらなかったと仮定する．
　　劣性形質において保因者頻度は低いものと仮定する．

コラム

― 遺伝用語のあいまいさ ―

1. 遺伝性疾患の患者の両親は保因者とは限らないというのは本当？

遺伝性疾患に分類されているダウン症の中で，両親が保因者である例は5%以下である．大部分は親の配偶子形成過程や発生過程での新生突然変異による．文化的な背景から「遺伝性」という言葉によって親の精神的負担が大きくなることがあるので，言葉遣いを見直す必要があるが，突然変異を伝えても親の責任ではないとの理解を広げることも大切である．

2. 「遺伝病」には2つの意味がある

英語では親から子に伝わる遺伝病を hereditary disease，遺伝子の変異による病気を genetic disease と使い分ける．genetic は hereditary を含む広い概念で，一般のがんは genetic disease だが hereditary disease ではない，などと使われる．がん細胞には突然変異が蓄積されているが体細胞に限られることや，原因が特定できないものが多いことが遺伝性疾患に分類されない理由である．

前述したように hereditary disease が親から伝えられるとは限らないので誤解を与えやすいが，hereditary を，患者本人が子どもを産む場合に，遺伝の法則や染色体の分離の法則によって子どもの表現型が確率的に予想できると解釈すると，「遺伝」の意味が包括的に把握できる．

ト病とよばれる一群の疾患があり，高い変異率を示す．

　従来の遺伝学では表現型が遺伝様式を推定するための指標とされており，生化学的検査値や形態的な特徴の有無など客観的に記載できるものを選んで遺伝子型が推定されてきた．近年では，対立遺伝子の塩基配列を調べることによって遺伝子型が直接わかるようになり，家系分析を行って再発率を推定する必要がなくなる例も多くなってきた．その反面，遺伝子型がわかっても，表現度の差異や不完全浸透などの現象があるために表現型を予想することが難しいことが明らかになっており，出生前診断や発症前診断の新たな問題となっている．

[1]　ABO血液型の遺伝

　ABO血液型の遺伝子は9番染色体（9q34.1）にあり，A，B両抗原を発現するのはともに優性遺伝子で，発現をしないO型は劣性遺伝子である．したがって，A型の遺伝子型は*AA*か*AO*，B型の遺伝子型は*BB*か*BO*，AB型は*AB*であり，O型は*OO*である．1つの遺伝子に存在する3つ以上の対立遺伝子を**複対立遺伝子**，ともに優性形質を示す対立遺伝子を**共優性**であるという．A型とB型の両親からすべての血液型の子供が生まれる可能性を図6-18に示す．

[2]　フェニルケトン尿症（phenylketonurea；PKU）

　フェニルアラニンの代謝に関与するフェニルアラニン水酸化酵素（PAH）の変異による常染色体劣性遺伝様式を示す疾患である．フェニルアラニンを含まない食事を与えるなどの早期治療によって精神発達遅延やメラニン欠乏症状（赤毛や色白など）の出現を防止できる．メープルシロップ尿症，ホモシスチン尿症，ガラクトース血症，クレチン症および先天性副腎過形成症とともに，**新生児マススクリーニング**の対象疾患である．両親が保因者である場合が多く，分離比は0.25となる（図6-2）．

図6-18　ABO血液型の分離例

配偶子中の対立遺伝子	表現型A型 遺伝子型AO の親 A	O	
表現型B型 遺伝子型BO の親　B	AB	BO	子供の遺伝子型
O	AO	OO	
	AB型：A型：B型：O型 =1：1：1：1		子供の血液型の割合

[3] 血友病（hemophiliaA；HEMA，hemophiliaB；HEMB）

　血液凝固にかかわる第Ⅷ因子と第Ⅸ因子はX染色体上にあり，第Ⅷ因子の変異によるものを血友病A，第Ⅸ因子の変異によるものを血友病Bという．ともにX連鎖劣性遺伝様式を示す疾患である．母親が保因者（表現型は正常）で父親が正常である場合，娘の表現型は全員が正常であるが息子の半数は患者となり発症頻度に性差ができる（図6-19）．

3-多因子遺伝形質

　多数の遺伝子の作用の結果として表現される形質を多因子形質といい，環境の影響も受けやすい．正常な形質の例として身長や血圧などがある．ヒトの疾患にも多因子遺伝で説明できるものが知られており，統合失調症や口唇口蓋裂などはその例である．これらは遺伝子の効果がある値を超えたときに発症するとされており，この値を**しきい値**，これらの形質を**しきい形質**という．これに対して身長などの連続した測定値をとるものを**連続形質**という．

4-ミトコンドリア遺伝形質

　呼吸を司る細胞内器官であるミトコンドリアは，環状の二本鎖DNAをもち，tRNAや酸化還元反応に関する酵素の遺伝子がある．ミトコンドリア遺伝子に変異が起こると脳や筋肉の疾患を起こすことがある．核のDNAと違ってミトコンドリアは娘細胞に必ずしも均等に配分されないので，その症状は多様性に富む．受精卵では精子中のミトコンドリアは消失するため，母系遺伝様式を示す．

図6-19　血友病保因者の母と正常父の子供における分離比

母親（保因者）: 表現型正常 遺伝子型 $X^A X^{a*}$	配偶子中の 性染色体と 対立遺伝子	父親：表現型正常 遺伝子型 $X^A Y$		子供の 遺伝子型
		X^A	Y	
	X^A	$X^A X^A$	$X^A Y$	
	X^{a*}	$X^A X^{a*}$	$X^{a*} Y$	
		正常：血友病＝3：1 （正常女：保因者女：正常男： 血友病男＝1：1：1：1）		血友病の子供の割合

注：X^A はX連鎖優性の野生型対立遺伝子，
　　X^{a*} は血友病の原因となる変更したX連鎖劣性の対立遺伝子を表す．

5-ゲノムの刷り込み

　ゲノムの刷り込みは近年確認された遺伝様式で，遺伝子そのものに変異があるわけではなく，一方の対立遺伝子の遺伝子発現が抑制されることによってメンデルの遺伝様式とは異なる分離比となる現象である．これまでは，胚の細胞では2つの対立遺伝子はともに転写されていると考えられていたが，配偶子形成過程や発生過程で転写調節領域のDNAに何らかの修飾が行われて，発生過程で転写が起こらないようにする機構が存在することが明らかにされた．これを**ゲノムの刷り込み**（genomic imprinting）という．遺伝子の変異による表現型の変化に対して，ゲノムの刷り込みのように転写レベルでの変化を**エピジェネティック**（epigenetic：後成的）な修飾とよぶ．

[1] 配偶子形成過程での刷り込み

　Igf2（insulin-like growth factor 2）遺伝子が，野生型対立遺伝子と変異型対立遺伝子のヘテロ接合であるマウスは生殖能力はあるが成長障害を示す（**図6-20**）．この優性の突然変異を父親から受け継いだ変異マウスは成長障害を示すが，母親から受け継いだ変異マウスは正常な大きさになって優性変異が表現されない．すなわち，受精卵での遺伝子発現が卵子形成過程で抑制されるよう制御されていると考えられる．*Igf2*遺伝子とは逆に，母由来の対立遺伝子だけが活性をもつ遺伝子も知られている．

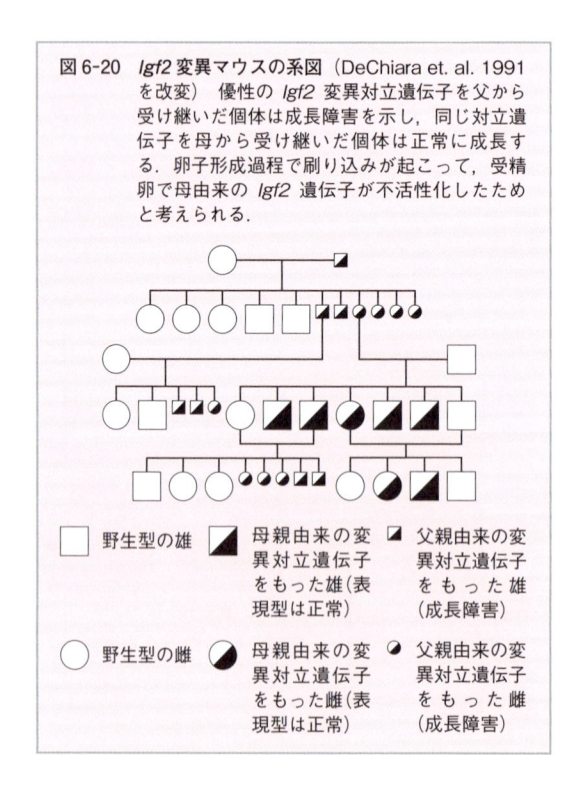

図6-20　*Igf2*変異マウスの系図（DeChiara et. al. 1991を改変）　優性の*Igf2*変異対立遺伝子を父から受け継いだ個体は成長障害を示し，同じ対立遺伝子を母から受け継いだ個体は正常に成長する．卵子形成過程で刷り込みが起こって，受精卵で母由来の*Igf2*遺伝子が不活性化したためと考えられる．

□ 野生型の雄
◧ 母親由来の変異対立遺伝子をもった雄（表現型は正常）
◨ 父親由来の変異対立遺伝子をもった雄（成長障害）
○ 野生型の雌
◐ 母親由来の変異対立遺伝子をもった雌（表現型は正常）
◑ 父親由来の変異対立遺伝子をもった雌（成長障害）

受精卵から精子由来の核や卵子由来の核を除去して，別の受精卵に移植することができる．この胚操作技術を使って，精子由来の核を2つもつ受精卵や卵子由来の核を2つもつ受精卵をつくることができるが，どちらも正常に発生することはない（☞129頁「コラム：配偶子形成過程でのゲノムの刷り込みの重要性」）．この現象はゲノムの刷り込みが胚の正常な発生に必要であることを示している．

コラム
― 配偶子形成過程でのゲノムの刷り込みの重要性 ―

実験動物の受精直後の受精卵の中の雄性前核（♂）や雌性前核（♀）を抜き取ったり挿入したりして発生過程を研究することができるようになった．女性の染色体構成は46, XXであるので，受精卵の中に卵子由来の核が2つあっても，X染色体をもつ精子由来の核が2つあっても，正常核型と表記できる．実際にこのような受精卵を作って子宮内に移植して発生をみると，卵子由来の核を2つもつ胎児（**雌核発生**）では胎盤など胚胎外の組織の発達が不十分で妊娠中期に胎児死亡を起こし，精子由来の核を2つもつ胎児（**雄核発生**）では胎盤の発達はあるが胚胎が生育せずに早期流産となる（**下図**）．これは受精卵の正常な発生のためには二倍体になることだけでは不十分で，精子形成過程を経た精子と卵子形成過程を経た卵子が受精することの必要性を示唆しており，ゲノムの刷り込みが関与していると考えられている．

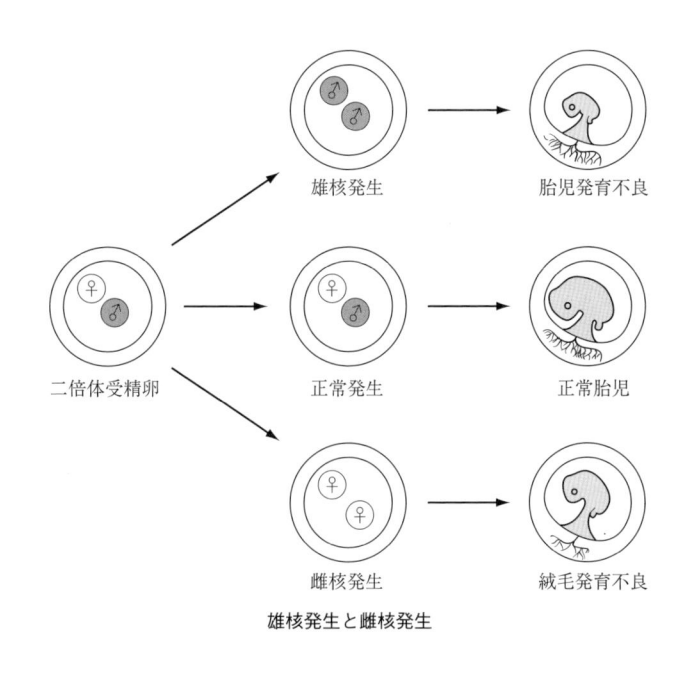

雄核発生と雌核発生

[2] 発生過程での刷り込み—X染色体不活性化—

　哺乳類の雌がもつ2本のX染色体のうち1本ではほとんどの遺伝子が発現されていない．これを**X染色体の不活性化**（X-chromosome inactivation）といい，雌の表現型にメンデルの法則では説明できない効果を与える（☞131頁，「コラム：三毛猫の遺伝学」）．胚盤でのX染色体不活性化は受精卵が着床する頃に起こり，父母由来のどちらのX染色体が不活性化するかはランダム（50％の確率）である．いったん不活化が起こると不活性化されたX染色体は細胞分裂を通して以後の娘細胞で維持される．

　X染色体不活性化はライオン（Lyon, MF. 1961）によって提唱されたので**ライオニゼーション**（Lyonization）ともよばれている．マウスのX染色体上の毛並みの遺伝子には剛毛を発現する優性遺伝子と柔毛を発現する劣性遺伝子がある．この遺伝子についてヘテロ接合体の雌の毛並みはメンデルの優性の法則から予測される全身剛毛ではなく，体の一部が剛毛で他の部分は柔毛のモザイク模様を示す．劣性形質の発現は，優性遺伝子をもつX染色体が不活性化したために優性形質が発現されなかった細胞があるためと説明できる．

　X染色体の不活性化は細胞レベルでも検出できる．女性の口腔粘膜細胞などを染色すると網目状に染まった核内に濃染した小体が1つ観察できる（図6-21）．性染色体構成がXYである男性の細胞にはこの小体はなく，XXY個体では1つ，XXX個体では2つと，X染色体の数から1を引いた数が観察される．この小体を**Xクロマチン**（X-chromatin）といい，クロマチンが凝縮することによって遺伝子発現を抑制している．

　X染色体の不活性化は2本のX染色体におおむね均等に起こるので，X連鎖性劣性疾患の女性保因者は一般に正常形質をもつが，劣性（疾患）遺伝子のあるX染色体が活性をもつ細胞の割合が多いと，ヘテロ接合体にもかかわらず劣性形質が発現する例もある．

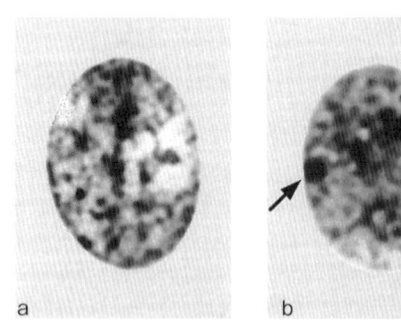

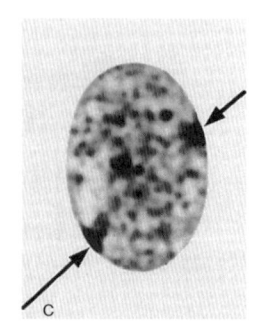

図6-21　ヒトの口腔上皮細胞の核におけるX-クロマチン（矢印）
a：男性（XY），b：女性（XX），c：XXXY（外村　晶博士）．

6-遺伝子変異，染色体異常，ゲノムの刷り込みなどが複合して発症する疾患

　ゲノムプロジェクトの進展や染色体分析技術の発展によって，1つの形質が多くの遺伝要因の関与によって形成されていることが明らかになってきた．隣接遺伝子症候群，癌細胞の発生およ

び性の分化異常を例示する．

[1] 隣接遺伝子症候群

染色体上に隣接する数個の遺伝子の欠失や重複によって発症する疾患が明らかにされてきた．これを**隣接遺伝子症候群**という．欠失や重複が数百万塩基程度になると染色体異常として検出できることもあって遺伝子疾患にも染色体異常にも分類される．プラダー・ウィリ症候群は隣接遺伝子症候群であり，併せてゲノムの刷り込みが関与する疾患である．

プラダー・ウィリ症候群（PWS）は精神発達遅延や過食による肥満などを特徴とする疾患で，患者の約70％に15番染色体のq12近傍の欠失が認められ，複数の遺伝子がモノソミーとなっている．15番染色体の由来を調べると，欠失をもつ15番染色体はすべて父親由来であった．さらに，約30％弱の患者は一見正常な15番染色体を2本もつがそれらは両方とも母親由来（母性片親性ダイソミー）であった（**図6-22**）．15q12部位は卵子形成過程で刷り込みを受けて胎児では不活性化されていることが知られている．PWSの発症は，15q12にあるいくつかの遺伝子が機能的にナリ接合状態であることに起因すること，および欠失をもつ15番染色体が父由来の場合と母由来の場合で発症確率が異なることが特徴である．

PWSに関与する遺伝子群に隣接して**アンジェルマン症候群**の発症に関与する遺伝子がある．この遺伝子は精子形成過程で刷り込みを受けるため父親由来の対立遺伝子が不活性となる．母親

コラム

― 三毛猫の遺伝学 ―

ネコの毛並みには10種類ほどの遺伝子が関与しているが，三毛猫の白と茶と黒に関する遺伝子は常染色体上のS遺伝子とX染色体上のO遺伝子の2つである．S遺伝子には白ぶちを発現する優性のSと白い毛をつくらない劣性のsの2つの対立遺伝子があり，O遺伝子には茶色を発現する優性のOと黒を発現する劣性のoがある．三毛猫の毛並みの発現にX染色体不活性化が関与している．

雄の性染色体構成はXYなので，雄はOかoどちらかの対立遺伝子しかもてない．したがって，S対立遺伝子をもつ場合，茶ぶちか黒ぶちのいずれかであり，雄は三毛猫にはならない．

雌がOOやooの場合はそれぞれ茶と黒が発現する．しかし，ヘテロ接合体Ooのときに，一方のX染色体が不活性化されると，体の一部ではO対立遺伝子だけが発現されて茶色に，他の部分ではo対立遺伝子だけが発現されて黒になる．S対立遺伝子は，その作用機構は不明だが，茶や黒の毛の一部を白くして白ぶちとする．SSの方がSsより白い毛の面積が広くなる．これが，$S-$，Ooの雌ネコが三毛猫となるしくみである．

まれに雄の三毛猫がいる．雄の外性器は精巣からのテストステロンによって形成され，精巣はY染色体上のSRY遺伝子の作用で分化する．したがって，Y染色体と2本のX染色体をもち，遺伝子型が$S-$，Ooの場合に雄の三毛猫になる．たとえば，XXYのクラインフェルター症候群様雄ネコやXX/XYのキメラネコである．まれな変異なので珍重されている．

の染色体に欠失があると発症することになる．

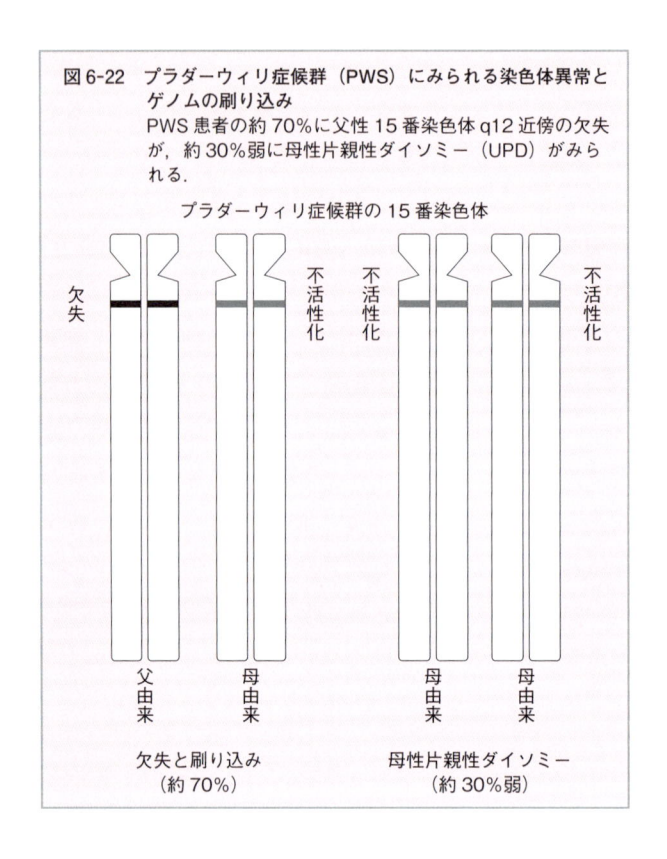

図6-22 プラダーウィリ症候群（PWS）にみられる染色体異常とゲノムの刷り込み
PWS患者の約70％に父性15番染色体q12近傍の欠失が，約30％弱に母性片親性ダイソミー（UPD）がみられる．

［2］ 悪性腫瘍細胞の発生

正常な細胞が悪性腫瘍細胞になる過程では遺伝子や染色体に突然変異が起こる．腫瘍の種類によって変異を起こす遺伝子は異なり，膀胱癌ではがん遺伝子の突然変異による活性化が，バーキットリンパ腫や慢性骨髄性白血病では染色体の転座によるがん遺伝子の発現や活性化が，大腸癌では複数のがん遺伝子やがん抑制遺伝子の突然変異によって腫瘍細胞が悪性度を増すことが観察されている．

【注】「癌」と「がん」は病理学的に区別される．「癌」は悪性腫瘍のうち上皮組織から発生した「癌腫」を指し，「がん」は癌腫に加えて非上皮組織由来の悪性腫瘍である「肉腫」を含む．「ガン」は「がん」と同様の病理学的概念で用いられる．ここでは，癌腫，肉腫および白血病の細胞を「悪性腫瘍細胞」と総称する．

ヒトの悪性腫瘍細胞の中で最初に変異が知られたものは，**慢性骨髄性白血病**（chronic myelocytic leukemia；CML）の染色体異常である．CMLは末梢血における顆粒球系白血球の増加と脾腫等を特徴とする，多能性造血幹細胞の増殖を呈する疾患である．数年間の慢性期の後，急性

転化により未熟な芽球の増殖をみるに至る．CMLでは骨髄中の腫瘍細胞に9番染色体と22番染色体の相互転座がみられる．転座の結果できた染色体は形態学的に容易に識別できるので，**Ph（ピー・エイチまたはフィラデルフィア）染色体**とよばれてCMLの診断に用いられている（**図6-23**）．

転座染色体の遺伝子解析から，9番染色体上の切断点にはがん遺伝子*ABL1*があり，正常細胞では145kdのタンパク質をコードする．22番染色体の切断点には*BCR*遺伝子があり，転座によって*ABL1*が*BCR*の遺伝子内に結合すると，*BCR*プロモータから*BCR-ABL1*キメラ遺伝子が転写され正常な*ABL1*遺伝子産物に比して高度のチロシンキナーゼ活性をもつキメラタンパク質が産生され，細胞に永久増殖能を与える．CML以外の骨髄増殖性疾患にもそれぞれに特徴的な転座が認められており（**表6-7**），転座に関与するがん関連遺伝子が確認されている．

家族性大腸腺腫症（familial adenomatosis polyposis coli）は細胞の悪性化に複数の遺伝子突然変異がかかわっている．家族性大腸腺腫症の患者には*APC*とよばれるがん抑制遺伝子に先天的な突然変異があり，大腸に良性のポリープが多数発生して悪性腫瘍細胞に移行する．組織を調べると，小さな悪性度の低い腫瘍では*APC*や*K-RAS*がん遺伝子に変異があり，大きく悪性度が高くなった腫瘍にはさらにがん抑制遺伝子である*TP53*の変異もみられた．転移をした組織ではさらに変異が蓄積されており，発癌と癌の悪性化に段階的な遺伝子変異がかかわっている典型的な

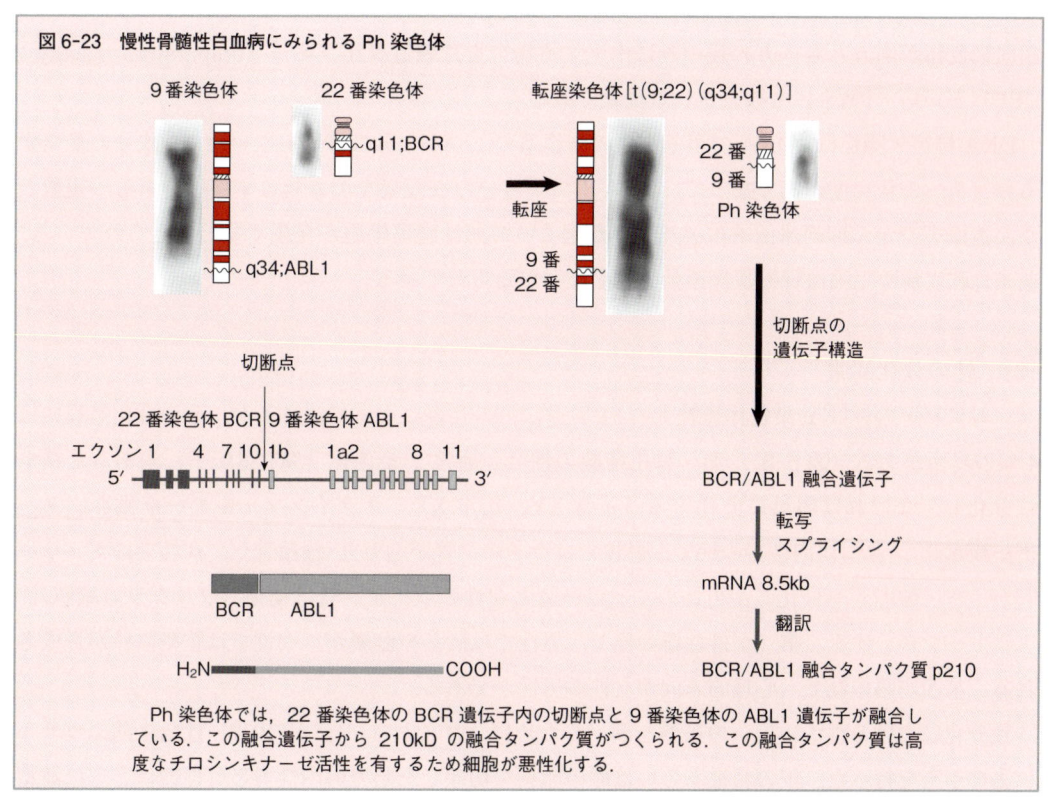

図6-23 慢性骨髄性白血病にみられるPh染色体

Ph染色体では，22番染色体のBCR遺伝子内の切断点と9番染色体のABL1遺伝子が融合している．この融合遺伝子から210kDの融合タンパク質がつくられる．この融合タンパク質は高度なチロシンキナーゼ活性を有するため細胞が悪性化する．

表6-7 癌細胞の染色体異常

がんの種類	FAB分類	染色体転座	がん関連遺伝子
慢性骨髄性白血病		9番と22番	BCR-ABL
急性骨髄性白血病 (分化型骨髄芽球性白血病)	M2	8番と21番	AML1-MTG8
急性骨髄性白血病 (好酸球増加を伴うM4)	M4E	2本の16番, あるいは 16番の逆位	PEBP2E-SMMHC
急性前骨髄球性白血病	M3	15番と17番	PML-RARA
混合型白血病		4番と11番 9番と11番 11番と19番	MLL-AF4 MLL-LTG9 MLL-ENL
バーキットリンパ腫	L3	8番と14番 2番と8番 8番と22番	IGH-MYC IGLK-MYC IGLL-MYC

染色体転座の切断点やがん関連遺伝子については, On line Mendelian Inheritance in Man (OMIM: http://www.ncbi.nlm.nih.gov/sites/entrez?db=omim) などを参照のこと.

例とされている.

優性の高発癌性疾患の悪性腫瘍細胞には，ヘテロ接合であったがん抑制遺伝子において正常な対立遺伝子が失われたり，変異した対立遺伝子がホモ接合となっている例が多数認められている．これらを**ヘテロ接合性の喪失**（loss of heterozygosity；LOH）という．後者のように2本の相同染色体が両方とも一方の親のみに由来する場合を**片親性ダイソミー**（uniparental disomy；UPD）といい，PWSにも観察される現象である.

DNA修復欠損症は，DNAの塩基損傷の修復系の1つが十分に機能しないため，誤りの多発する修復系への依存度が高くなって，DNA上にいろいろな変異を引き起こす疾患である．複数のがん遺伝子やがん抑制遺伝子に突然変異が起こって悪性腫瘍細胞が発生すると考えられている．色素性乾皮症や毛細血管拡張性運動失調症などが知られている.

[3] 性の分化異常

一般にヒトの性はY染色体短腕上のSRY遺伝子の存否によって決まるが，その分化過程には4つの局面がある（**表6-8**）．第一は生殖腺の性で，通常Y染色体（*SRY*遺伝子）があると精巣に分化し，なければ卵巣に分化する（正常XY，正常XX，クラインフェルター症候群，ターナー症候群）．第二が内性器の性で，男性ではウォルフ管が副睾丸・輸精管へ，女性ではミュラー管が子宮・輸卵管へ分化し，男性のミュラー管と女性のウォルフ管は退縮（プログラム細胞死，アポトーシス）する．第三が外性器の性で，男性では陰茎や陰嚢が，女性では腟や陰核が形成される．第四が脳の性で，心理的志向が女性か男性かである．

性分化における性ホルモンの影響を調べるために，ヨスト（Jost, A. 1947）は胎生期のウサギに去勢手術を行った．雄の精巣あるいは雌の卵巣を切除した胎児の内性器と外性器はともに雌型

表 6-8 性分化異常（大野 乾 を改変）

性染色体	SRY	性腺	内性器 ウォルフ管	内性器 ミュラー管	外性器 泌尿生殖洞	模式図*	テストステロン	抗ミュラー管因子	アンドロジェン受容体	変異遺伝子
正常 XY	+	精巣	輸精管 精のう	退縮	前立腺 陰茎		+	+	+	−
正常 XX	−	卵巣	退縮	子宮 輸卵管	腟 膀胱		−	−	+	−
去勢 XY	+	精巣 切除	退縮	子宮 輸卵管	腟 膀胱		−	−	+	−
去勢 XX	−	卵巣 切除								
去勢 XY テストステロン投与	+	精巣 切除	輸精管 精のう	子宮 輸卵管	前立腺 陰茎		+	−	+	−
去勢 XX テストステロン投与	−	卵巣 切除								
クラインフェルター症候群（XXY）	+	精巣	輸精管 精のう	退縮	前立腺 陰茎		+	+	+	過剰 X
ターナー症候群（X 短腕モノソミー）	−	卵巣	退縮	子宮 輸卵管	腟 膀胱				+	X 短腕モノソミー
XY 女性 精巣女性化症候群	+	精巣	退縮	退縮	腟 膀胱		+	+	−	アンドロジェン受容体
XY 女性 SRY 遺伝子変異	±	分化異常 卵巣精巣 など	退縮〜未分化	退縮〜未分化	不明瞭 尿道下裂		±	±	±	SRY
XX 男性	±〜+	精巣	精巣上体 輸精管 精のう	退縮	不明瞭〜陰茎		+	+	+	SRY の X 染色体への転座
副腎過形成症 女性患者（XX）	−	卵巣	退縮	子宮 輸卵管	陰茎		++	−	+	ステロイド-21-ヒドロキシラーゼ

*性腺：1 対の楕円形組織，ウォルフ管：グレーの部分，ミュラー管：白い部分，泌尿生殖洞：黒い部分

となり，性ホルモンの作用がない場合はウサギの内性器と外性器は雌に分化する方向性をもっていることを示した．さらにこの去勢した雄および雌の胎児に男性ホルモンであるテストステロンを投与したところ，内性器，外性器とも雄の特徴を発現するとともにミュラー管も退縮せずに発達した．この結果は精巣がミュラー管の抑制因子を産生していると解釈された．

ヒトの副腎過形成症候群の女児はステロイド-21-ヒドロキシラーゼという酵素の遺伝子異常によって男性ホルモンが過剰に産生されるため男子様の外性器となる．

男性ホルモン（アンドロジェン）の受容体に変異をもつ精巣女性化症候群患者の症候はこの仮説を裏付けている．精巣の産生する抗ミュラー管抑制因子によってミュラー管は退縮し，アンドロジェンに対する受容体を欠くのでウォルフ管も退縮するので内性器は欠損する．外性器もアンドロジェンがないときの分化の形態すなわち女性型となる．

SRY 遺伝子に突然変異をもつ XY 男性は性腺が不明瞭で内性器，外性器ともに男女どちらとも異なる形態を示すことが多い．XX 男性は *SRY* 遺伝子が X 染色体に転座していることが確認されており，性分化に関してはクラインフェルター症候群類似の症状を示す．

まとめと問題

1) 岡崎令治らが解明した DNA の複製機構を説明する．
2) 原核細胞と真核細胞の転写のしくみの違いを説明する．
3) タンパク質合成の過程を3つの段階に分けて説明する．
4) 外見が正常な人が染色体異常をもつ場合，どのような異常の可能性があるか列挙する．
5) ゲノムの刷り込みや X 染色体不活性化，ミトコンドリア遺伝形質などの遺伝現象を考慮して，哺乳類のクローン動物が核ドナーと瓜二つになるのはどのような場合かを考える．

第7章 受精・発生・分化

　生物には，子孫を残し，自分と同じ種類の個体を増やす**生殖**という重要な特徴がある．そして，生命科学における最も複雑な現象の1つは，発生過程にみられる一連の現象であろう．例えばヒトの場合，未分化の1つの細胞である受精卵が，30兆もの細胞からなる成体になるのである．さらに，30兆の細胞は遺伝的構成すなわちDNAが同じであり，しかも発生中に形態も機能も異なった細胞に分化するのである．

　受精卵から個体に発生していく過程は，いろいろな動物で少し違っているが（卵生，卵胎生，胎生など），ヒトの初期発生学は動物による研究結果に負うところが多い．

ニホンアカガエルの変態期のオタマジャクシ

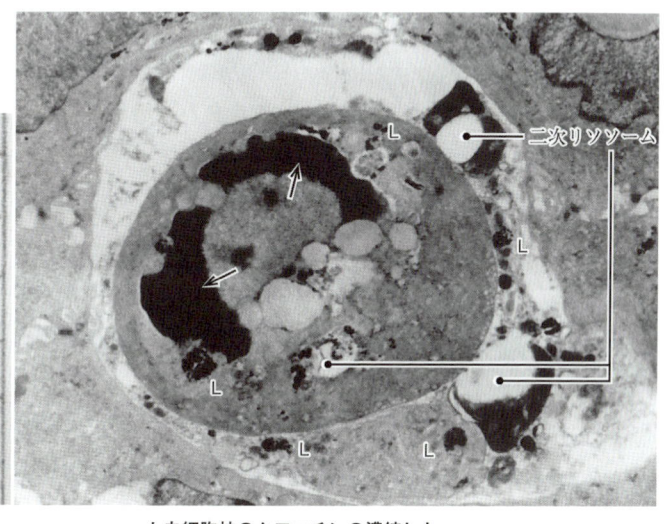

上皮細胞核のクロマチンの濃縮したアポトーシス小体（apoptotic body）（矢印）
L：ACPase陽性リソソーム
尾の組織を構成する細胞は細胞死する．

I. 生殖

　特別な配偶子は形成されず，体細胞だけで生殖を行う**無性生殖**（asexual reproduction）には，分裂，出芽，栄養生殖などがある（図7-1）．

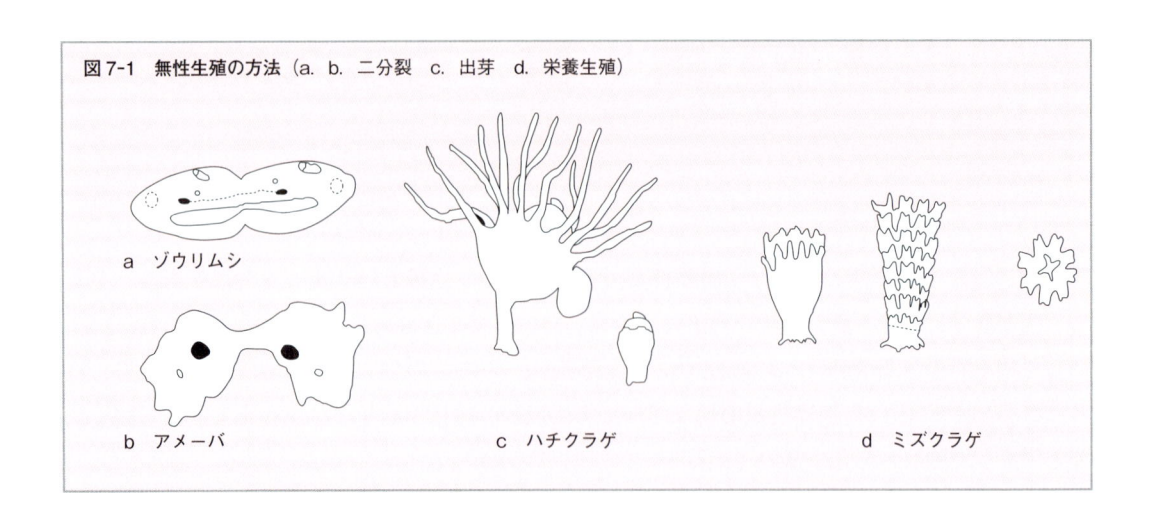

図7-1 無性生殖の方法（a. b. 二分裂　c. 出芽　d. 栄養生殖）

a　ゾウリムシ
b　アメーバ
c　ハチクラゲ
d　ミズクラゲ

　動物の場合，生殖にあずかる特別な生殖細胞（germ cell）が形成され，2個の雌雄性のある生殖細胞，**配偶子**（gamete：卵と精子）の核（n）が融合して，1つの**接合子**（zygote：$2n$）を形成する**有性生殖**（sexual reproduction）の方法があり，この現象を**受精**（fertilization）という．受精が親の体外で行われるウニや魚類，両生類などは**体外受精**，雌の体内で排卵し，受精する昆虫や鳥，哺乳類の場合を**体内受精**という．

　卵（卵子）には，胚発生のための栄養分として卵黄がある．これは動物種によって量や分布が違っており，卵の分類に使われる．また，卵黄は，卵割を妨げるのでそれぞれの種類で卵割形式が異なる（図7-2）．

　受精現象の経過は，ウニ卵や両生類卵などでよく研究されている．ウニの精子の頭部が，卵のまわりにあるゼリー層に触れると，精子の頭部の先体が破れ，先体を裏打ちする膜が内部からとび出し，細い突起を形成する．この全過程を**先体反応**（acrosome reaction）という．これに引き続き先体から放出された溶解物質により**卵黄膜**（vitelline membrane）が溶かされ，先体突起は卵原形質膜に達する．そして，1つの精子だけが卵の細胞質に侵入することができる．他の精子は，卵表面が速やかな化学変化を起こすので，もはや侵入することはできなくなる（図7-3, 4）．

　ヒトを含む哺乳類では，**卵管膨大部**で受精は行われる．ヒトの二次卵母細胞は排卵後12～24時間は受精能力があり，1回の射精で放出される精液は約3.5 mlで，1 ml中に約1億の精子が含まれている．精液は果糖に富み，精子の運動のエネルギー源となるが，48時間をすぎると受精能力を失う（図7-5）．

図7-2 さまざまな卵割様式（Marder, 2004 の改変）

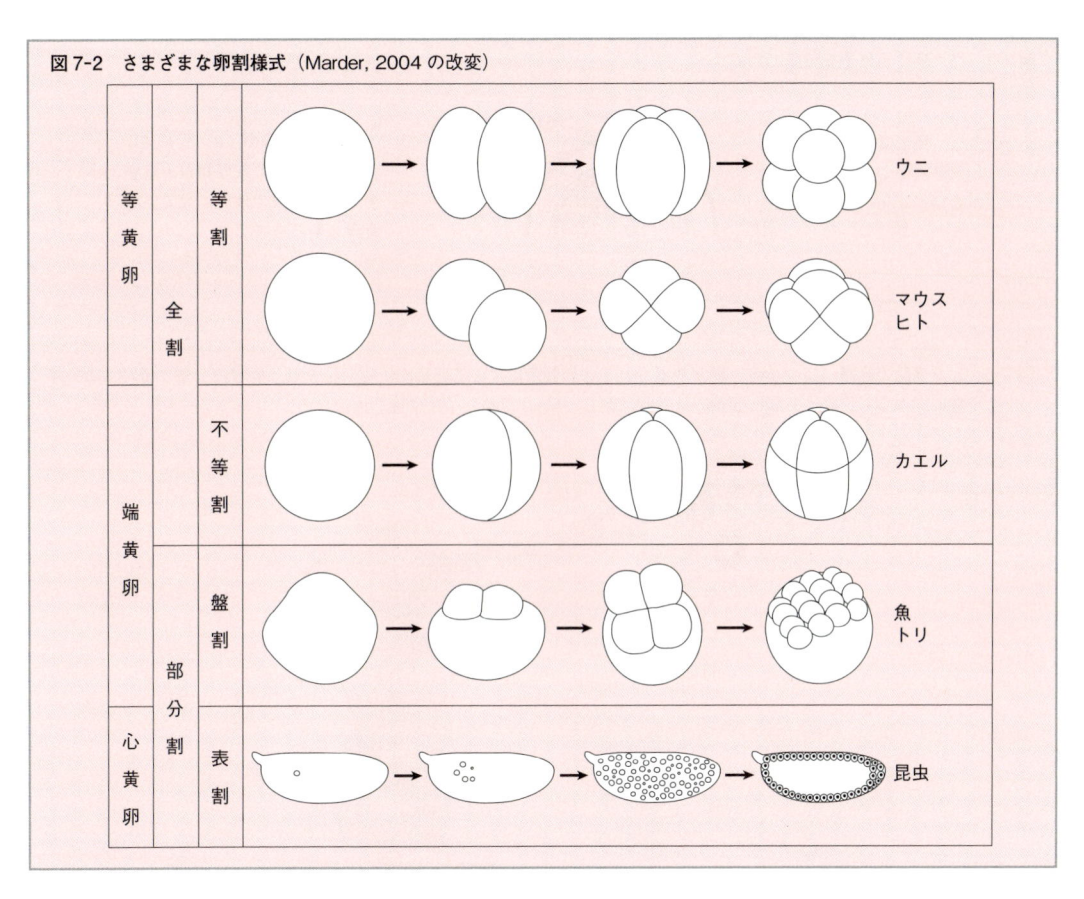

等黄卵	全割	等割		ウニ
				マウス ヒト
端黄卵		不等割		カエル
	部分割	盤割		魚 トリ
心黄卵		表割		昆虫

図7-3 ウニとマウスの受精過程（Marder, 2004）

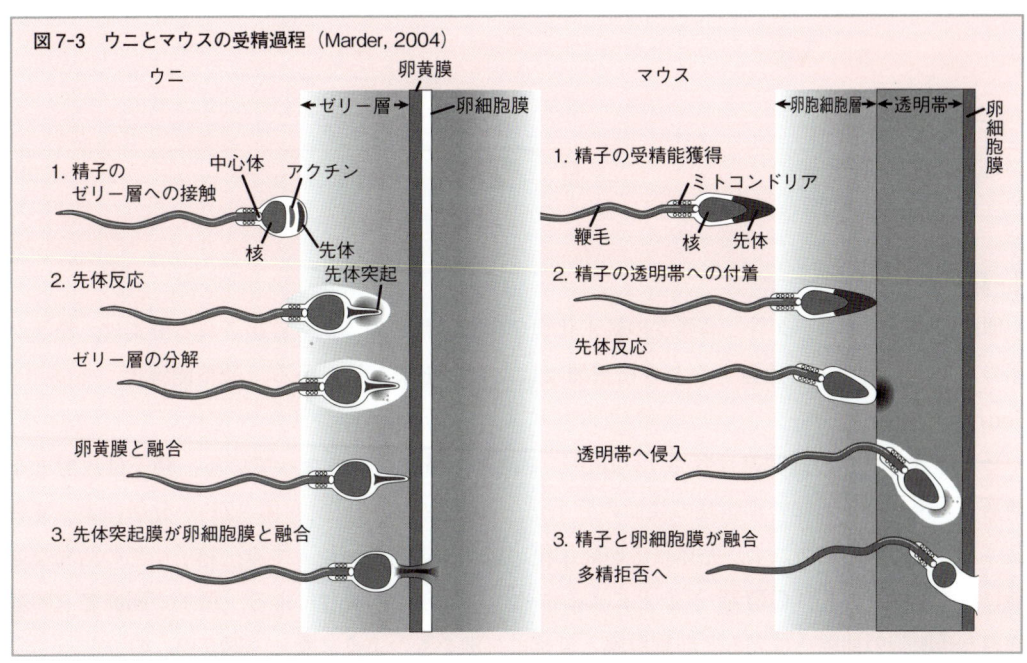

ウニ

1. 精子のゼリー層への接触
   - 中心体
   - アクチン
   - 核
   - 先体
2. 先体反応
   - 先体突起

   ゼリー層の分解

   卵黄膜と融合
3. 先体突起膜が卵細胞膜と融合

←ゼリー層→ 卵黄膜 卵細胞膜

マウス

1. 精子の受精能獲得
   - ミトコンドリア
   - 鞭毛
   - 核
   - 先体
2. 精子の透明帯への付着

   先体反応

   透明帯へ侵入
3. 精子と卵細胞膜が融合
   多精拒否へ

←卵胞細胞層→←透明帯→ 卵細胞膜

第7章 受精・発生・分化——I. 生殖

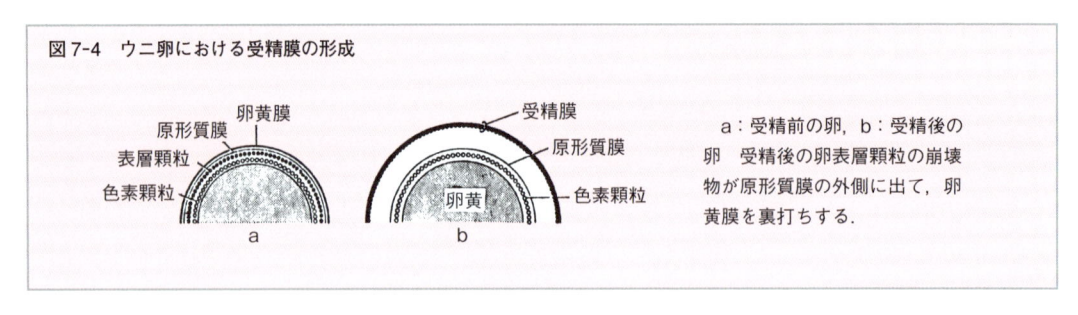

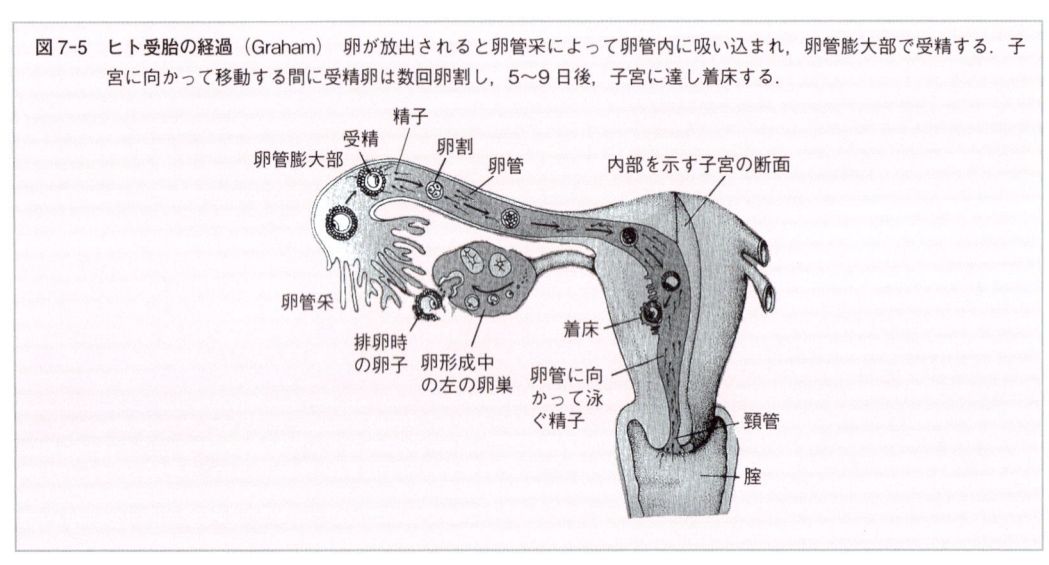

図 7-4　ウニ卵における受精膜の形成

a：受精前の卵，b：受精後の卵　受精後の卵表層顆粒の崩壊物が原形質膜の外側に出て，卵黄膜を裏打ちする．

図 7-5　ヒト受胎の経過（Graham）　卵が放出されると卵管采によって卵管内に吸い込まれ，卵管膨大部で受精する．子宮に向かって移動する間に受精卵は数回卵割し，5〜9日後，子宮に達し着床する．

II. 受精

1-精子の侵入

　卵胞細胞層はタンパク質と高濃度の炭水化物を含む．精子先体から放出される酵素は，精子が卵の放射冠への侵入，通過するときに重要なはたらきを果たしている（受精能獲得：capacitation）．

　ヒト卵（卵子）の**透明帯**は厚さ13 μm[注1]で糖タンパク質からなっている．精子は放射冠を通過した後，精子頭部の細胞膜の表面の分子が，透明帯上の精子受容体（ZP$_3$）分子によって刺激され，**先体反応**を起こす．先体反応が終了後，精子は透明帯へ侵入する．精子尾部の活発な運動による前進と，**先体の酵素**[注2]などによる消化のはたらきの両者による．精子が**囲卵腔**（卵細胞膜と透明帯の間隙）に入ると卵細胞膜と直接に接触をもつようになる（図7-3, 4）．

　【注】　1）　マウスでは透明帯は厚さ約7 μmで，精子は1分間に約1 μmの割で横切る．哺乳類

卵の卵黄膜に相当する部分は厚くなり透明帯とよばれる．
2) 先体に含まれる酵素は哺乳動物では，酸性ホスファターゼ，ヒアルロニダーゼ，アクロシン，エステラーゼ，コラゲナーゼ，ホスホリパーゼCなどがある．

2-多精拒否

精子と卵の細胞膜が融合すると，卵細胞膜のすぐ下層にある無数の**表層顆粒**（cortical granules）がその内容物を卵細胞膜と透明帯の間隙（囲卵腔）に放出する．この表層顆粒から出された物質が透明帯にはたらきかけ，精子受容体分子の不活性化を起こし，他の精子が進入できなくなる．また，透明帯の硬化や卵細胞膜の電位の変化などの多精拒否（polyspermy block）機構が**多精子受精**を防いでいるのである．

3-精子と卵の融合と接合子形成

精子核が卵に入ると，第二減数分裂の中期の状態のままでとどまっていた第二次卵母細胞は減

コラム

― 両生類卵表面の変化 ―

両生類卵の上半分は表層のメラニン顆粒のために褐色か黒色を呈しているが，下半分は白色である．カエルでは受精後，精子侵入点と正反対側の**動物半球**と**植物半球**との境の赤道面は黒色の表層細胞質の一部が動物極に向かって上がってくる．そしてその下にある卵黄が淡く見えてくる．この部分は**灰色三日月環**（grey crescent）とよばれている．その最も広いところは将来胚の背部になる．灰色三日月環は将来**原口上唇部**になり，陥入が起こって背側になり，一方，反対側の精子の侵入した部分は腹側になる．この精子の侵入点と卵表層の間の相互関係は胚の方向性や分化の現象を規制する．（図7-6）

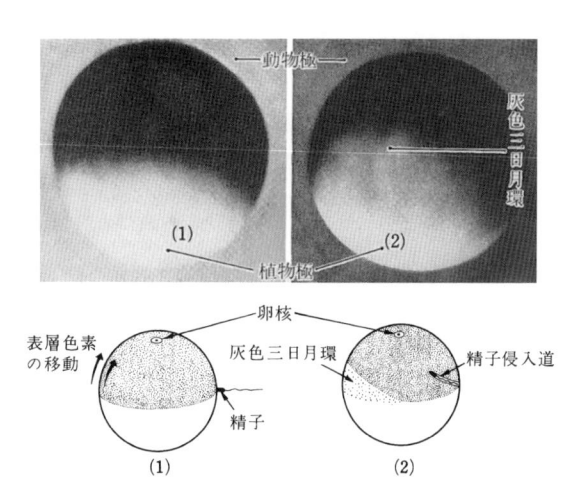

図7-6 受精における灰色三日月環の形成（Rugh, Deuchar）
（1）：受精直後，（2）：同じ卵の20分後

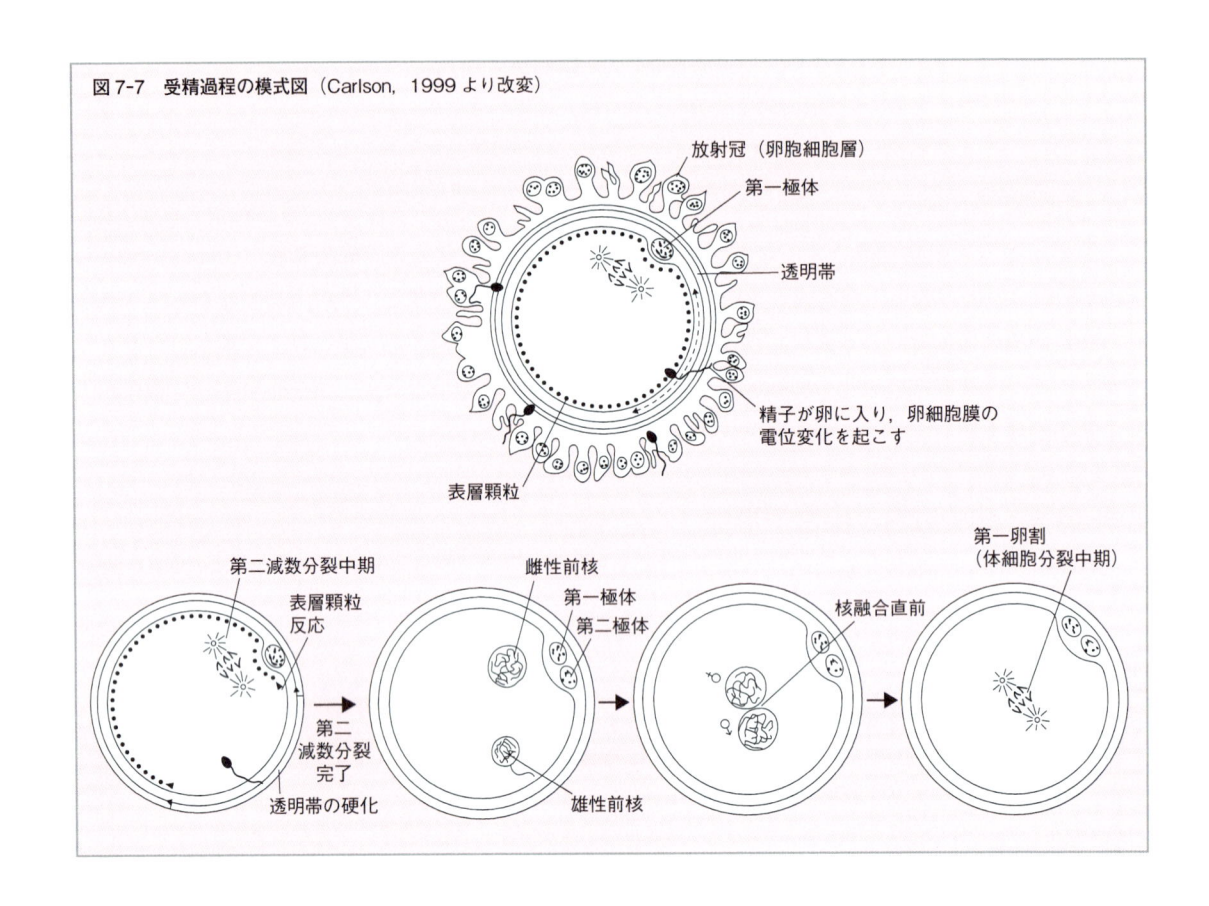

図7-7 受精過程の模式図 (Carlson, 1999より改変)

数分裂を再開し，精子核と出会うまでに完全に減数分裂を完了し，第二極体を出す．

一方，精子が卵に入ると，頭部は膨大し，**雄性前核**となる．中片と尾部は少しの間残っているが，卵の細胞質中に吸収され消失してしまう．雄性前核は**雌性前核**に向かって移動し，両前核はほぼ卵の中央部で合体，核融合し，ヒトの場合は2n=46の染色体をもつ**接合子**（zygote）となる．この接合子形成の瞬間がまさに胚発生の開始のときである（図7-5，7-7，8）．

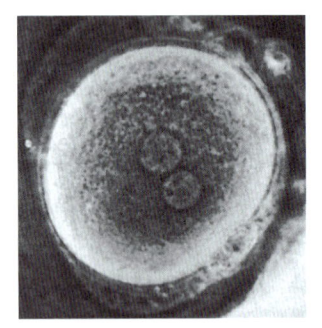

図7-8 ヒト卵の受精 (Graham)
精子頭部が卵に入り膨大し，（雄性前核）卵核（雌性前核）に近づく．

III. 発生・分化のしくみ

1-割球

受精卵の分裂を**卵割**（cleavage）とよび，卵割期の細胞は球形であるので**割球**（blastomere）という．卵は約12回の卵割を繰り返し，この細胞分裂は，およそ同調して連続的に多数の小割球を急速に形成する．細胞分裂（周期）の様式も発生過程で著しく変化し，その進行が制御されて細胞の分化や形態形成へつながっている．

卵割が起こると明らかな**溝**（**卵割溝**）が現れ，しだいに溝が深くなっていく．このとき，卵割溝に沿って，アクチンフィラメントと少し遅れて形成されるミオシンフィラメントからなる環状の**収縮環**（contractile ring）ができる．これらの線維が収縮するので，細胞膜を内方に引っ張り，卵割溝が深まり，細胞は2分割する．

各割球は卵割を続けるが生長せず，卵子は16～64コの細胞を含む割球の集塊となり，ウニやカエル胚では桑の実状の**桑実胚**（morula）を経過して，動物極側に1つの腔所，**胞胚腔**（blastocoel）をもった**胞胚**（blastula）になる（図7-9～11）．

2-胞胚形成(blastulation)から胚葉形成(germ layer formation) (図7-11, 12)

初期発生における細胞周期の様式は体細胞と大きく異なっている．卵成熟（卵の減数分裂）はG₁期とDNA合成（S期）のない2回の連続した分裂（M）期の過程であり，受精後の卵割はS期とM期よりなる簡略化した細胞周期を経る．

卵成熟に関与する細胞質因子（**MPF**：M phase promoting factor, **Cdc 2/サイクリンB複合体**）が同定されている（MPF, ☞ 90頁）．さらに，アフリカツメガエルなど脊椎動物の成熟卵は減数第二分裂中期（MⅡ）で分裂を停止している．これは細胞分裂抑制因子（**CSF**：cytostatic factor, 主成分はMos, Segata 1989年）のはたらきでサイクリンBの分解が抑制されているためである．

受精後，減数分裂を完了し，卵割の開始は，Mosの分解と卵内のCa^{2+}濃度の上昇によって，サイクリンBの分解を引き起こし，MⅡ期の分裂停止は解除される．

[1] 中期胞胚変（遷）移（midblastula transition；MBT）

アフリカツメガエル卵では，同調的な速い分裂は中期胞胚期まで続くが，徐々に卵割は遅くなり同調性を失う．そして，RNA合成や転写の活性化，細胞の運動性の開始など中期胞胚での生理活性の変化が現れてくる．この現象をニューポートとキルシュナー（Newport, J. and Kirschner, M. 1982年）は中期胞胚変移（MBT）とよんだ．

ただし，ウニ卵などでは受精後間もなくRNA転写が起こっている．

図7-9 カエルの卵割のSEM像(Gilbert, 2003) a:第一卵割, b:第二卵割(4細胞期):卵割溝にひだが見える(a). 動物極と植物極側の卵割溝の違いを示す. 第二卵割がすでに動物極の近くで始まっている(b). c:第四卵割(16細胞期), 動物極側と植物極側の割球の大きさの違いを示す.

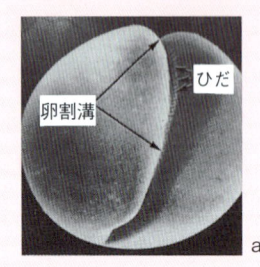

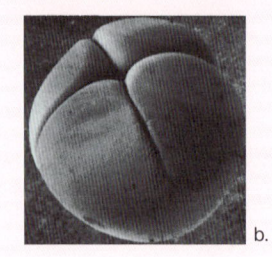

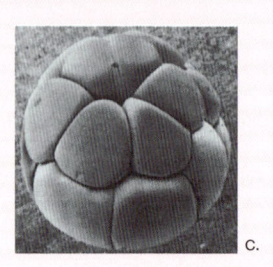

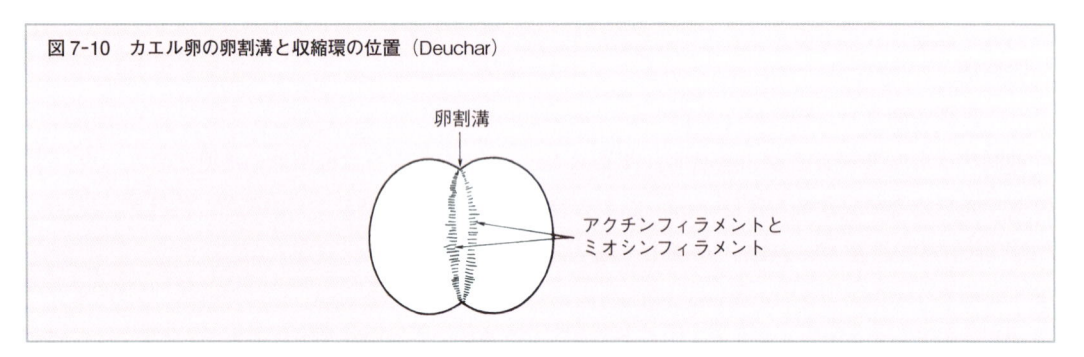

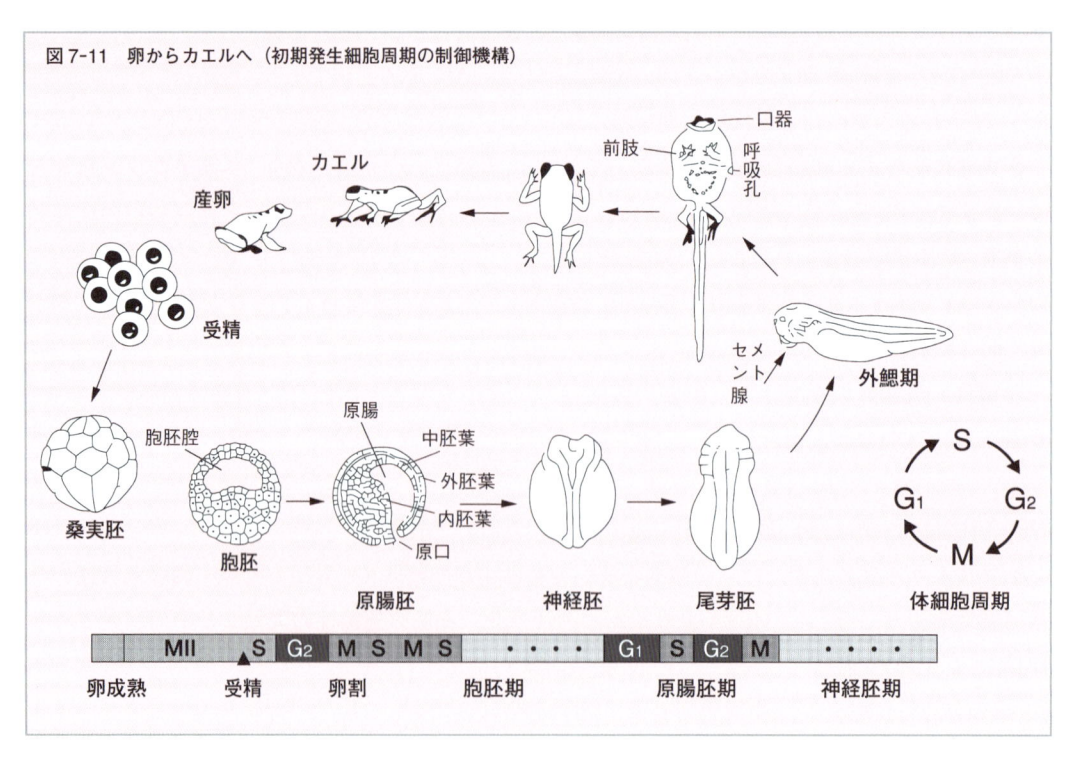

図7-10 カエル卵の卵割溝と収縮環の位置(Deuchar)

図7-11 卵からカエルへ(初期発生細胞周期の制御機構)

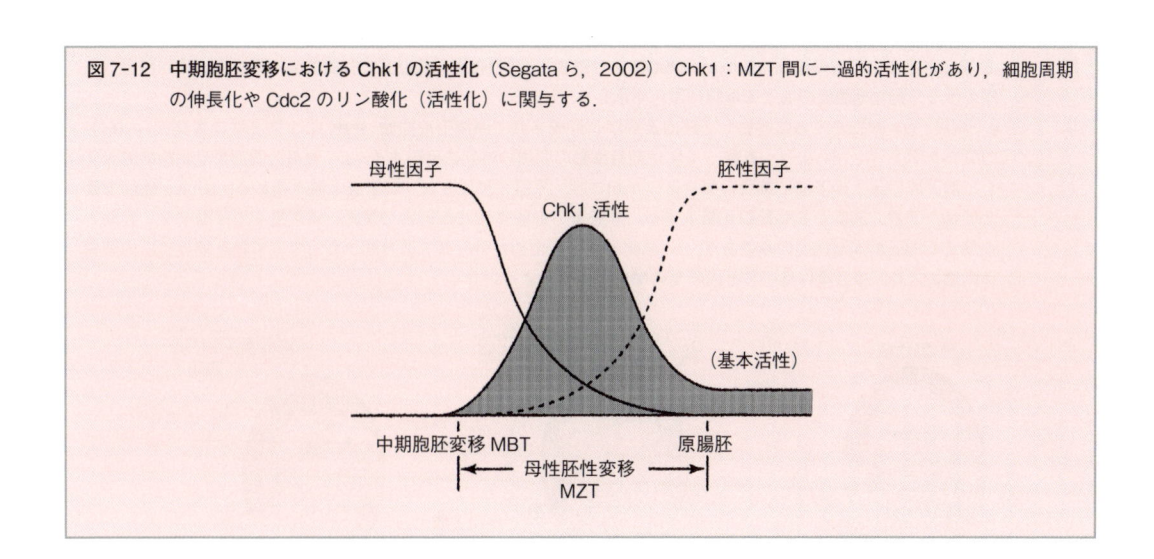

図 7-12 中期胞胚変移における Chk1 の活性化（Segata ら，2002）　Chk1：MZT 間に一過的活性化があり，細胞周期の伸長化や Cdc2 のリン酸化（活性化）に関与する．

[2] 母性胚性変（遷）移（maternal zygotic transition；MZT）

　中期胞胚変移（MBT）以後に G_1 と G_2 期が出現し，体細胞分裂期に近づく．また，MBT 以前の細胞周期は母性因子によるが，MBT を境に，胚性由来の遺伝子プログラムにより転写が開始される．この細胞周期制御の因子の移行を母性胚性変移（MZT）とよんでいる（図 7-12）．

　原腸胚期の重要な特徴は，細胞の運動が著しく起こり，胞胚が陥入を起こして**外胚葉**（ectoderm），**中胚葉**（mesoderm）そして**内胚葉**（endoderm）の**三胚葉**（three germ layers）が形成されることである．

　両生類胚では植物極側に**原口**（blastopore）とよばれる半月状の溝が出現し，ここから胚表面の細胞群の移動が起こり，細胞群は連続的に胞胚腔中に流れ込んでいく．そして表層の細胞を裏打ちするので胚は内・外の 2 層に分かれる．この過程を**陥入**といい，外側のものを外胚葉，内側のものを中胚葉という．

　原腸陥入が胚の表面のある特定の場所や，どの時期に開始されるかということについては，例えば両生類では原口上唇で，鳥類では原始線条の側縁に始まるなどそれぞれ特徴がある．

　原口のすぐ上縁を**原口上（背）唇部**といい陥入運動の中心的役割をしている．下縁を**原口下唇部**である．各縁から次々と陥入し，将来の**中胚葉**（予定中胚葉）が内部に入ると，胚の内部に入っていた内胚葉とは別の層となる．こうしてできた中胚葉は表層の外胚葉をぴったり裏打ちするようになる．陥入は植物極側にも及び，原口は左右端が合一して円形となる．この原口に囲まれた植物極の卵黄質を含む細胞の塊を**卵黄栓**（yolk plug）という．

　やがて表面の胚域はすべて予定外胚葉で覆われ，卵黄栓が最後に消失した部分が原腸の一方の末端部で，将来この付近は**肛門**となる．その反対側に新しく**口**ができるのである．この時期の胚を**原腸胚**（gastrula）という（図 7-13）．

　両生類の**原腸胚形成**（gastrulation）のモデルによれば原腸形成の初期の段階で，数層からな

図7-13 原腸胚形成中の細胞の移動（Gilbert, 2003より改変） 胚の真中を切断して背側表面を示した．細胞移動は矢印で示し，動物極表面のもとの細胞は黒色で示した．
a：胞胚．b：細胞が内方に移動し，原口上唇部が形成されて原腸形成開始．■■印はフィブロネクチン（FN）の分布を示す（c, d, e, f, 省略）．FNは細胞移動の開始の時期に出現する．c：原口上唇部より細胞の陥入そして胞胚腔の天上の下部に細胞の巻き込みが起こり，原腸が形成され，胞胚腔と置き換わる．d, e：原口上唇と同様，下唇，側唇からも細胞が陥入する．外胚葉の前駆体細胞が植物（腹側）極を覆って移動する．表面から見える内胚葉は卵黄栓のみである．f：原腸形成は胚全部が外胚葉で取り囲まれるまで移動を続ける．内胚葉は内部に入り，中胚葉は外胚葉と内胚葉の間に位置するようになる．

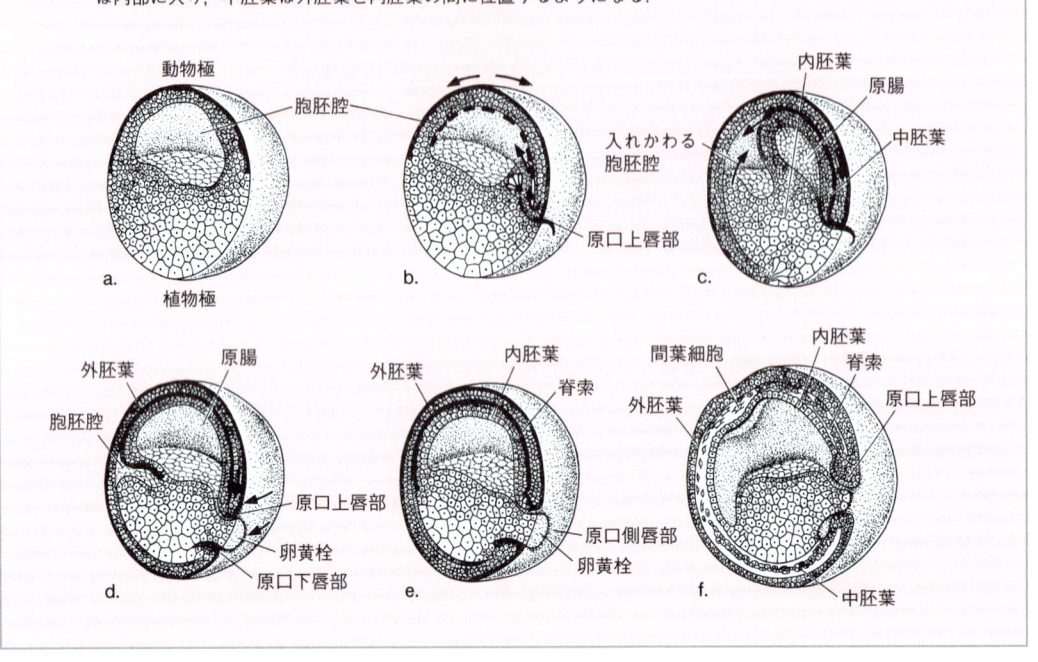

る深部細胞は配置変えをして，1層の薄い深層を形成することによって活発に植物極の方向に伸びていく（図7-14）．

　同時に表層細胞は分裂し，扁平になって拡張していく．原口上唇部に達すると深部細胞は再び形を変え，まだ陥入せずに残っている深部辺縁細胞域の内面に沿って動物極に向かって移動する中胚葉性細胞の流れを形成する．この過程はいわゆる**巻き込み**のよい例である．

　原腸形成の後期に，立方形の深部細胞は扁平になり，辺縁部が腹方に移動を続けるので卵黄栓のまわりに大きな原口を形成する．中胚葉の流れは，内側に移動を続け，表層細胞の下の被覆は**ボトル細胞**を含めて上にある表層細胞を受動的に動物極の方向へ引っ張る．これによって原腸の内胚葉性の被覆ができることになる．

　細胞運動は，陥入辺縁細胞が内部に曲がり，動物極に向かって深部細胞の内側面に沿って移動するためである．この深部細胞は胚中に細胞の移動を続ける．ボトル細胞は原腸形成初期には目立っているが，しだいに高さを減じ，ついには他の内胚葉性の細胞と似た形となり識別できなくなる．

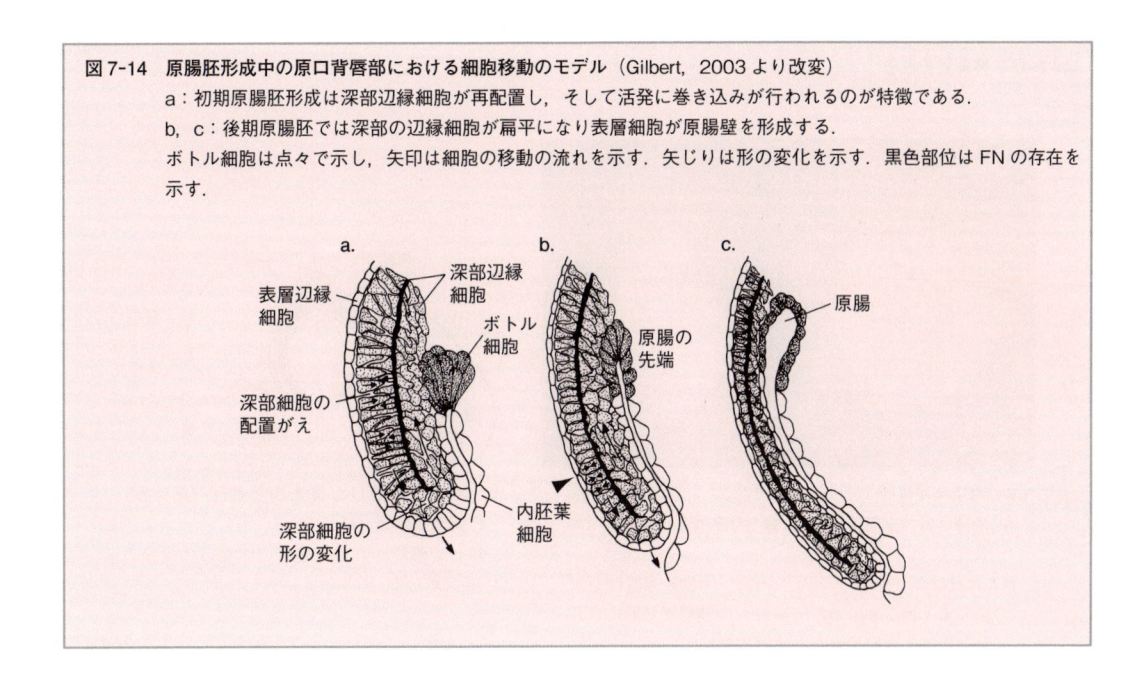

図 7-14　原腸胚形成中の原口背唇部における細胞移動のモデル（Gilbert, 2003 より改変）
　a：初期原腸胚形成は深部辺縁細胞が再配置し，そして活発に巻き込みが行われるのが特徴である．
　b, c：後期原腸胚では深部の辺縁細胞が扁平になり表層細胞が原腸壁を形成する．
　ボトル細胞は点々で示し，矢印は細胞の移動の流れを示す．矢じりは形の変化を示す．黒色部位は FN の存在を示す．

フィブロネクチン（FN）[注] は，胞胚壁の天井の内側面にある粘着性の糖タンパク質で両生類の原腸胚形成の間，中胚葉性細胞の移動を導く重要な役割を果たしている．

　【注】FN は伸縮性のより糸状の巨大分子で，粘着性の糖タンパク質の一種である．細胞をいろいろな細胞外基質に付着させるはたらきをもち，22 万〜25 万ダルトン dalton（質量）の同じようなポリペプチドの 2 量体である．

原腸形成の結果，原口上唇部に裏打ちされた外胚葉は，その誘導によって**神経管**（neural tube）に分化する．この時期の胚を**神経胚**（neurula）とよぶ．両生類の胚では，原口を後端にして前後にやや長くなり，背側の表面に**神経溝**という溝が前後方向にできてくる．この溝のまわりは平たく，**神経板**（neural plate）とよばれる．神経板のまわりは，馬蹄形の**神経ひだ（隆起）**（neural fold）に囲まれ，両側のひだが正中線上で接触，融合する．これが表皮から分離して**神経管**となる．上部は**神経堤（冠）**（neural crest）の細胞として分離する．胚の頭方の神経管は太く，大きく，後に脳に分化する（第 8 章「ヒトの初期発生」を参照）．胚の内部では中胚葉，内胚葉の形態形成が起こっている．原口から動物極へ向かって，外胚葉を裏打ちするように中胚葉が長軸に沿って伸びてくる．中央に**脊索**が，左右には**体節**，**側板**，**腎節**ができ，中胚葉は分節してくる．さらに内側では，中胚葉に接して**腸管**（gut）が完成する．中胚葉の先端は内胚葉と外胚葉との間にあって，三重の袋よりなる 3 層構造をとっている（図 7-15）．

3-器官形成（organogenesis）

外胚葉，中胚葉そして内胚葉に分化した各胚葉はその後，無差別に混じり合うことなく，それ

図7-15 神経管の形成

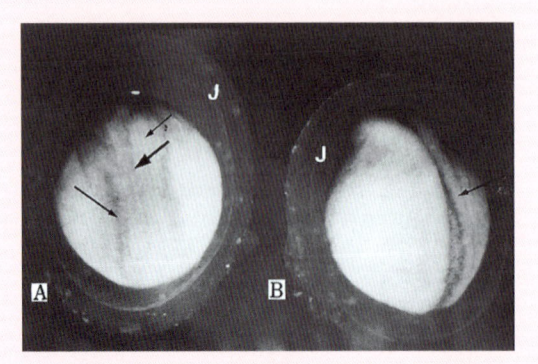

a. カエル神経胚
A：神経ひだ（太矢印），神経板（小矢印），神経溝（太矢印），ゼリー（J）
B：神経ひだ（矢印），ゼリー（J），両側の神経ひだがますます近づき，やがて接着して神経管が形成される（前端と後端ではまだ比較的開いている）．

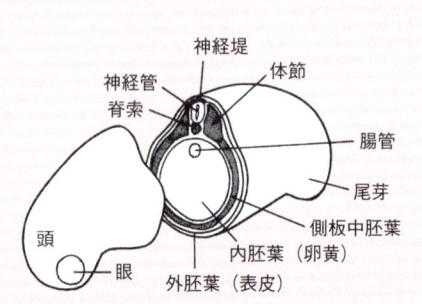

b. 神経管が閉じた後の両生類胚（尾芽期）の胴部横断図（Mohun, T. ら）
新しく形成された神経管の両側には幅広い中胚葉がある．

ぞれの発生運命に従って組織，器官に分化する．ことに中胚葉は外胚葉や内胚葉から分化してくる組織や器官を支え，運動を司り，酸素や栄養を供給するなど個体の維持に必要な成分に分化する．こうして各胚葉からそれぞれの器官が形成されるが，この過程を**器官形成**という．

フォークト（Vogt, W. 1926）は，イモリを材料として発生中の卵あるいは胚の表面を，生体に無害なナイル青などの染色液を用いた**局所生体染色法**によって標識をつけ，各区域の細胞の移動・分化を研究し，胞胚初期あるいは末期の胚表には，それぞれの器官原基になるべく予定された部分がすでに決まっているとした．これを**発生運命**あるいは**予定運命**といい，その運命が確立することを**決定**という．

このようなフォークトの実験によって作製された胞胚後期の胚表における予定原基図は，走査電顕や染色剤注入法などにより確かめられた（図7-16）．

イモリの初期原腸胚の原口上唇部（将来，脊索や中胚葉になる部分）を切り取り，それを同時期の別のイモリの原腸胚の卵割腔の中に移植したところ，移植片は宿主の横腹や腹部皮膚になる運命にある外胚葉にはたらきかけてそこに**二次胚**が形成された．すなわち，移植片に裏打ちされた皮膚となるべき外胚葉細胞にはたらきかけて，それを神経管に分化させた（図7-17）．このように接する細胞にはたらきかけて器官を形成させるはたらきを**誘導**（induction）とよぶ．そして二次胚を形成することのできる原口上唇部を**形成体（オーガナイザー）**と名づけた．この原因となっているものを**誘導体**という．誘導現象を最初に見出したのは**シュペーマン**（Spemann, H. 1924）で，イモリの眼杯を移植すると，それに接した外胚葉から水晶体が形成されることなどか

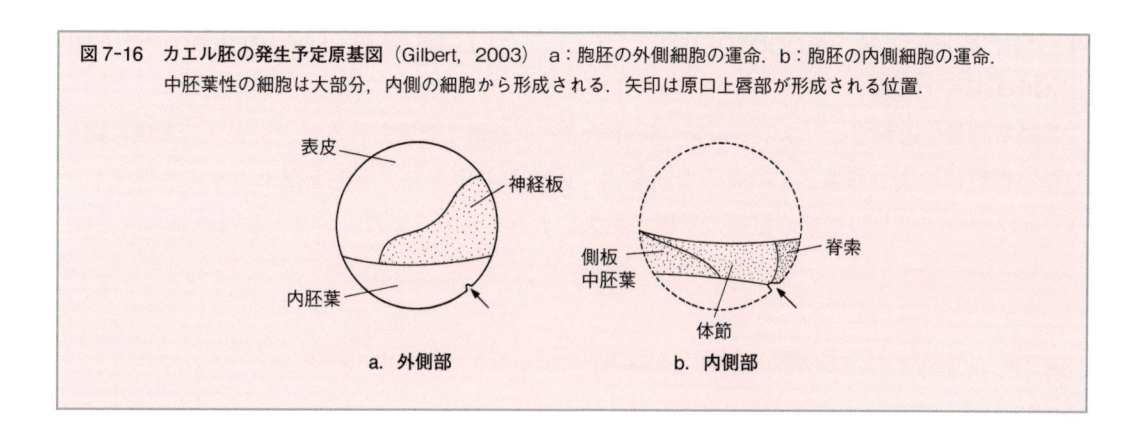

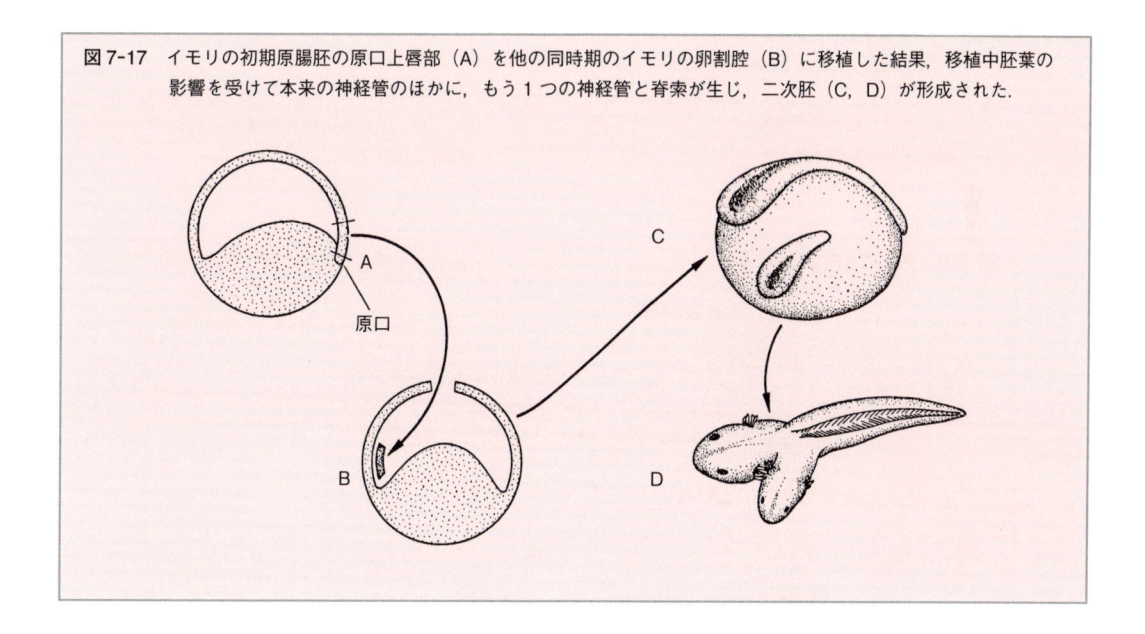

図7-16 カエル胚の発生予定原基図（Gilbert, 2003） a：胞胚の外側細胞の運命. b：胞胚の内側細胞の運命. 中胚葉性の細胞は大部分，内側の細胞から形成される．矢印は原口上唇部が形成される位置.

a. 外側部（表皮，神経板，内胚葉）
b. 内側部（側板中胚葉，脊索，体節）

図7-17 イモリの初期原腸胚の原口上唇部（A）を他の同時期のイモリの卵割腔（B）に移植した結果，移植中胚葉の影響を受けて本来の神経管のほかに，もう1つの神経管と脊索が生じ，二次胚（C, D）が形成された.

　ら，眼杯が水晶体を誘導することがわかった．このように個性のない細胞が特殊化して，特別な機能をもつようになる現象を**分化**（differentiation）とよぶ．

　誘導は原腸胚形成とともに始まる．胚誘導は異なるグループの細胞間の連続的相互作用である．これには細胞間の直接の接触による場合と，物質の移動を介して起こされる場合がある．誘導のうち，最初に起こり，かつ最も重要なものは，外胚葉細胞の脳，脊髄などの誘導である．この神経系の誘導は中胚葉と外胚葉との相互作用によって起こり，外胚葉から神経板を形成する．その後，神経板から神経管ができる．下敷きの中胚葉の各部分は，それぞれ異なった誘導効果をもち，前，中，後脳および脊髄を決定する．

4-アポトーシス (apoptosis), プログラム細胞死 (programmed cell death ; PCD)

神経系の発生過程では，ニューロン（神経単位）が過剰に形成されるが，シナプス形成に関与しない細胞は除去される．このような現象は，両生類のオタマジャクシがカエルに変態するとき，オタマジャクシの尾部の組織の崩壊と消失にもみられる．また，ニワトリの肢の形成では，

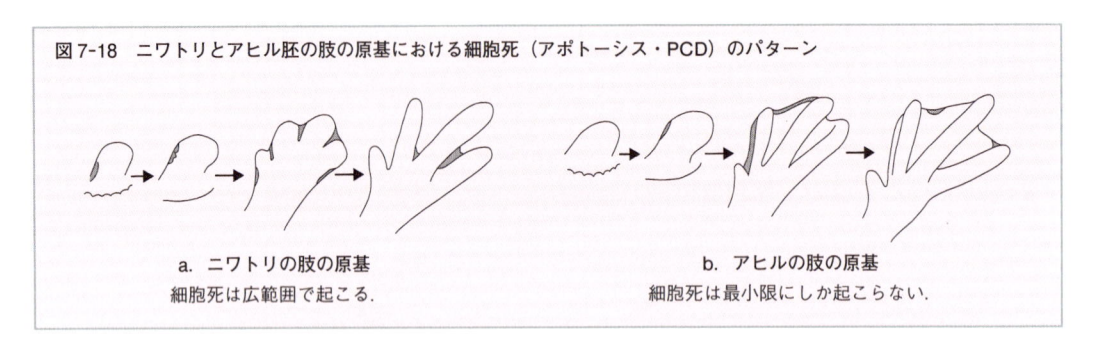

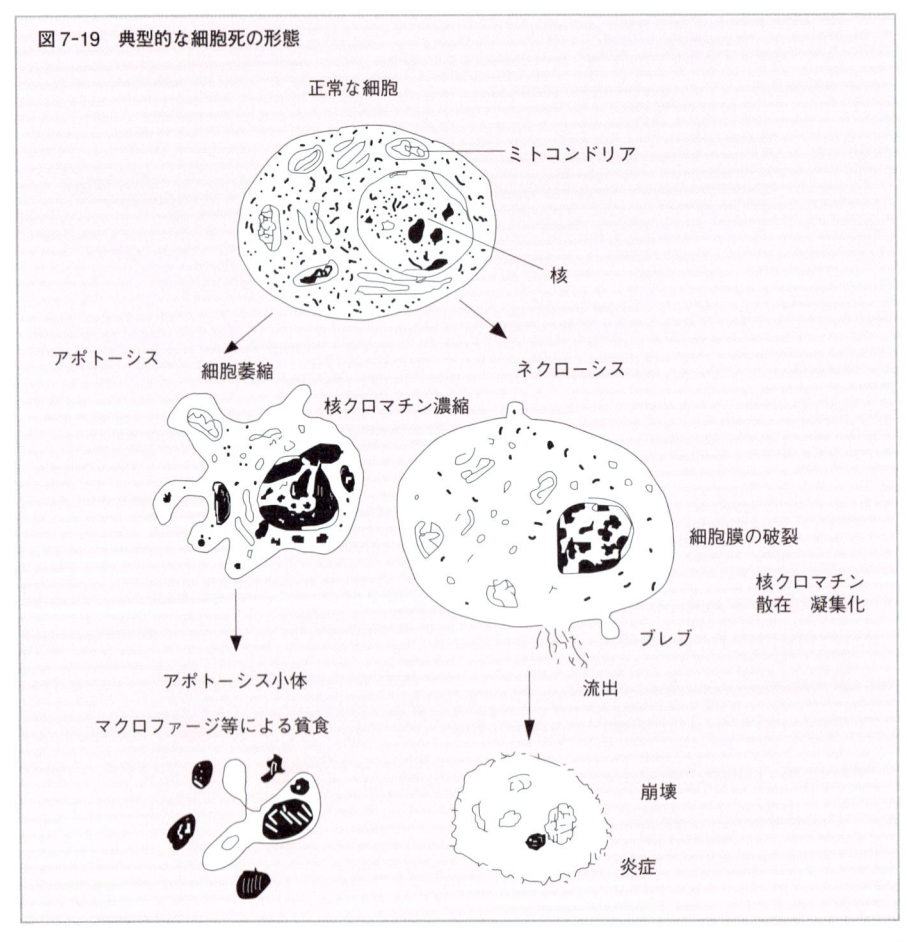

図7-18 ニワトリとアヒル胚の肢の原基における細胞死（アポトーシス・PCD）のパターン

a. ニワトリの肢の原基
細胞死は広範囲で起こる．

b. アヒルの肢の原基
細胞死は最小限にしか起こらない．

図7-19 典型的な細胞死の形態

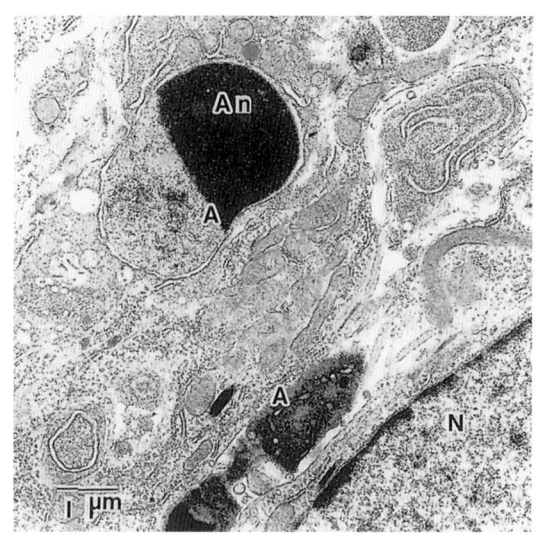

図7-20 ラット切歯のエナメル芽細胞（移行期）TEM像
A：アポトーシス小体，An：濃縮クロマチン
N：正常なエナメル芽細胞核

指間の細胞で広範囲に**細胞死（アポトーシス，PCD）**が起こり，指が形成されるが，水かきをもつアヒルの肢では限定された部域で認められる（図7-18）．細胞は，物理的，非生理的要因，例えば火傷や脳出血等によって傷害を受けると細胞死する．これは**ネクローシス（壊死）**とよび，炎症反応を伴うことが多い．一方，アポトーシス・プログラム細胞死は，細胞の生理的な死に方の1つで，遺伝子により決められたプログラムに従って個体の一生を通じて日常的に起こる．アポトーシスに陥った細胞は，核が濃縮して，核のDNAが細胞質とともに断片化してアポトーシス小体を作り，マクロファージや食細胞によって貪食除去される．細胞の内容物が周辺に漏れることがないので，炎症反応を伴わないし，特定の細胞だけを除去できるシステムである（図7-19, 20）．

アポトーシスに関与する分子として，誘導機構にはFas/FasL，TNF/TNFRが，決定機構には*bcl-2*，*p53*などの癌関連遺伝子が，実行機構にはエンドヌクレアーゼ，カスパーゼなどの酵素がある．

アポトーシスの役割は，生理的には細胞の交替や不要になった細胞の除去，免疫系の維持，異常細胞の除去，発生過程における形態形成などがある．

まとめと問題

1) ウニ卵とカエル卵の受精過程の特徴をまとめる．
2) 哺乳類の受精過程を説明する．

3) 卵割時における細胞周期の特徴を述べる．
4) 形態形成におけるアポトーシスを説明する．

コラム

― 動物の方向用語 ―

I 脊椎動物の左右相称
　脊椎動物には次の3つの体軸がある．
1. **前後（長）軸**〔anteroposterior (longitudinal) axis〕
2. **背腹軸**（dorsoventral axis）
3. **左右軸**（left-right axis）

　このうち前後軸と背腹軸では，各軸の一端の構造は他方の端の構造と違っている．左右軸では両側で同じ構造になっている．したがって，頭部は尾部とその構造が異なり，背部は腹部と異なっている．しかし左右両側は左右相称形である．
　体の各部分の方向位置および断面．次の解剖学的平面の述語がある．
① **横断面**（transverse plane）：左右と背腹軸でつくられる面で**横断**（cross section）する．
② **矢状面**（sagittal plane）：長軸と背腹軸でつくられる面で**矢状断**（sagittal section）する．
③ **前頭面**（frontal plane）：矢状面に垂直な面を**前頭断**（frontal section）する．

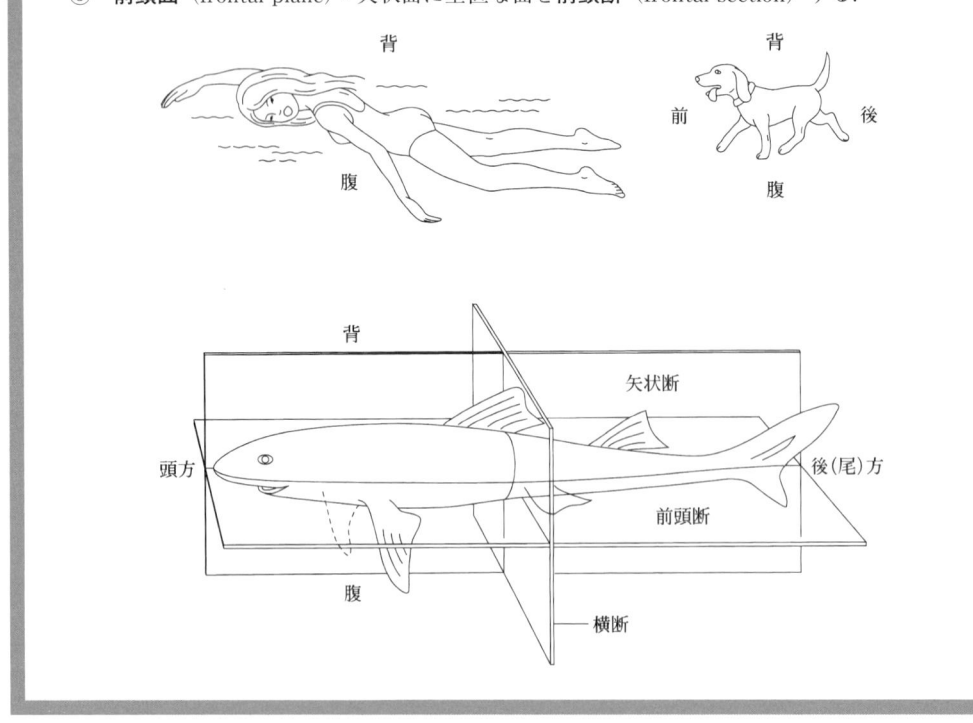

第8章 ヒトの初期発生

　ヒトの一生は，1つの細胞である受精卵から始まる．細胞は体細胞分裂によって数を増やしながら組織や器官を形成し，やがて完全な個体を形成する．受精は母体内で行われ，その後約38週の発生，成長の過程も母体内で進む．

I. 受精卵から個体へ

　1つの受精卵が卵割によって増殖し，いろいろな組織や器官を形成するようになる．体細胞はすべて同じ遺伝子をもっているが，ある時間や場所によって特定の遺伝子を発現し，特有の形態や機能を示す方向に分化する．

1-卵割と初期胚

　接合子（受精卵）は受精後約30時間で分裂を開始し，第一卵割は経割（縦の卵割）である．卵割を繰り返しながら，卵管壁の平滑筋の蠕動運動や，卵管粘膜の円柱細胞の線毛の波動，卵管粘膜の腺細胞の分泌液などの助けによって，長さ約10 cmの卵管内を下降する（**図8-1**）．

　8細胞期頃になると割球は形を変えて，互いに密着して固まり，割球相互間に物質の移動が行われるようになる．この過程を**コンパクション**（compaction：**割球緊密化**）といい，哺乳類初期胚の卵割に特徴的な現象である．受精後約3～4日の**桑実胚**（morula）の中心の細胞は**内細胞**

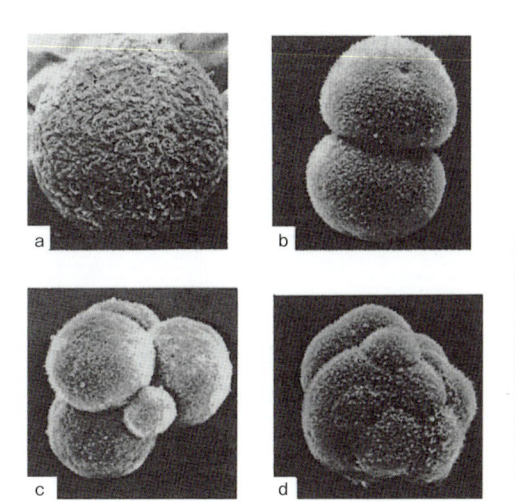

図8-1　哺乳動物（マウス）の初期胚
a：受精卵（極体は左上に見える）．b：2細胞期（微絨毛が見える）．c：4細胞期（第二極体が見える）．d：胚盤胞になる直前（Nelson）．e：透明帯から孵化中の胚盤胞（子宮内膜に着床可能になる）（Gilbert, 2000）．

塊（inner cell mass）をつくり，周辺の割球は**外細胞塊**（outer cell mass）を形成する1層の細胞によって囲まれるようになる．

2-胚盤胞（胞胚：blastocyst）の形成と着床（implantation）

　細胞数が増えてくると胚細胞間に液体が溜まり，**胚盤胞腔**（blastocyst cavity）という液体の入った大きな内腔をもつ**胚盤胞**となる．この液は胚内の液性環境として初期発生において細胞運動や細胞分化に重要な役割を果たしている．液体が増加し，割球は将来異なる運命をもつ2つの細胞群へ分かれる．1つは**内細胞塊**あるいは**胚結節**（embryoblast）とよばれ，中心部に位置する細胞群で将来，胚子になる．他の1つはこの細胞塊を取り囲む1層の扁平な細胞すなわち**外細胞塊**（後の**栄養膜**：trophoblast）で，将来，**胎盤**（placenta）になる．

　胚盤胞は酵素作用によって透明帯から抜け出し，排卵後5〜9日で子宮粘膜上皮に付着する．

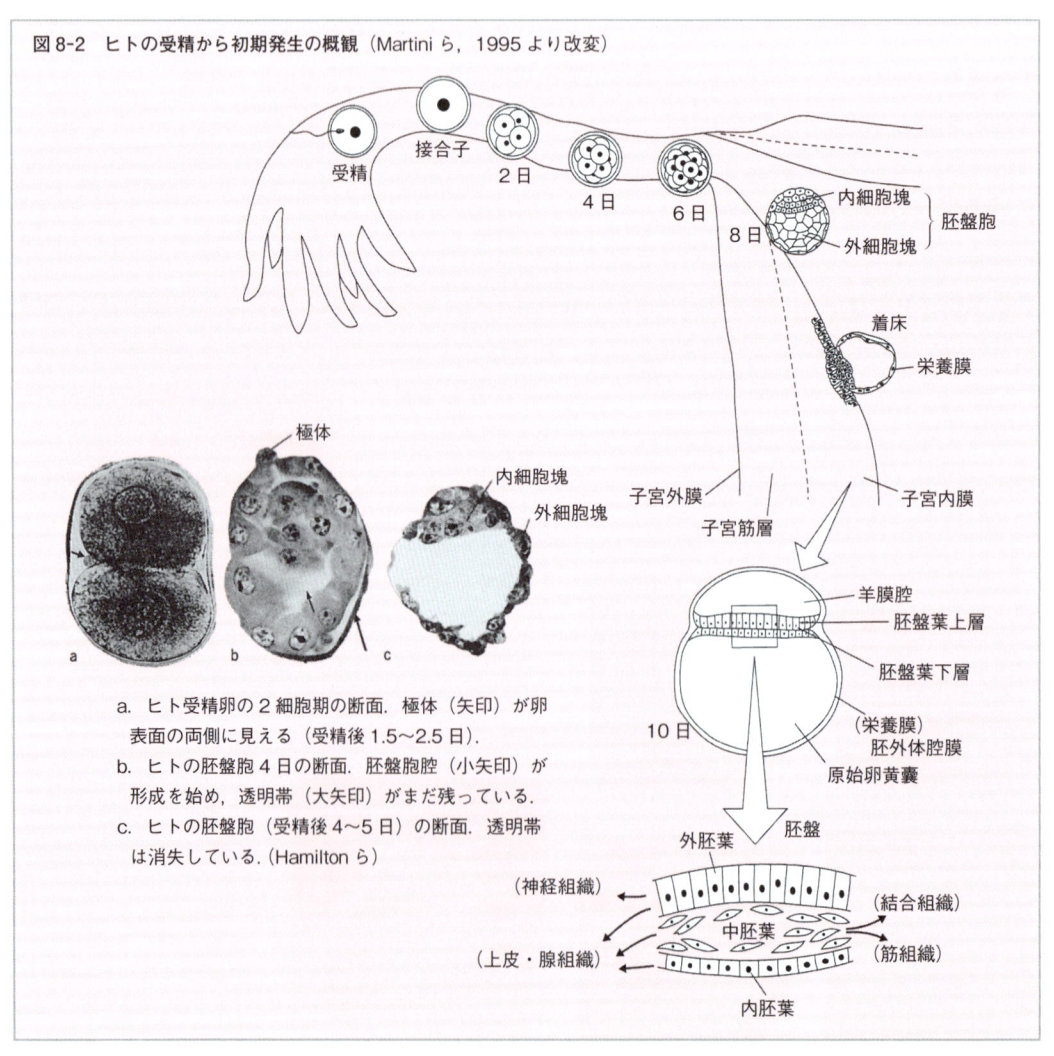

図8-2　ヒトの受精から初期発生の概観（Martini ら，1995 より改変）

a. ヒト受精卵の2細胞期の断面．極体（矢印）が卵表面の両側に見える（受精後1.5〜2.5日）．
b. ヒトの胚盤胞4日の断面．胚盤胞腔（小矢印）が形成を始め，透明帯（大矢印）がまだ残っている．
c. ヒトの胚盤胞（受精後4〜5日）の断面．透明帯は消失している．（Hamilton ら）

この現象が**着床**で，子宮の体部の子宮内膜に着床する．黄体ホルモンのはたらきによって内膜は発達し，その後胚盤胞全体が子宮内膜緻密層内に侵入し，ここで母体から栄養や酸素をとって発育を開始する．その母体の状態を**妊娠**といい，妊娠は着床に始まり胎児の娩出で終わる（図8-2）．

3-内細胞塊の分化と胚葉の形成

胚盤胞の腔所に面する内細胞塊表面から扁平な細胞が下面に伸び1層の細胞層をつくる．これが胚盤葉下層（内胚葉）で，栄養膜と連なった内細胞塊の残りの細胞は胚盤葉上層（外胚葉）を形成する．そして，その中に細胞間隙ができ，これが次々と集合し大きくなり1つの嚢（ふくろ）ができる．この嚢の壁を形成するのが**羊膜**（amnion）[注1]で，その腔所を**羊膜腔**という（図8-3）．羊膜腔の"床"にあたる部分は胚盤葉上層とよばれる1層の円柱細胞である．やがて第二の腔所が胚盤葉下層の中に形成される．これが卵黄嚢[注2]である．胚盤葉上層と下層の2層からなる円盤状の接着部を**胚盤**（embryonic disc）といい，将来，胚子・胎児となるところである（図8-2, 4）．

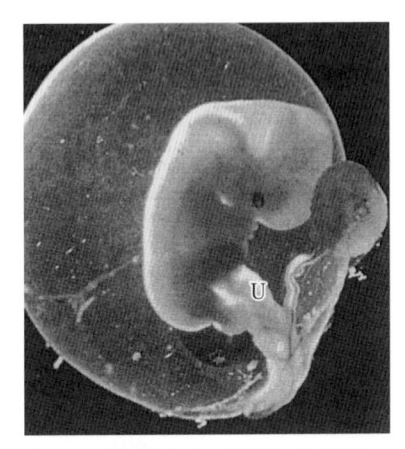

図8-3 羊膜と羊水中の胎児（約5.5週，1 cm）

四肢芽は長く，目は著しくなる．羊膜は薄く丈夫で，血管のない透明な膜である．羊水は胎児によって嚥下され，腸管に入りそこで血流に吸収され胎盤を通して母親の血液に入る．胎児が普通量の羊水を嚥下しないときには，羊水過多症が起こることがある．U：臍帯

【注】 1） ヒトの胚には約7日を過ぎるとすでに存在し，12日頃までにはよく発達してくる．羊膜は胚を包む膜で，爬虫・鳥・哺乳類には発達するが，両生・魚類には発達しない．羊膜腔には羊水が入っている．この液は弱アルカリ性で，初めは羊膜上皮から分泌されたものと母体の血液由来のものであるが，10週目頃から胎児の腎臓から排尿成分なども加えられ，腎臓が羊水の主な産出源となる．妊娠中期には羊水は2,000 mlくらいになる．しかし，分娩直前の7～9カ月では1,000 mlくらいに減少する．羊水中には少量のグルコース，タンパク質，無機塩が含まれる．臍帯で吊された胎児は羊水中に浮遊して成長する．胎児は自由に運動もできるし，胎児への不均等な圧力を防ぎ，危害からまぬがれている．また，乾燥を防ぎ，周囲の組織と胎児が癒着するのを防止する．

2） 2カ月までに直径が約5 mmになる．妊娠中存在し，しだいに小さくなる．名称は卵黄嚢であるが，卵黄はきわめて少量しか含んでいないので，胚の栄養物の貯留の役目は十分に果たしていない．卵黄嚢は，元来，人類の遠い祖先の卵生であった時代の名残りの痕跡器官で，胚発生の進行に伴って退化する．卵黄嚢の外壁を形成する中胚葉層は最初の血液および血管を形成する部位である．

発生が3週の初めに進むと西洋梨型の胚盤の正中線上に不透明な**原始線条**（primitive streak：線状の隆起）が現れる．原始線条の頭端の隆起を原始結節（ヘンゼン結節）という．原始線条の

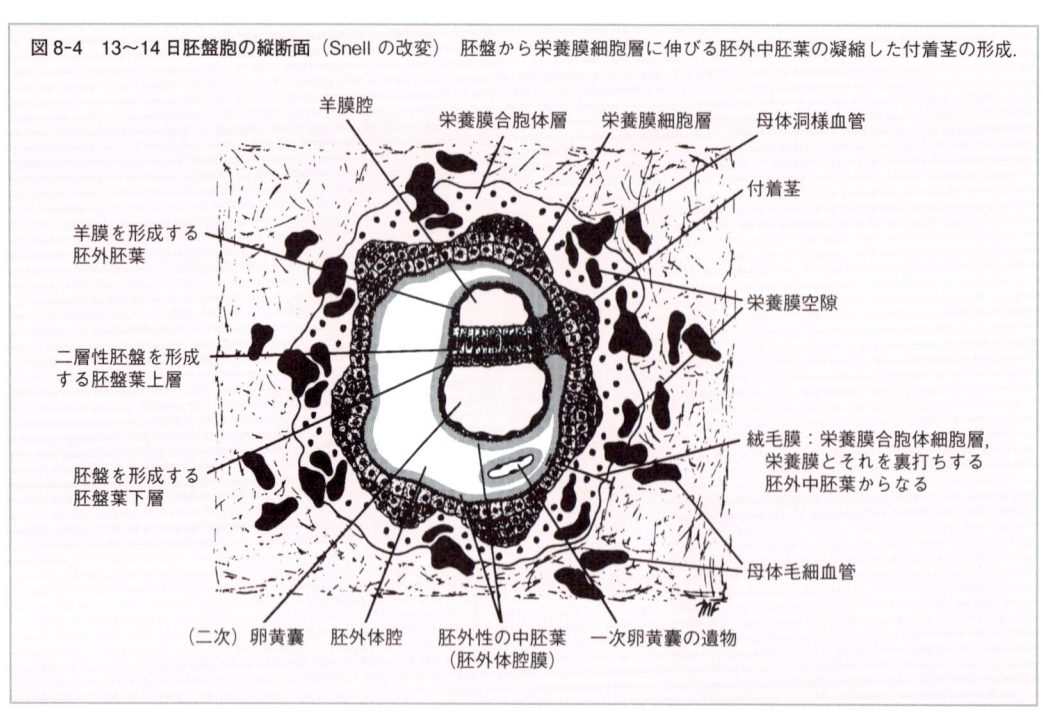

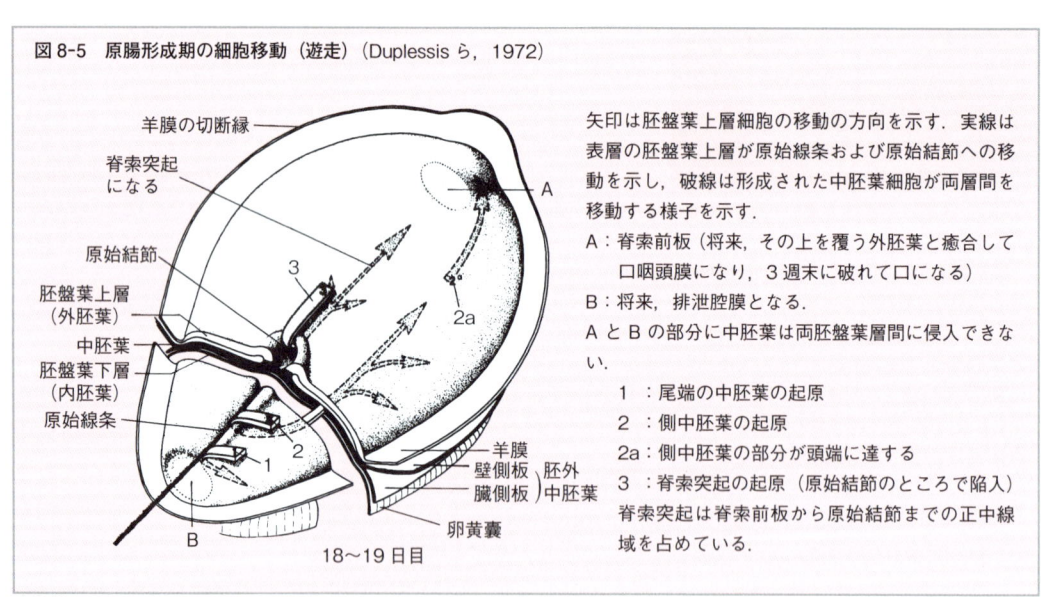

図8-4 13〜14日胚盤胞の縦断面（Snellの改変） 胚盤から栄養膜細胞層に伸びる胚外中胚葉の凝縮した付着茎の形成.

図8-5 原腸形成期の細胞移動（遊走）（Duplessisら，1972）

矢印は胚盤葉上層細胞の移動の方向を示す．実線は表層の胚盤葉上層が原始線条および原始結節への移動を示し，破線は形成された中胚葉細胞が両層間を移動する様子を示す．
A：脊索前板（将来，その上を覆う外胚葉と癒合して口咽頭膜になり，3週末に破れて口になる）
B：将来，排泄腔膜となる．
AとBの部分に中胚葉は両胚盤葉層間に侵入できない．
1：尾端の中胚葉の起原
2：側中胚葉の起原
2a：側中胚葉の部分が頭端に達する
3：脊索突起の起原（原始結節のところで陥入）
脊索突起は脊索前板から原始結節までの正中線域を占めている．

　胚盤葉上層の細胞は増殖して胚盤の両胚盤葉の間を前方，側方，そして後方に遊走し，陥入した細胞はまず胚盤葉下層の細胞と置き換わり内胚葉をつくる．そして，中胚葉を形成し，残った胚盤葉上層は外胚葉となる（図8-5，6）．
　原始結節の中央には，表層細胞が中に落ち込んだ**原始窩**（カエルやウニ卵の原口に相当）がで

図8-6 原始線条の細胞陥入を示す（15日胚子）(Langman, 2000)

図8-7 脊索の形成（17日胚子） A：矢状断（頭尾縦断）面図 (Langman, 2000), B, C：A図の横断図

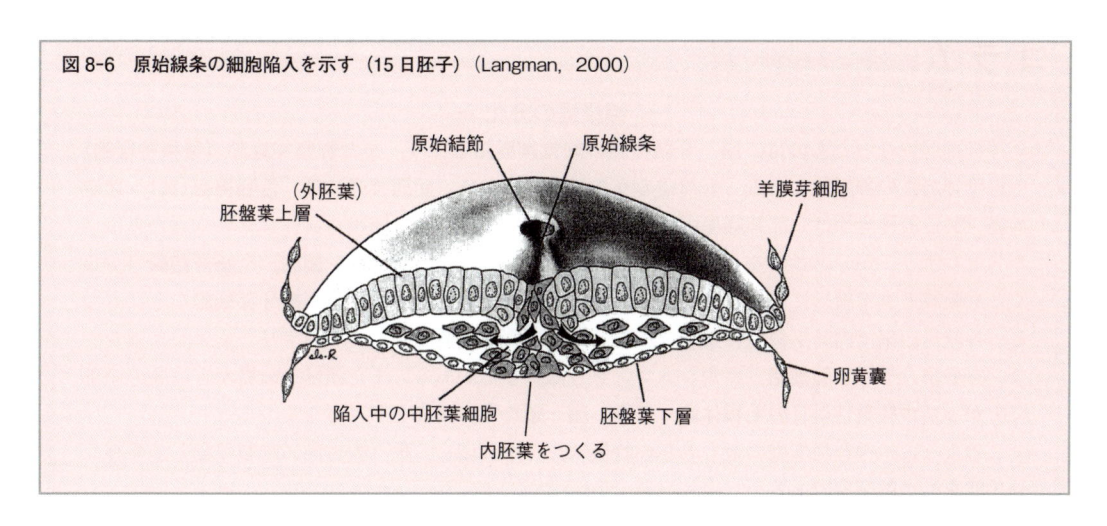

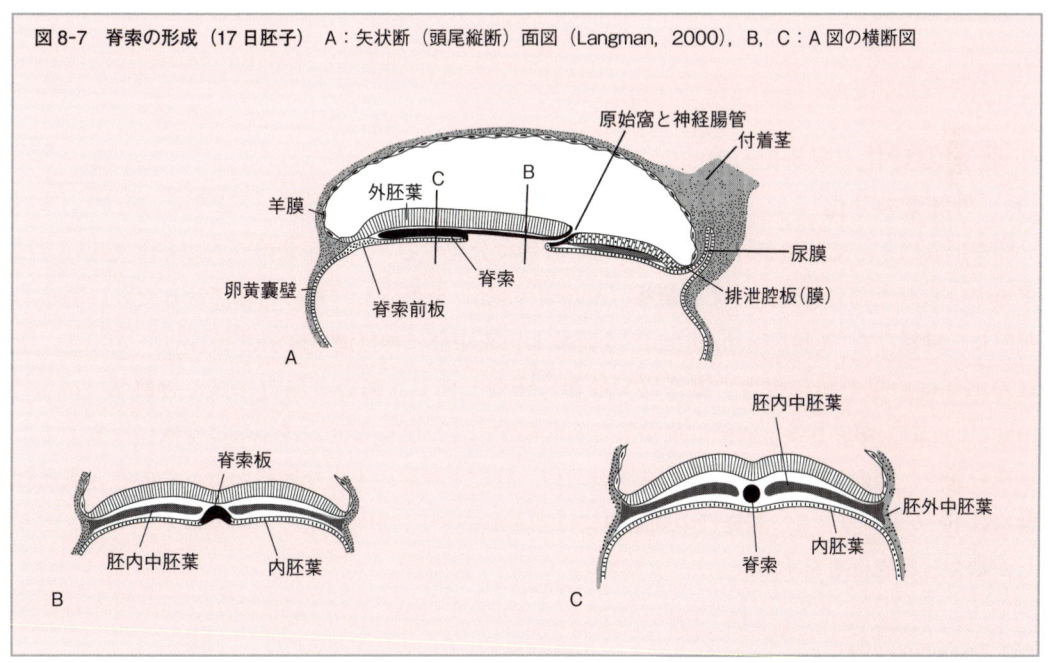

きる．

　原始結節から陥入した胚盤葉上層の細胞が，脊索前板に達するまで直進し索状の脊索突起を形成し，脊索（中心）管となる．脊索管は内胚葉と癒合し，脊索板をつくる．また，原始窩は神経腸管を介して，卵黄嚢と連絡する．やがて内胚葉から分離した脊索板は充実性の**脊索**（notochord）となる．将来，脊索は退行変性し，そのまわりに脊柱が形成される（図8-5～7）．

第8章 ヒトの初期発生──I．受精卵から個体へ

> ### ─ 神経堤の分化 ─
>
> 神経細胞になったものは，脳，脊髄神経の**知覚神経節**となり，また**脊髄神経節（後根神経節）**や自律神経系の**神経節**になる．脳神経のうち**三叉神経（V）**，**顔面神経（Ⅶ）**，**舌咽神経（Ⅸ）**，**迷走神経（Ⅹ）**の神経節は一部神経堤由来である．一般に交感神経の節後ニューロンの末端からはノルアドレナリンが分泌される．さらに，**神経膠細胞**，**神経鞘（シュワン細胞）**や脳脊髄膜（少なくとも軟膜とクモ膜）にもなる．また中胚葉性の**メラニン色素細胞**，歯の**象牙芽細胞**などにもなる．神経堤由来で内分泌細胞になった細胞としては**副腎髄質細胞**（アドレナリンやノルアドレナリンを分泌）や**甲状腺細胞**（カルシトニンを分泌）などがある．また頭部神経堤からは胚の頭部に広がって中胚葉性の目の**毛様体筋**，**角膜**，**顔**，**頸**などの**真皮**などにもなる．
>
> このように，神経堤細胞の最も著しい特徴は，体中に広く，種々の方向に細胞移動し，多様な分化能をもつ幹細胞である．

4-胚葉の分化 (図8-8～12)

[1] 外胚葉の分化

胚葉形成によって胚盤が外・中・内胚葉の3層に分化すると，外胚葉のうちで脊索突起によって裏づけられた部分は肥厚して**神経板**（neural plate）を形成し，この周縁部はしだいに著しく肥厚して**神経ひだ（隆起）**（neural fold）を形成し，正中部に**神経溝**（neural groove）ができ，隆起の上部は胎児の頸に相当する部位で最初に密着し閉じ，頭方と尾方に貫く**神経管**〔neural tube（canal）〕ができる．頭部は後半部よりも幅が広く，脳になり，後半部は脊髄になる．また皮膚の表皮，眼のレンズ，歯のエナメル質，口，肛門，鼻腔の上皮などになる．このとき表皮細胞にはE-カドヘリンを，神経管の細胞膜にはN-カドヘリンが局在して，同型のカドヘリンどうしが結合し細胞密着をする．

[2] 神経堤（冠）（neural crest）

この細胞は，初め神経管の形成時に表皮外胚葉と神経管が接する位置に現れる外胚葉性細胞群である．神経ひだが閉じて神経管ができると，神経ひだの隆起に沿って並ぶ神経外胚葉の細胞は，上皮性の性質を失って隣りの細胞との接着性が失われ，神経管が表皮外胚葉から離れるとすぐに扁平な**神経堤**という細胞群を形成する．神経堤の細胞は神経管の両側に分かれ，その背外側部に移動する（図8-8）．

[3] 中胚葉の分化

胚内中胚葉は，胚盤の外胚葉と内胚葉との間を前方，側方さらに後方に広がり，沿軸，中間，外側中胚葉に分化する．

① **沿軸中胚葉**（paraxial mesoderm）：胚の脊索の両側に位置し，4週後に分節性の塊となる．

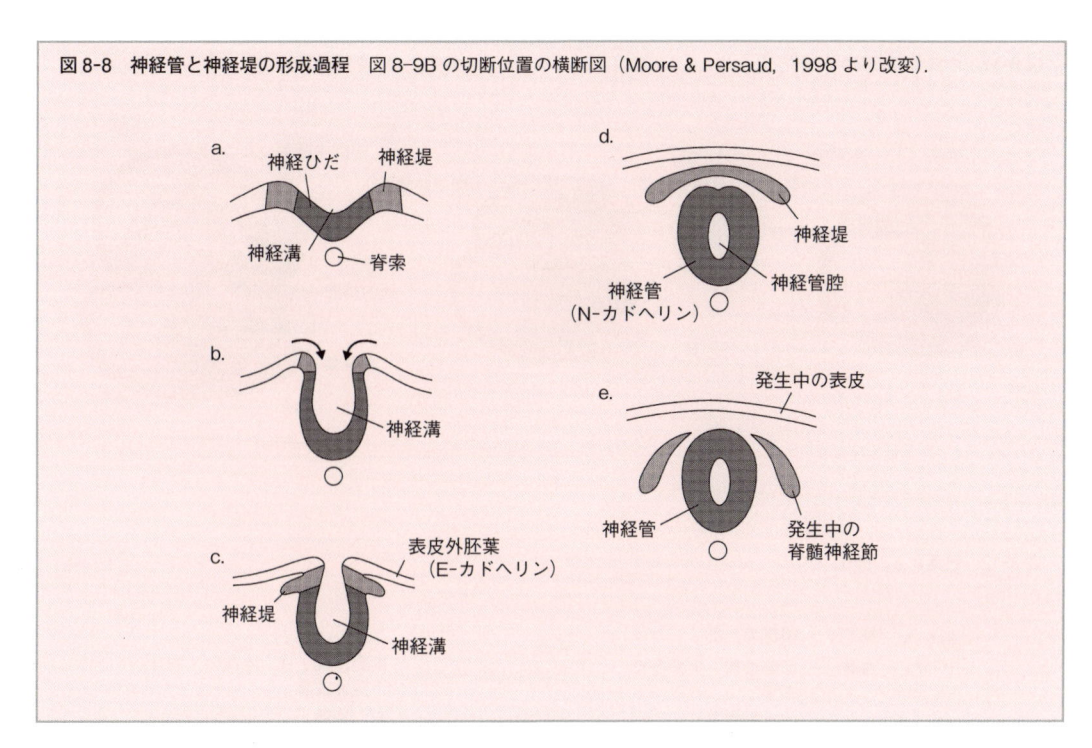

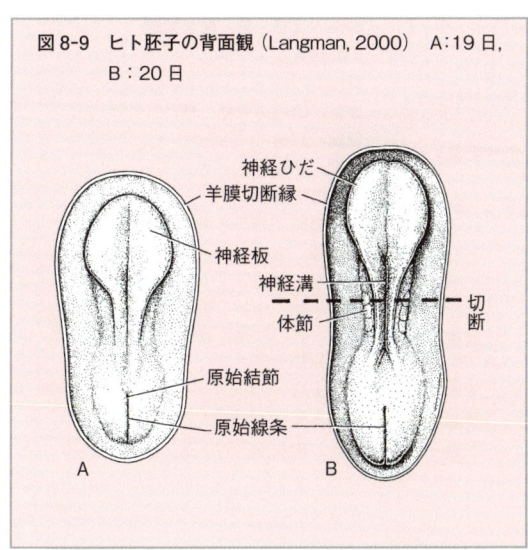

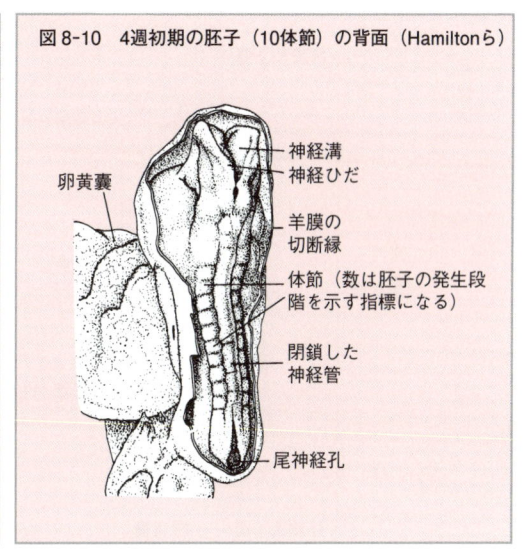

図 8-8 神経管と神経堤の形成過程　図 8-9B の切断位置の横断図（Moore & Persaud，1998 より改変）．

図 8-9　ヒト胚子の背面観（Langman, 2000）　A：19日，B：20日

図 8-10　4週初期の胚子（10体節）の背面（Hamiltonら）

この分節を**体節**（somite）という．（**図 8-9，10，11**）約 43 対の体節が形成されるが，この横断面は三角形で，椎板（節）（腹内側部を占める），皮筋板（節）（背外側部を占める）に分化する．皮筋節からは皮板（節）と筋板（節）が分化し，皮節からは真皮および皮下組織が形成される．また，筋節は筋を形成し，椎板からは骨，軟骨が形成される（**図 8-13**）．

② **中間中胚葉**（intermediate mesoderm）：沿軸中胚葉と外側中胚葉とを結ぶ中胚葉組織で，

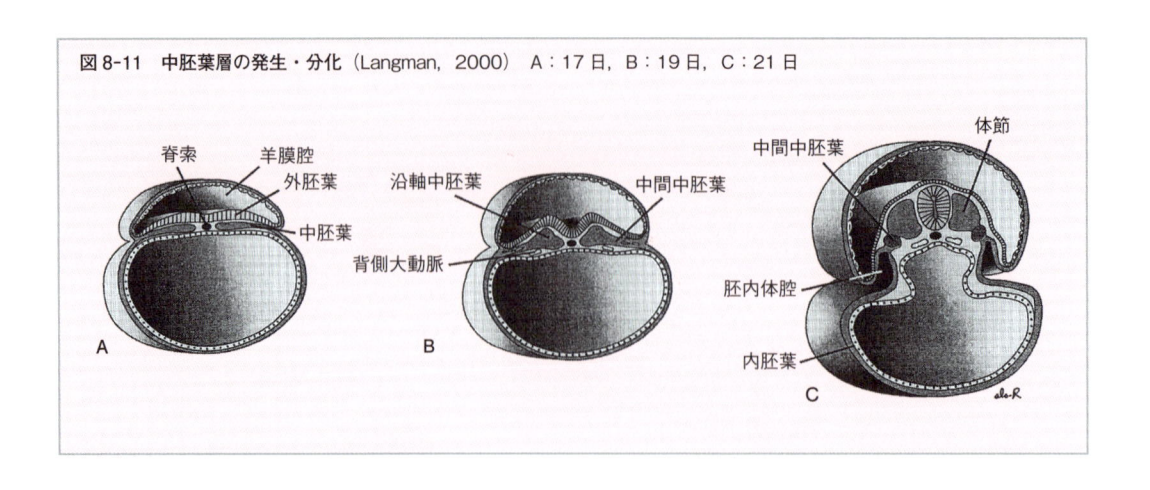

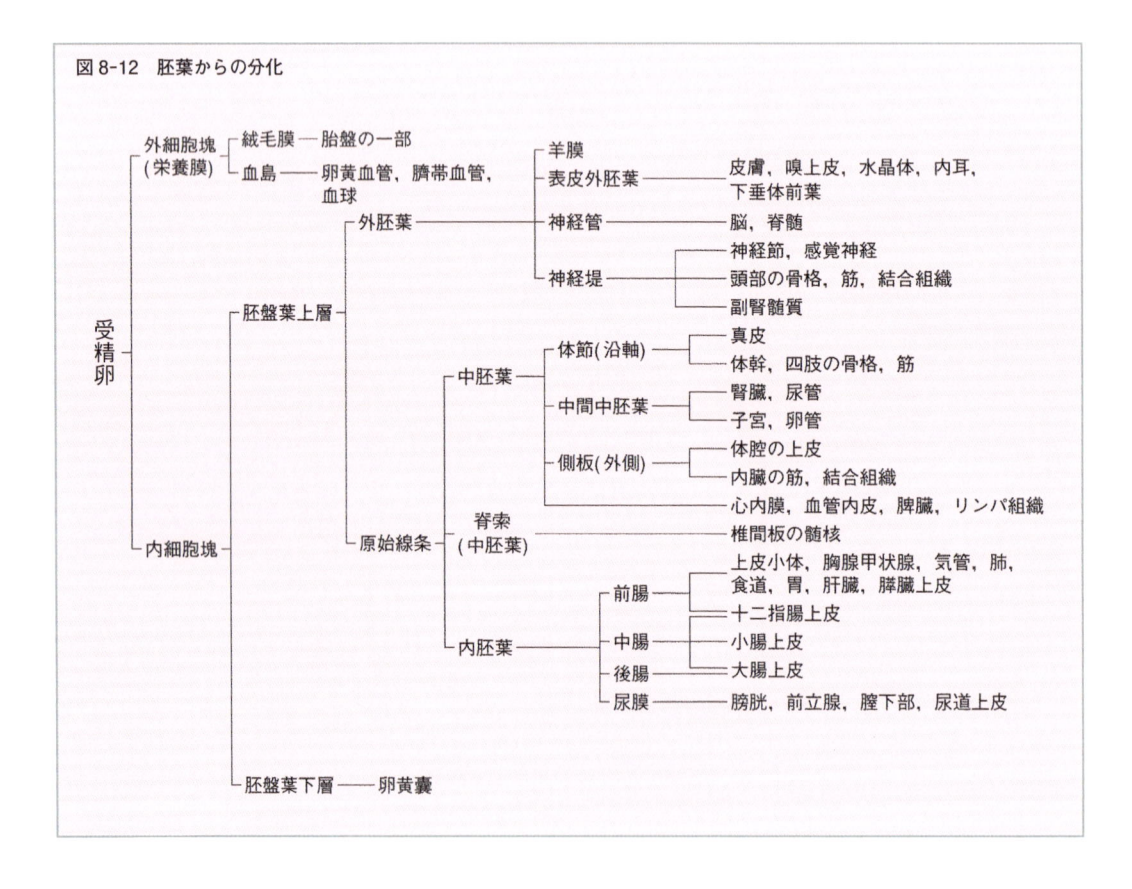

図8-11 中胚葉層の発生・分化（Langman, 2000） A：17日, B：19日, C：21日

図8-12 胚葉からの分化

将来，泌尿器系の排泄管になる．

③ **外側中胚葉**（lateral mesoderm）：中胚葉のうちで最外部にあり，2つに分かれ，**壁側葉**は外胚葉に接し，将来体腔壁となり，**臓側葉**は内胚葉に面して，将来，消化管の壁の材料となる．

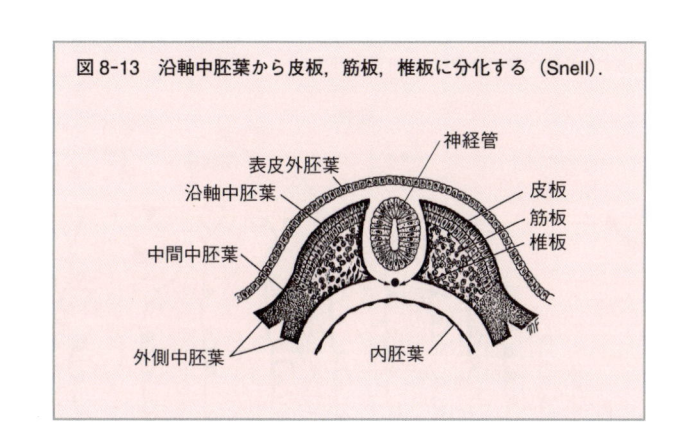

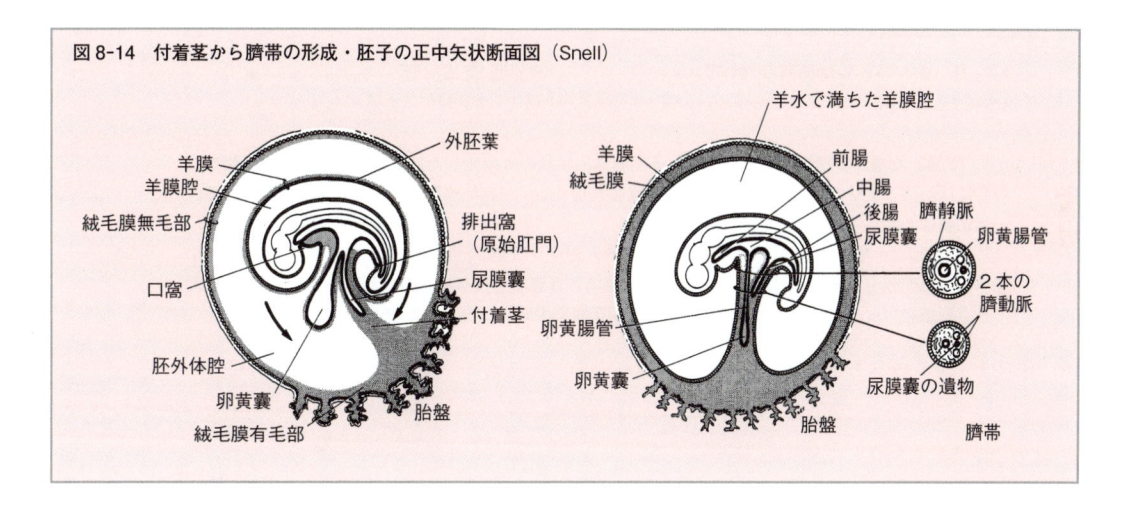

図 8-13 沿軸中胚葉から皮板，筋板，椎板に分化する（Snell）．

図 8-14 付着茎から臍帯の形成・胚子の正中矢状断面図（Snell）

[4] 内胚葉の分化

卵黄嚢はくびれ，前後に長くなり消化管となる．さらに呼吸器官，甲状腺，肝臓，膵臓なども他の組織と関係をもちつつ形成される．一方，消化管の中央部で**卵黄嚢**に通じ（卵黄腸管），これと**尿膜嚢**（ヒトでは痕跡的）などが**付着茎**に含まれ，血管の発生に伴って細長い紐状の**臍帯**[注]となる（**図 8-14, 16**）．

【注】 直径 2 cm，長さ 50～60 cm になり，胎児の身長に等しい．

5-子宮内膜（endometrium）と胎盤（placenta）

[1] 脱落膜（decidua）

子宮内膜（内膜）は，緻密層，海綿層，基底層（**図 8-15**）の 3 層からなる．緻密層，海綿層の 2 層（機能層とよばれる）は着床しないとき（月経期）は子宮内膜のらせん動脈が収縮し，血流途絶が生じ，血液の広範な粘膜への流出がみられ，やがて**粘膜剥離**を起こし，子宮腔内に基底層を残して周期的に脱落して体外に排出される．残存した基底層から子宮腺細胞，らせん動脈の

図8-15 卵巣の変化に対応する子宮内膜の変化（Snellより改変）

1. 受精した場合：胚盤胞が着床すると子宮腺は円柱状の大型化した細胞になり，分泌能を増し，腺腔には粘液，グリコーゲン，脂質などの分泌物が増大し，子宮粘膜動脈やらせん動脈も拡大する．子宮粘膜は肥厚して約5mmになる．
2. 受精しない場合（月経期）：子宮内膜のらせん動脈が収縮し，血流途絶が生じ血液の広範な粘膜への流出がみられる．粘膜剥離を起こし子宮腔内に基底層を残して排出される．そして基底層から子宮腺細胞，らせん動脈などの増殖によって脱落表面の修復が行われる．

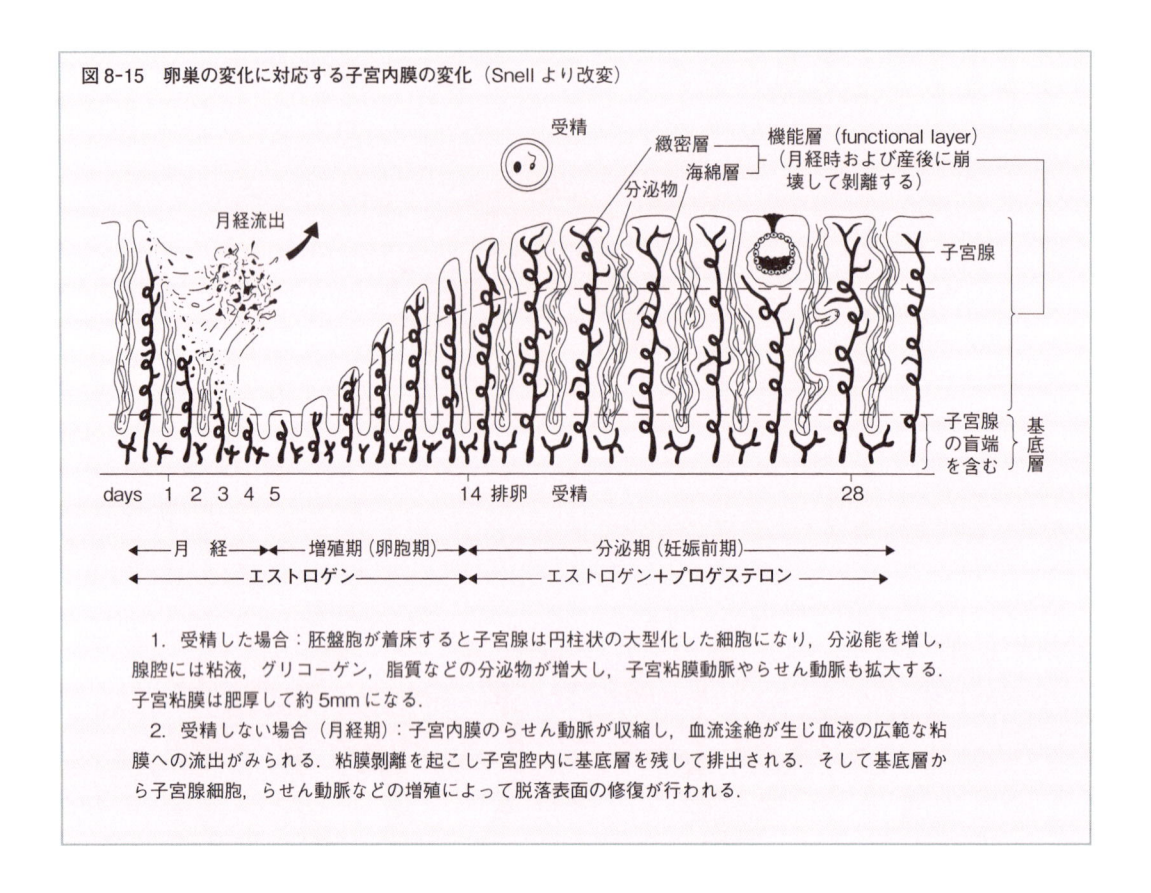

増殖によって剥離した層の修復が行われる．このとき剥離する子宮粘膜を**月経脱落膜**といい，出産時に剥離する粘膜を**妊娠脱落膜**という．

[2] 胎盤の構造と機能

母体と胎児とを結びつける場所が**胎盤**（placenta）で，母体の子宮粘膜と胎児の絨毛からできた器官である（図8-16）．妊娠維持や胎児発育に必要な物質を産出し，胎児はここで母体から栄養，酸素その他を取り入れ，自分の老廃物を母体に放出する．

胎児は臍帯で胎盤に結びつけられている．胎盤が完全に形成されるのは胎生4カ月である．成熟胎盤は，扁平，円盤状で，直径約20 cm，厚さ約2.5 cm，重さ約500 gで胎児の約1/6である．

母親の血液は胎盤の**絨毛間腔**にある約100本のらせん動脈に入り，子宮内膜静脈を経て絨毛を浸し流出する．胎盤では絨毛間腔に血液は約150 ml含まれ，1分間に3〜4回の割で噴射されている．ここで重要なことは，胎児と母体との血液の流れは互いにきわめて接近はしているが決して混合することはない．栄養や呼吸ガス，老廃物や抗体は胎盤の中で母親の血液から栄養膜細胞層と合胞体層よりなる**絨毛膜**を通過して胎盤血液中に拡散して胎児の血管に入る．一方，胎児側の代謝老廃物やCO_2，尿素，尿酸やビリルビン（ヘモグロビンの分解産物）は胎児血液から絨毛

図 8-16 胎盤の構造

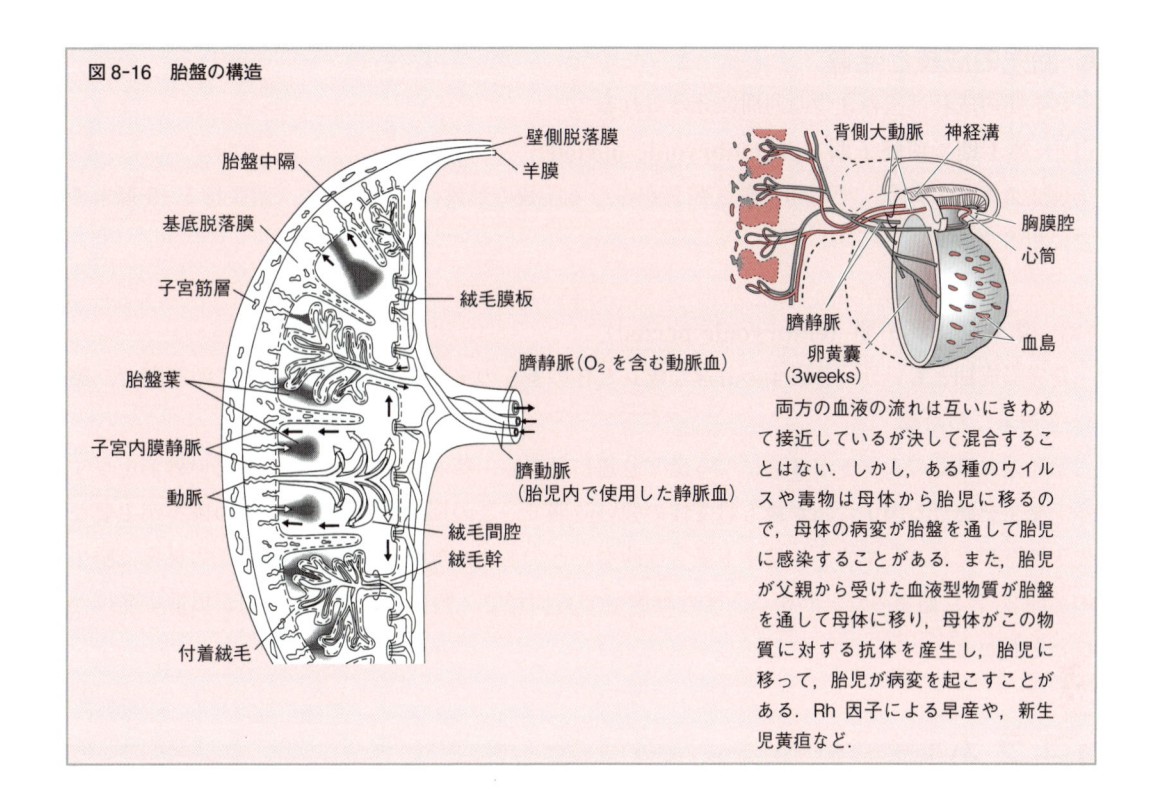

両方の血液の流れは互いにきわめて接近しているが決して混合することはない．しかし，ある種のウイルスや毒物は母体から胎児に移るので，母体の病変が胎盤を通して胎児に感染することがある．また，胎児が父親から受けた血液型物質が胎盤を通して母体に移り，母体がこの物質に対する抗体を産生し，胎児に移って，胎児が病変を起こすことがある．Rh 因子による早産や，新生児黄疸など．

膜・胎盤関門を通して母親の血流中に排出される．

　また，**エストロゲン**（estrogen）（卵胞ホルモン），**プロゲステロン**（progesteron）（黄体ホルモン）などの女性ホルモンは胎盤で産生される（**図 8-15**）．

　低分子である多くの薬剤は胎盤を通過する．アスピリンは大量使用すると胎児に有害である．一般的に麻酔剤（モルヒネなど）を与えると胎児の血管に入り，胎児の呼吸中枢を弱めて，誕生直後の呼吸困難をきたす．

　後産（afterbirth）：出産後，約 30 分で子宮壁から排出される．動物の種類により母体部と胎児部との関係には疎密がある．ヒトでは密接であるが，草食動物では疎で，すぐに剥離して出血があまり起こらないのは，結合組織を介して血管に接しているからである．

　出産（birth）：受精してから出産までの日数は約 266 日（約 38 週）で，分娩までに約 3,000 g に発育する．胎生 6 カ月あるいは 7 カ月の前半に生まれた胎児は生存がきわめて難しい．

　流産（abortion）：妊娠初期には胎盤は剥がれやすいので流産が起こりやすい．これは 2 カ月くらいの胎児の時期に多い．この時期の胚は体長約 25 mm になっているが薬剤や放射線などの影響が強く現れ，また，奇形を生ずる遺伝子の作用がはたらくのもこの時期である．染色体異常における流産の発現頻度は，正常分娩の約 50 倍に達する．

6-胎児の成長と発育

ヒト胚の成長は次の3つの期間に分けられる．

[1] 第Ⅰ期：前胚子期（preembryonic period）

前胚葉期ともいう．受精卵から三胚葉からなる胚盤の形成に至る期間で，胎生第1～3週末までに相当する．

[2] 第Ⅱ期：胚子期（embryonic period）

器官形成期ともいう．各胚葉の急速な成長と体の多くの主要な器官の分化が起こる時期で，第4～8週末にわたる．

第4週にはその大きさが3倍になるほど急速に発育し，第8週になるとヒトらしい外形を呈する．発生を妨げる因子に胚が最も感受性の強い時期で，この期間中に起こる発生の障害が主要な先天性奇形を起こしやすく，発生上最も危険なときである．無脳児が誕生すればこの異常は胎生の23～25日に始まったとわかる．また無肢症でも同様で，胎生第5週に肢原基が損傷を受けたことがわかる．

コラム

— 遺伝子工学から生体組織工学 —

遺伝子DNAを細胞から取り出し，人工的な操作を加えたり，それを利用して組織や個体の形質を変えたり，細菌などに医薬品をつくらせたり，遺伝子産物（タンパク質）を細胞につくらせる技術を遺伝子工学（Genetic Engineering），遺伝子操作（gene manipulation）などとよんでいる．

1970年に発見された制限酵素と逆転写酵素は，遺伝子工学を発展させた．（制限酵素はDNAの特定の塩基配列を切断する）逆転写酵素はmRNAに相補的なcDNAを作るのに用いられ，cDNAは目的遺伝子の検出やそれ自体のクローニングに利用される．**リガーゼ**はDNAの切れ目をつなぐ酵素リガーゼは，組換え体（recombinant）を作成するのに用いられる．遺伝子を組込む相手として用いられるDNAを**ベクター**とよび，ファージや動植物ウィルスおよびプラスミドなどがある．組換え体を取り込ませ増やすためには，大腸菌や酵母などの宿主細胞が必要である．

目的遺伝子を増やしてDNA断片を量的に得る操作を**DNAのクローニング**（cloning）とよぶ．その塩基配列を決定することによって，遺伝子の構造や制御の仕組みを知ることが可能である．ヒトのタンパク質を微生物でつくらせる場合，目的の遺伝子をリボソーム結合部位の後に組込む必要がある（発現ベクターの開発）．また，DNAの増殖法としてPCR法が開発され，微量の試料からでもDNAをクローニングできるようになった．

遺伝子治療の実験例として：

アルツハイマー病の原因物質が脳内に増加するのを遺伝子治療で防ぐことに成功している．原因物質（β-アミロイド）の分解酵素（ネプリライシン）の遺伝子を導入する方法である．マウスの場合，原因物質の生成が50％抑制され，分解が促進される結果を得た．

[3] 第Ⅲ期：胎児期（fetal period）

　胎生3カ月から子宮内生活の終わりまでである．この期間は，胚子期間中に確立された各器官が大きさを増し，さらに発育する時期である．

コラム

― 出生前診断 ―

胎児の遺伝的欠損や健康状態の評価をするのに用いられる．

超音波画像：体内部を超音波（3〜10 MHz）によって走査し，反射エコーをコンピューター解析する．胎児の奇形や心拍異常も知ることができる．また，上記検査のガイドにも用いる．

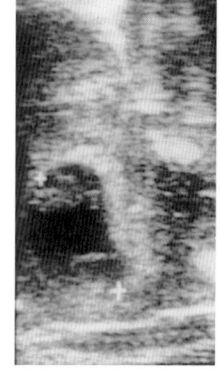

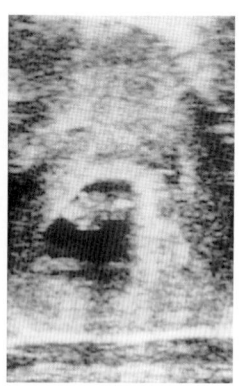

写真：超音波画像
（10週目）

羊水穿刺：妊娠14〜16週に，胎児細胞を含んでいる羊水を採取する．細胞数を増やすために試験管で培養する．培養細胞は，核型（染色体）分析やDNA診断（PCR法で増幅），さらに生化学的検査や酵素検査のために用いられる．

絨毛採取検査：妊娠初期9〜11週に組織の小片を採取して培養後，染色体分析等に用いる．

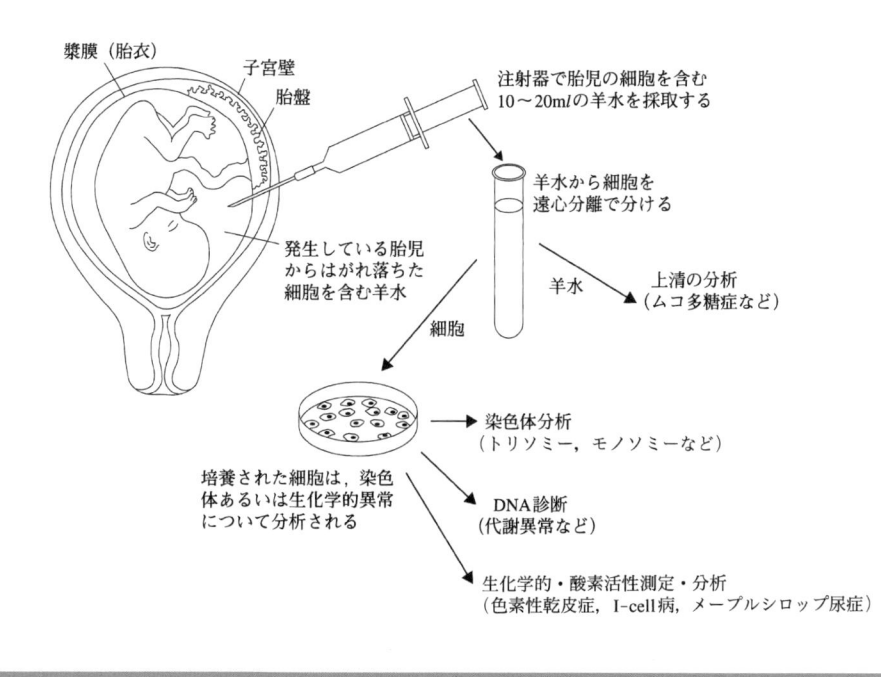

第8章 ヒトの初期発生——I．受精卵から個体へ

まとめと問題

1) 三胚葉の形成と分化を説明する．
2) ヒトの胎盤の構造を描き，そして胎盤における物質の通過方法を説明する．
3) 羊水の形成過程とはたらきをまとめる．

第9章 ヒトへの進化

I. 化学進化

　地球はおよそ46億年前に誕生したと考えられている．はじめ地球は高温のガス状の球体であったが，しだいに，比重の小さい水素・炭素・窒素などは周辺部に，比重の大きい鉄・ニッケルなどは中心部に集まって地殻が形成されたと推測される．また，遊離酸素はどの部分にも存在しなかったと考えられている．その間，現在よりもはるかに強力な太陽からの宇宙線，放射線，紫外線などにさらされ，大気中では放電が続き，地表にはマグマが噴出する1,000℃以上の環境では，大気中の水蒸気・水素・アンモニアや，地殻からの窒素・一酸化炭素・二酸化炭素などの無機物から，メタン（CH_4）・シアン化水素（HCN）・ホルムアルデヒド（HCHO）などの単純な有機物は容易に合成されたと考えられる（図9-1）．

　約40億年前，地球の表面付近が100℃以下に冷えると，水蒸気が熱湯の雨となって降り続き，大気中や地殻の物質を溶かして原始の海がつくられた．水は環境の温度を安定化させ，物質を溶解して化学反応を容易にするため，より多くの種類の有機化合物が合成されたと推測される．それらの有機化合物が浅い海底に堆積した粘土層に吸着されると，粘土中の金属元素などの触媒作用によって別種類の有機化合物の合成も促進されたと考えられている．これらの過程が繰り返されて，しだいに生命の素材となる有機化合物が合成されていったと推測され，生命誕生までのこのような物質的な準備段階を化学進化という．

　ミラーとユーリー（Miller, S.L. and Urey, H.C. 1953, 1955）は，原始の地球環境を想定した

図9-1　地球の誕生（想像図）

図9-2 ミラーの実験装置

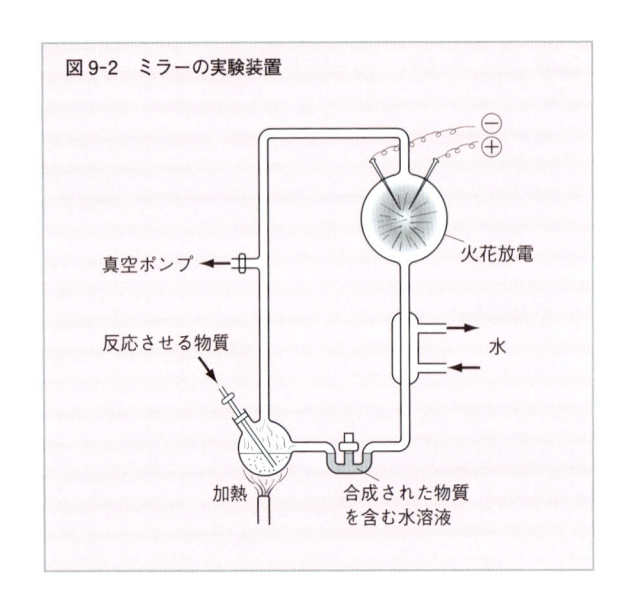

図9-2のような実験装置を作製し，前述のような推測について検証を試みた．水素・メタン・アンモニアを入れた無菌状態のフラスコに水蒸気を送り込み，1週間にわたって加熱と火花放電を続けたところ，窒素・一酸化炭素・二酸化炭素・シアン化水素などが得られた．さらに加熱・放電を継続すると，アルデヒドやカルボン酸のほか，グリシンやアラニンなどの**アミノ酸**の合成も確認され，生物体を構成する主要な有機化合物と密接な関係をもつ有機化合物（生体物質）が原始の地球で合成された可能性を示した．

　ミラーらは，原始地球の大気中の成分が太陽系の星雲ガスや衝突した小惑星の大気に由来すると想定し，実験には還元性の物質を用いたが，現在では，地球内部から噴出したガスに由来する酸化性の物質が主成分であったと考えられている．この考えに基づいて，多くの研究者によってミラーらの実験を応用して，窒素・一酸化炭素・二酸化炭素・水蒸気などの混合気体を用いた場合でもさまざまな低分子の有機化合物の合成が確かめられている．原始地球の大気の成分に違いはあるが，これらの実験は生体物質の起原の一端を説明するものといえよう．

II. 生命の誕生

　現在，地球上には学名がつけられたものだけでも100万種以上の動物と25万種以上の植物の生息が確認されているが，さまざまな分野の研究によって，それらすべての生物は原始の地球で偶発的に発生した原始生命体を共通の祖先にもつと考えられるようになった．では，地球上に最初に誕生した生命とはどのようなものであろうか．原始生命体に関するさまざまな研究のうち，代表的なものに次のようなものがある．

　オパーリン（Oparin, A. I. 1924）やホールデーン（Haldane, J. B. S. 1929）が提唱した仮説では，原始地球の海洋中で太陽エネルギーによって単純な物質から合成されたアミノ酸が結合してタンパク質がつくられ，偶然に触媒作用をもつようになった一部のタンパク質が新たな物質をつくり出し，それらの相互作用でさらに複雑な高分子物質が生じ，ついに有機物を分解したときに生じるエネルギーを利用して自己複製する原始生命体が出現したと推測している．

その後，オパーリンは「生命の起原」（1936年刊）でこの仮説を発展させ，原始地球の海底の粘土層に吸着された高分子物質が水の分子を吸着してコロイド粒子になり，これが集合した**コアセルベート**（coacervate）が原始生命体の起原になりうることを主張した．実際，人工的につくったコアセルベートでは，周囲に境界が形成され，物質を取り入れたり排出したりしながら一種の代謝によって成長することや，極限まで大きくなると分裂することなどが確認されている．

　フォックスと原田（Fox,S.W. 原田　馨 1963）は，ミラーらの実験の条件を原始地球の海底の熱水噴出孔と想定した実験を行い，高温下で200分子ものアミノ酸が自動的に結合してタンパク質（熱プロティノイド）ができることや，そのタンパク質は水中でいくつかが集合して2層の膜をもつ**プロティノイドミクロスフェア**（proteinoid microsphere）を形成することを発見した．これは，生体物質のタンパク質でできたコアセルベートともいえる構造体で，原始地球の海底火口近くなどでは，コアセルベートでは説明できない「偶然ではなく自動的に形成されたタンパク質」をもつ原始生命体の誕生の可能性を示した．

　フォックスらの実験結果を支持するような物証が，海底の熱水噴出孔と関係の深い地層から発見されている．現生の細菌に似た糸状の化石がオーストラリアで，生物由来の炭素が蓄積した堆積層がグリーンランドで発見され，いずれも35〜38億年前のものと考えられている．さらに，2017年にはこれまでで最古の生物化石がカナダで発見された．原始的な細菌が形成したと思われる管状の化石で38〜43億年前のものと推測されている．これらの発見は，海底の熱水噴出孔の周辺で生命が誕生したことを示す有力な裏付けといえよう．

III.　生命システムの進化

　生命とは，①自分と同じ構造をつくり出す自己複製能力をもつこと，②取り入れた物質を別の物質に変える触媒能力をもつこと，の2つの条件を満たすものと定義することができる．

　前項の諸仮説のように，原始生命体の主要な素材をタンパク質とする環境は**タンパク質ワールド**（protein world）とよばれる．しかし，タンパク質は，生命の条件②は満たすことはできても①を満たすとは限らないことから，タンパク質ワールドの実在を疑問視する研究者も多い．

　チェック（Cech,T.R. 1982）[注]は，RNAが自身の構造の一部を分解（ヌクレオチド鎖のリン酸ジエステル結合を切断）する機能をもつことを発見し，この触媒作用を**リボザイム**（ribozyme）と命名した．その後，多くの研究者によって，RNAには自己複製能力もあることが確認されたことから，RNAは生命の条件①と②を満たすことになり，「RNAが原始生命体を制御していた」とする**RNAワールド**の考え方がギルバート（Gilbert, W. 1986）によって提唱された．

　　[注] 1989年に「RNA触媒機能の発見」でノーベル化学賞を受賞．

　タンパク質ワールドとRNAワールドのどちらが先に出現したかという疑問に対して，最近で

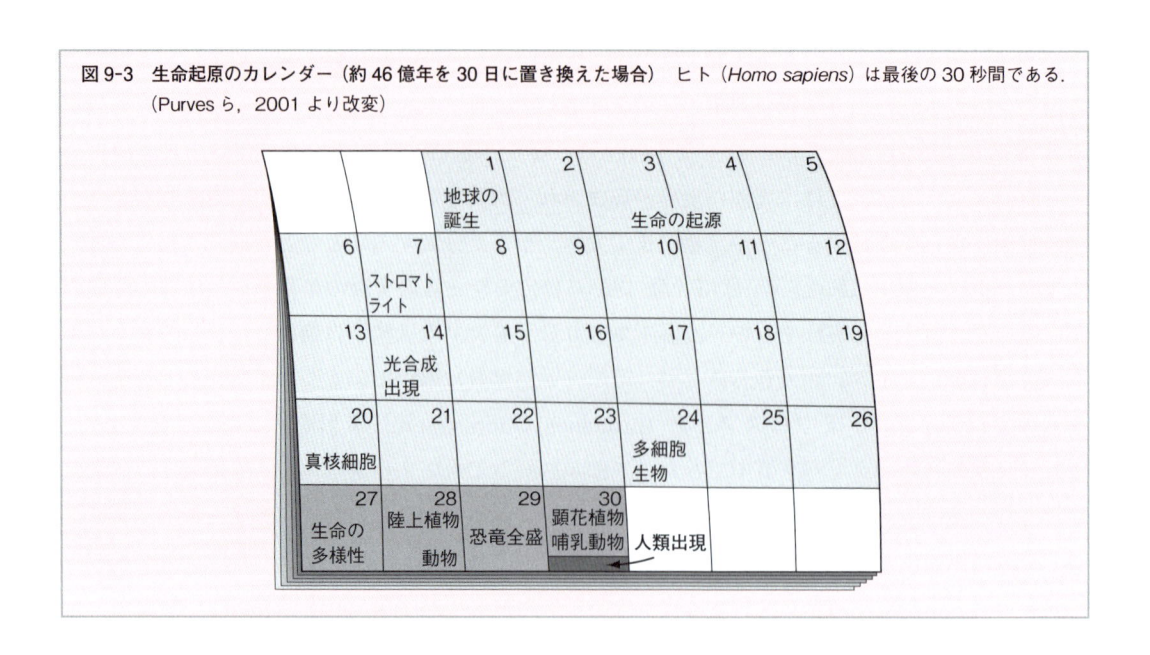

図 9-3 生命起原のカレンダー（約 46 億年を 30 日に置き換えた場合） ヒト（Homo sapiens）は最後の 30 秒間である．
(Purves ら, 2001 より改変)

		1 地球の誕生	2	3 生命の起源	4	5
6	7 ストロマトライト	8	9	10	11	12
13	14 光合成出現	15	16	17	18	19
20 真核細胞	21	22	23	24 多細胞生物	25	26
27 生命の多様性	28 陸上植物動物	29 恐竜全盛	30 顕花植物哺乳動物 人類出現			

は，RNA ワールドが最初に出現したとする考え方が有力になっている．

現存するほとんどの生物では，触媒作用は主にタンパク質が受けもち，RNA はタンパク質の合成過程に関係するだけで，自己複製機能はすべて DNA が受けもつというシステムが確立している．これは **DNA ワールド** とよばれているが，原始生命体における RNA ワールドやタンパク質ワールドから現在の DNA ワールドに移行した過程はまだ説明されていない．

前述の生物化石などの物証から，地球の誕生から約 5 億年を経て最初の生物が出現したと考えられるが，それらがどのような生命システムをもっていたかなどは解明されていない．

約 27 億年前に，クロロフィルをもつ原始的なシアノバクテリアが出現した．それらが形成した **ストロマトライト** という層状の岩石はオーストラリアなどの浅い海で現在も目にすることができる．それらの光合成によって大気中に二酸化炭素が減少し酸素がしだいに増加すると，やがて酸素を利用できる生物が出現し，効率的なエネルギー転換を武器に繁栄するようになった．約 15 億年前には，真核生物が出現して子孫へ正確に遺伝情報を伝えることが可能になり，10 数億年前には多細胞生物が現れ，約 8 億年前には，増えた酸素から大気を囲むようにオゾン層が形成され始め，地上への有害光線の減少に伴って水中から上陸を始める生物が出現し，飛躍的に生物種が増加したと推測されている(図 9-3)．

IV. 進化の事実と証拠

1992 年リオ（ブラジル）で開催された地球サミットでは，人類の将来にとって「生物多様性

保全」が緊急の課題であることが宣言された．それは自然に対して「持続可能な発展」を今後の指針とするメッセージである．

生物多様性とは，内的・外的環境要因によって遺伝子に多様性が起こり，多様な地球環境条件がつくられ（生態系の多様性），適応する生物が現れることである（種の多様性）．その相互作用によって多くの生物種が誕生している．

生物の進化とは，生命体が地球上に誕生してから現在に至るまでの長い年月の間に，自然環境の変化のなかで適応放散などにより，しだいに変化し多様化することである．

ここでは，主な研究法や諸説の概略を述べる．

1-分類学・形態学的な研究

種と種の間などで中間の形態がみられることがある．肺魚類は魚類と両生類の中間型，単孔類は鳥類と哺乳類の中間型を示し，ともに共通の先祖から進化してきたことを示唆している（図9-4）．一般に形態やその機能は違っても，基本構造が同じで，遺伝的，発生的起原が等しい器官を**相同器官**という．オットセイの前ビレ，コウモリの膜翼，ヒトの手と腕などは外観は似ていないし，全く違ったはたらきをしているが，その骨格の基本構造は共通である脊椎動物の前肢として同じ起原をもつものと考える．これらは同様の骨，筋，神経，血管などをもち，似た発生過程をたどっている．

本来の機能を失って，形だけが残っている器官を**痕跡器官**（退化器官）といい，系統学上重要で，進化の証拠としてあげられる．ヒトには100以上の痕跡器官があり，虫垂，尾骨，智歯，耳殻に付属していて耳を動かす耳介筋などである（図9-5）．

ダーウィンは『人間の由来』で痕跡器官は変異性に富むが，自然選択の影響を受けない耳介結節（ダーウィン結節）などはヒトが下等な動物から由来した証拠としている．

2-比較発生学的な研究

ヘッケル（Haeckel, E.H. 1867）は"生物の個体の発生は，その種の進化の跡を反復再現する"という説を強調した（**発生反復説**）．**ベーア**（Baer, K.E. von 1827）は，「すべての脊椎動物は，

図9-4　肺魚(lung fish)の一種 protopterus（渡辺強三博士）
　胸ビレおよび腹ビレは，細長く，強く交互に動かして移動する様は，陸上をはう脚のようで両生類との近縁を思わせる．体長約60cm．ナイジェリア北部にて採集

発生の初期ではよく似ており，ヒトの胚を他の胚と区別することは一見容易ではない．発生経過とともに，互いに別々の種になってゆく」という前進偏向説（ベーアの法則）を述べている（図9-6）．初期発生の形態が類縁関係が近いほど類似性が高い点から，共通の祖先から進化したものであると考えた．

3-比較生理学，生化学的な研究

種々の動物の血漿タンパク質の間の相似性は抗原抗体法で調べられる．ヒト血清に対する抗体をウサギでつくり，ウサギ血清をヒトの血清に混ぜると抗体の作用で白い沈殿（抗原抗体反応）ができる．次にウサギ血清をチンパンジーの血清に混ぜると沈殿を生ずる．しかし，ヒヒの血清では沈殿は僅少で，イヌでは沈殿を生じない（図9-7）．このように多くの生物に共通するタンパク質のアミノ酸配列やその遺伝子（DNA）の塩基配列は近縁のものほど差が少ない（分子系統樹）（図9-8）．

リボソームは地球上に現存するすべての生物の細胞内に含まれている．その構造を大サブユニット（亜粒子）と小サブユニットに生化学的手法で分離し，さらに小サブユニットからRNAを取り出すと3種類のrRNAに分けられる．16S（原核生物・真正細菌），16S様［Archaea（アー

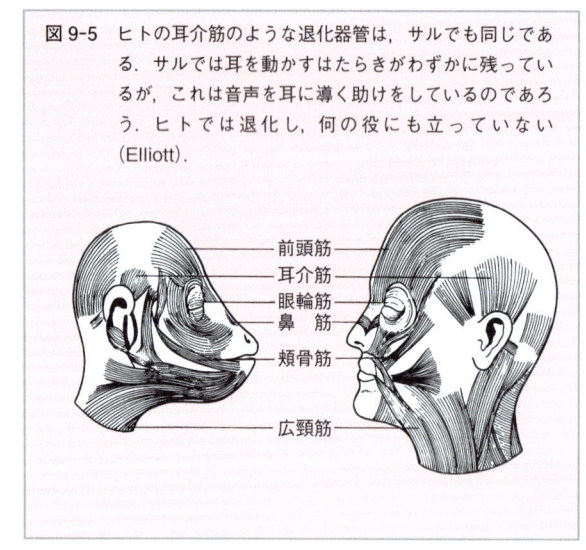

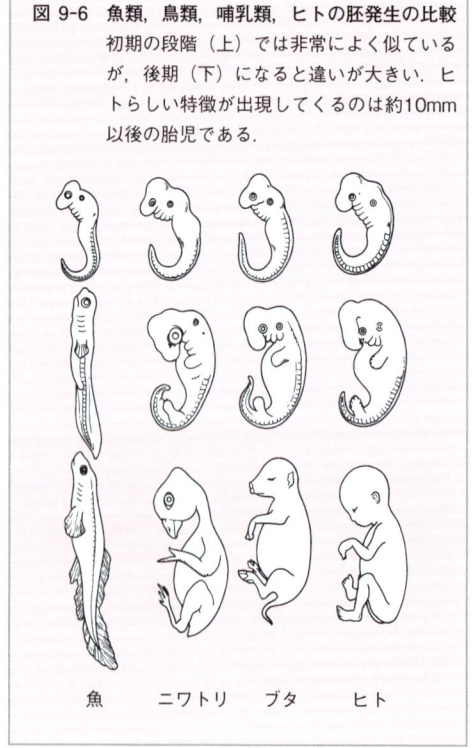

図9-5 ヒトの耳介筋のような退化器官は，サルでも同じである．サルでは耳を動かすはたらきがわずかに残っているが，これは音声を耳に導く助けをしているのであろう．ヒトでは退化し，何の役にも立っていない（Elliott）．

図9-6 魚類，鳥類，哺乳類，ヒトの胚発生の比較
初期の段階（上）では非常によく似ているが，後期（下）になると違いが大きい．ヒトらしい特徴が出現してくるのは約10mm以後の胎児である．

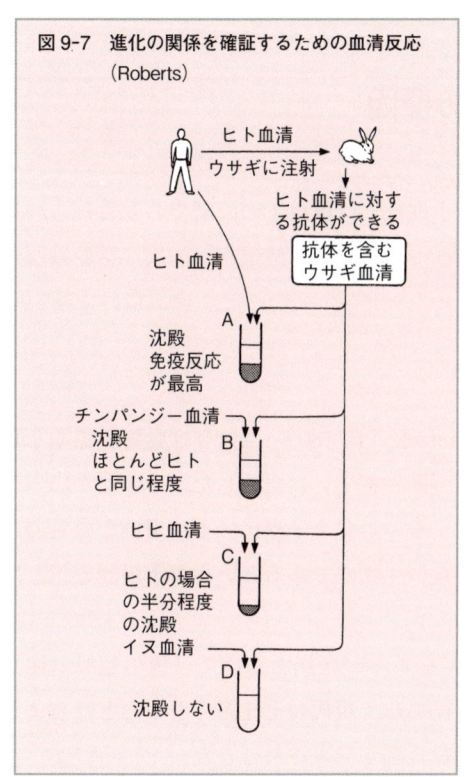

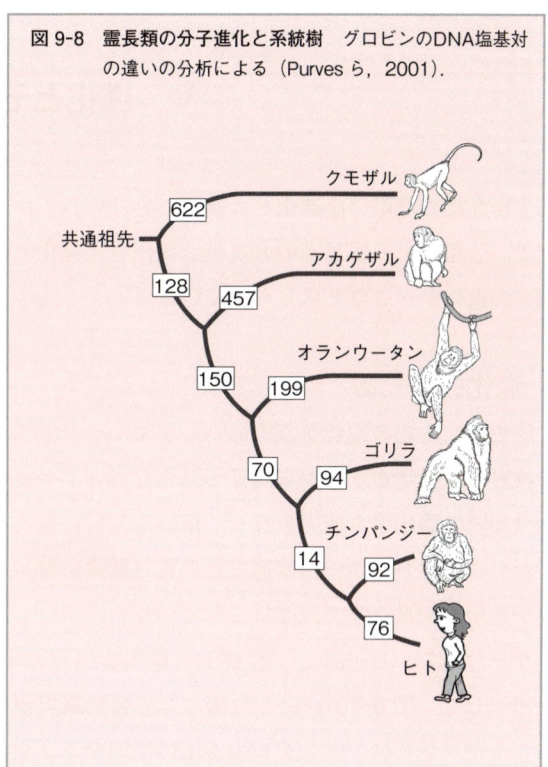

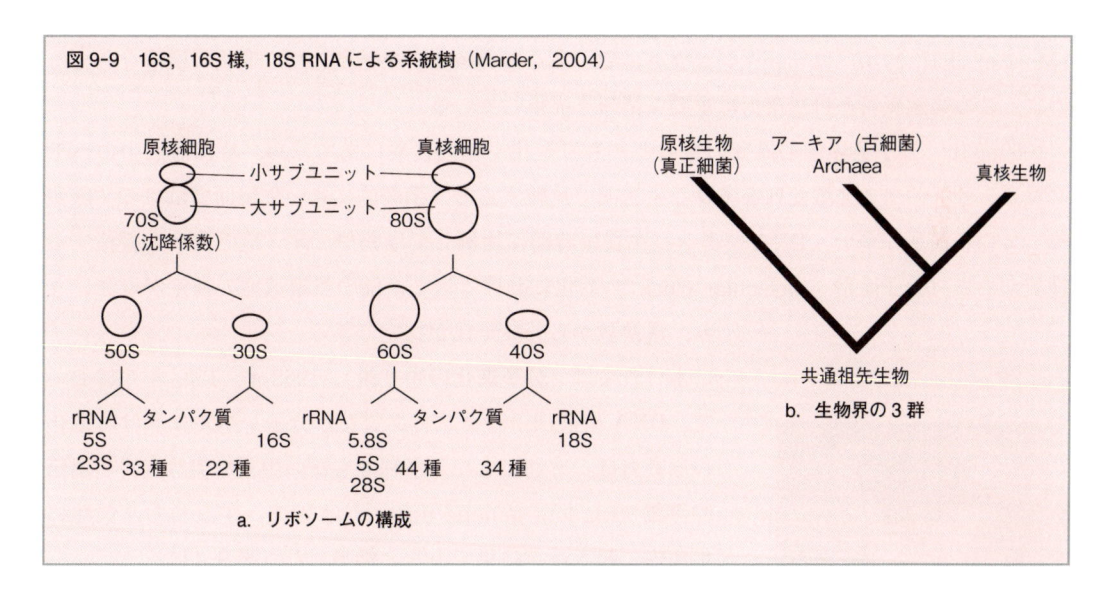

図9-7 進化の関係を確証するための血清反応 (Roberts)

図9-8 霊長類の分子進化と系統樹 グロビンのDNA塩基対の違いの分析による（Purvesら，2001）．

図9-9 16S，16S様，18S RNA による系統樹（Marder, 2004）

a. リボソームの構成

b. 生物界の3群

キア古細菌）］と 18S（真核生物）の RNA の塩基配列を比較すると，生物は3つの群に分かれて進化していることが解明された（図9-9）．

第9章 ヒトへの進化——Ⅳ．進化の事実と証拠

V. 進化とその要因

生物進化の段階は**小進化**と**大進化**に分けられるが，小進化とは種以下の段階での変異からの進化で，分類学上の属以上の大規模な変化を大進化という．小進化が自然選択（淘汰）を受けながら，大進化が起こると考えられている．

1-進化のしくみ

歴史的に生物の進化を認めていたラマルク（de Lamarck, J.B. 1809）は無脊椎動物の標本を比較検討し，生物が下等から高等へ進化していく事実を『動物哲学』に記載した．そのなかに，生物は環境に**適応**する能力を有し，用いる器官は発達し，その形質を子孫に伝え，用いないものはしだいに退化し，ついには違った形質（**獲得形質**）をもつ生物ができるという**用不用説**を示したが，遺伝学や進化学では支持されていない．

ダーウィン（Darwin, C.R. 1859）は生物進化の事実を多くの証拠をあげて『種の起原（源）』を出版した（図9-10）．その原因として**自然選択説**を提唱し，現代の進化説でも中心となるようになった．さらに，メンデルの遺伝の法則をふまえた総合説が発表されてきた．

生物の進化には，遺伝子の**突然変異**（DNAの塩基配列の変化）が必要である．モーガン（Morgan, T.H. 1910）はショウジョウバエで，多くの突然変異を発見した．進化の機構を考えるのに，この突然変異と自然選択は重要な情報を提供している．

1960年代，分子遺伝学的研究の発展とともに進化や種内変異にあてはめ，特に血液中のヘモグロビン分子のアミノ酸配列を多様な生物間で比較すると，系統的に遠い生物間ではアミノ酸が違っている箇所が多い．DNAやタンパク質は時間に比例して塩基やアミノ酸の置換を蓄積する性質がある（**分子時計**：molecular clock）．進化におけるアミノ酸の置換速度の推定が可能になり，置換数から分岐年代が推定できる．

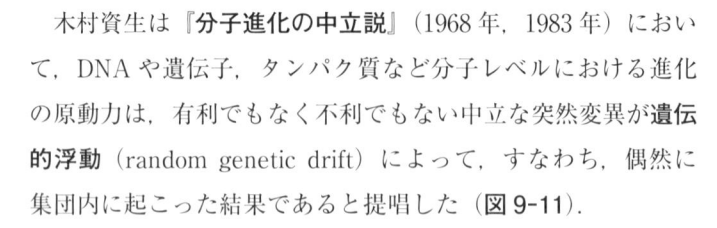

木村資生は『**分子進化の中立説**』（1968年，1983年）において，DNAや遺伝子，タンパク質など分子レベルにおける進化の原動力は，有利でもなく不利でもない中立な突然変異が**遺伝的浮動**（random genetic drift）によって，すなわち，偶然に集団内に起こった結果であると提唱した（図9-11）．

① 有害な変異は自然選択によって，集団から除去される．

② DNAに蓄積した変異は，自然選択に対して中立的突然変異である．ほんの少しの有利な変異が表現型レベルの進化に関与して，これには自然選択がはたらく．

図9-10 ダーウィン（73歳）

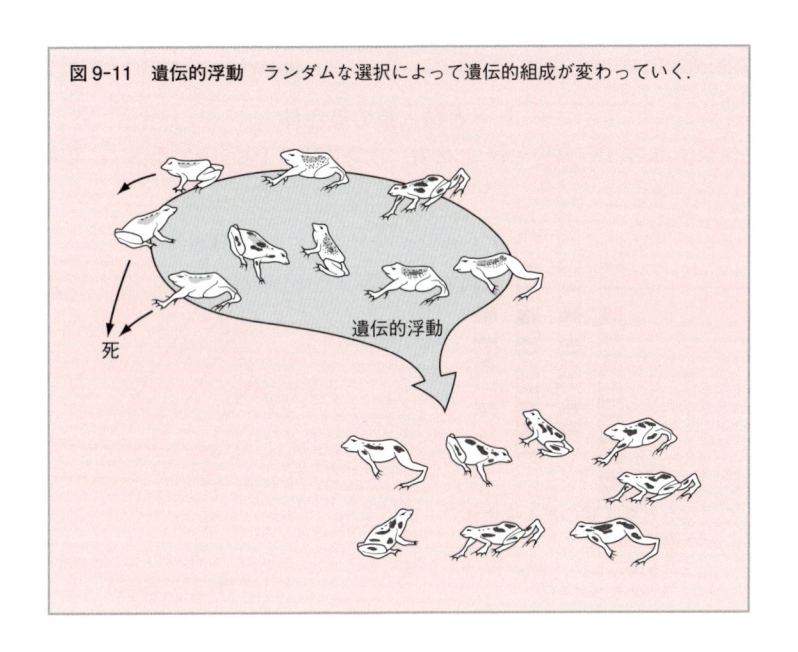

図9-11 遺伝的浮動 ランダムな選択によって遺伝的組成が変わっていく．

VI. ヒトの進化

　ヒト（人類）はいつ，どこで，どのように他の類人猿の系統と分かれて発生したかに関して，人類の祖先にきわめて近いと思われる類人猿の系統の化石が発見され，その特性や発掘場所から推測される当時の生態学的状況と，霊長類・類人猿の知的行為をもとにして，人類の進化の過程をたどることができる．

　最初の**霊長（サル）目**（Primates）＝霊長類が出現したのは，約6,500万年前白亜紀末頃といわれる．そのなかには，**原猿類**（キツネザル・メガネザルなど），**真猿類**（ニホンザルなど），**類人猿**（ゴリラ・チンパンジーなど）やヒトが含まれる（**図9-12, 13**）．最も著しい霊長類の適応は行動範囲に対応する神経系の発達にみられる．神経系における主な進化の傾向は大脳半球，特に前頭葉がきわめて大きくなったことである（**図9-14**）．さらに霊長類は，屈伸自在の骨格をもつようになった．自由に動かせる四肢と4本の指と母指で枝をつかむことができる長い対掌性指をもち樹上生活に適応している（**図9-15**）．

1-アウストラロピテクス属　*Australopithecus*（猿人）

　最古の人類の化石は，東アフリカから出土した約360万年前の**アファール猿人**（*Australopithecus afarensis*）で，脳容積約50 ml，身長約100 cmのチンパンジーと同じくらいで，直立二足歩行していた有名な女性「ルーシー」が合まれる．

コラム

― ヒトと類人猿の染色体 ―

ヒトの染色体数は46本で，常染色体は22対，性染色体は1対（XXかXY）である．

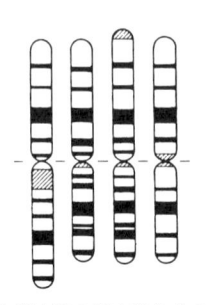

ヒトと類人猿の第1染色体のバンド模様の比較
左から順にヒト，チンパンジー，ゴリラ，オランウータン．

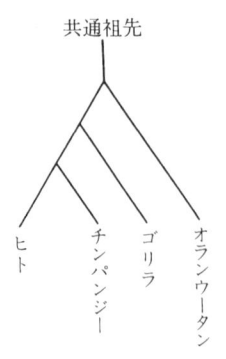

ヒトと類人猿の系統樹

　チンパンジー，ゴリラ，オランウータンの染色体数はすべて48本で，常染色体が23対あり，その核型はヒトとよく似ている．一方，テナガザル類では染色体数は44～50本である．染色体分染法が開発され，ヒトの第1染色体は，チンパンジー，ゴリラ，オランウータンの染色体とよく似ており，特に短腕のバンド模様はそっくりである．ヒトの第2染色体の短腕のバンド模様は，チンパンジー，ゴリラ，オランウータンの第12染色体（端部着糸型）と似ているが，長腕のほうはチンパンジーの第13，ゴリラとオランウータンの第11染色体（ともに端部着糸型）に似ている．このことから，ヒトの第2染色体は，チンパンジーの第12と第13染色体が融合したために染色体数が48本から46本に減少したと推論される．ゴリラよりチンパンジーのほうがヒトと一致する染色体が多い．ヒトと類人猿の共通の祖先から，まずオランウータンが分かれ，次にゴリラ，最後にヒトとチンパンジーが分岐したのではないかと想像される．しかし，Y染色体の蛍光染色法により，ゴリラのほうがヒトに近いとする研究もある．

2-ホモ属　*Homo*

　猿人から分かれ，約230万年前ヒトの祖先といわれる**ホモ・ハビリス**（*Homo habilis*）が出現した．身長約150 cm，脳容積約650～800 mlで，石器などの道具を器用に使用していたと考えられている．

　さらに，約180万年前に**原人ホモ・エレクトス**（*Homo erectus*）が出現した．アフリカ，ヨーロッパやアジアに広く生活しており，アフリカに起源をもつジャワ原人やペキン原人などが含まれる（脳容積約1,000 ml）．石器や火の使用など発達した文化をもっていたが，骨格は眼窩上隆起をもち，突顎であることは猿人と似ていた．

　約10～20万年前になると，**ヒト**（*Homo sapiens*）はアフリカで誕生して，アジアからヨーロッ

キツネザル　　　メガネザル　　　　図9-13　チンパンジー（類人猿）
図9-12　原猿類

図9-14　霊長類の進化における脳の視覚領と大脳半球の拡大　ブタオザルは地上生活で，ツパイは樹間生活である（Camp）．

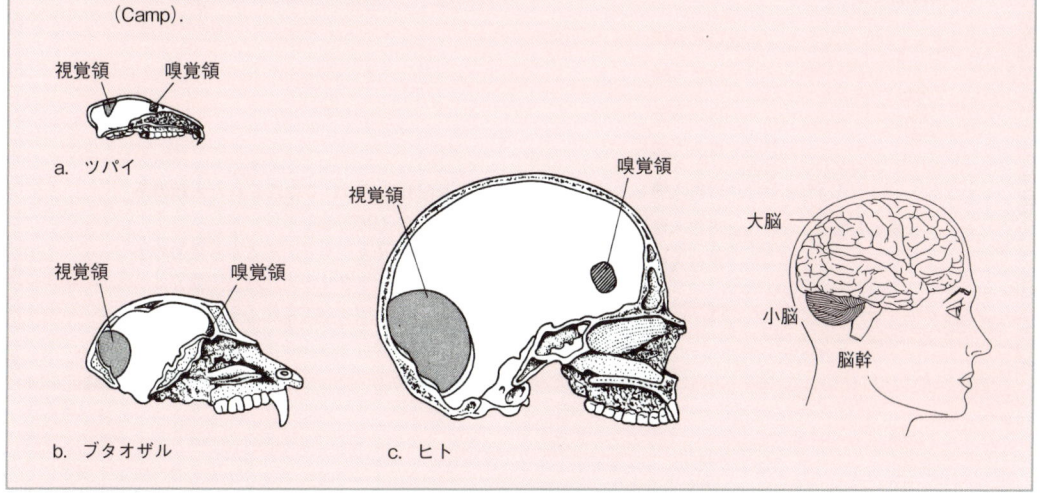

視覚領　嗅覚領
a. ツパイ

視覚領　嗅覚領
b. ブタオザル

視覚領　嗅覚領
c. ヒト

大脳
小脳
脳幹

図9-15　霊長類の手　カギ爪をもった比較的動きの悪い指と対掌性の指をもち，爪で指先を保護するヒトとの進化の方向を示す（Camp）．

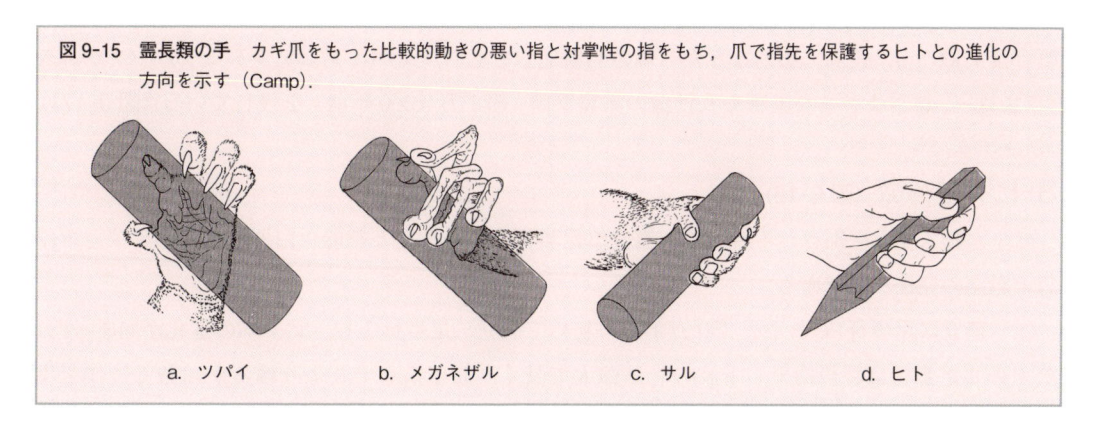

a. ツパイ　　b. メガネザル　　c. サル　　d. ヒト

第9章　ヒトへの進化——Ⅵ．ヒトの進化

177

> # コラム
> ## ― mtDNA と人類の系統樹 ―
>
> 　地球上には多様な生物が共存し，細菌から単細胞生物やヒトまで，その形態も機能も遺伝的環境も多種多様であるが，これらはDNAを遺伝物質とするDNA型の生物であり，いずれも30億年余の進化の過程を経ている共通点がある．
>
> 　人類の系統樹は，ミトコンドリアのDNA塩基配列（mtDNA）をもとにして分子進化学的に研究されている．本来，mtDNAには修復機構がないので，mtDNAの変異速度は核DNAの変異より約10倍も速く，大きな個体差を示す．1987年 Wilson A. らは世界の主要な地域（アフリカ，アジア，ヨーロッパ，ニューギニア，太平洋諸島）の多くの女性のmtDNAを収集し，その塩基配列を比較して人類の系統樹を作成した．mtDNAは卵子から伝達されるため，母方の系統を追跡できる．これによると「すべての現代人は約20万年前にアフリカに生きていた1人の女性の子孫である」＝ミトコンドリア，イブといわれる．
>
> 　Cann, R., Stoneking, M., Wilson, A.：Mitochondrial DNA and human evolution. *Nature*, **325**：31〜36, 1987.
>
> **mtDNA の塩基配列に基づいて作成された人類の系統樹**（Cann, P.L. ら, 1987）
> 　樹の根の部分はアフリカにあり，そこから最初の子孫が2種出現し，片方はアフリカ人だけに，他方はアフリカ人とそれ以外の集団すべてに伝えられた．

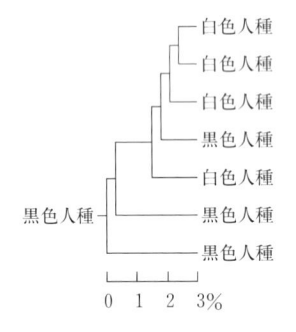

パに広く分布した**クロマニヨン人**（*Homo sapiens sapiens*，図9-16）（**新人**）は旧石器時代後期，脳容積1,500 m*l*，装飾，彫刻などから価値判断能力をもち，スペイン（アルタミラ）やフランス（ラスコー）にさまざまな動物や女性像の洞窟壁画（約1万5,000年前）を残している（図9-17）．

3-ヒトの特徴（図9-18）

　ヒトが類人猿と区別される特徴は，**直立二足歩行**，脳の構造と機能，口器の機能および発声器官と言語の発達などである．

　① **直立二足歩行**：おおよそ350万年前に初めて直立二足歩行をし，ヒトへの進化が始まった．ヒトの二足歩行は特徴的で，下肢の骨は強大で長く，筋組織も上肢よりはるかに強く，体を支え，運動するのによく適応している（図9-19〜21）．また，骨盤の腸骨や仙骨は丸くしっかりしており，上半身の体重を受けとめるため幅広い骨盤となっている．

　② **脳**：ヒトの脳容積は約1,500 m*l*，重量は約1,400 gである．特に前頭葉は非常に大きく神

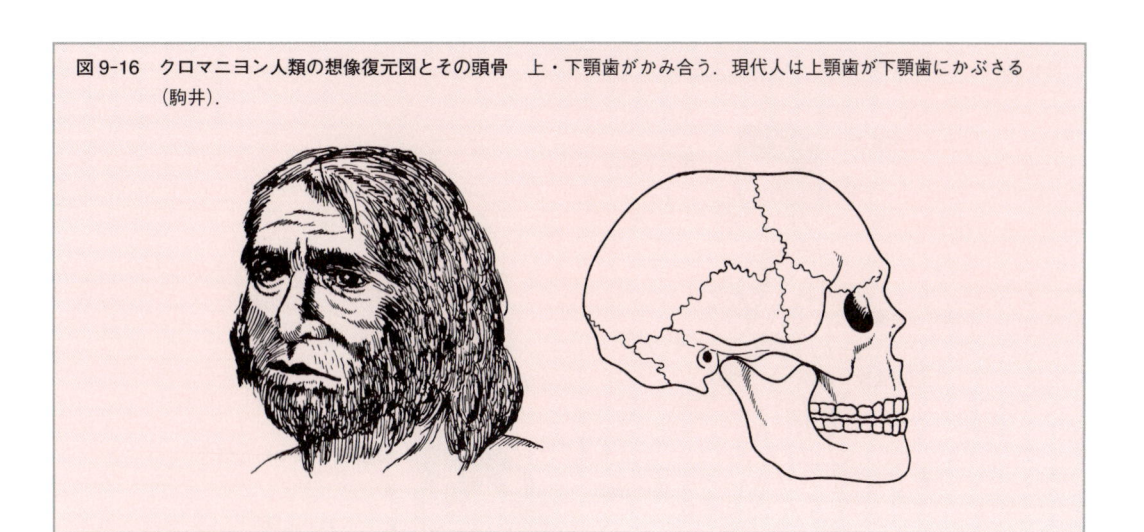

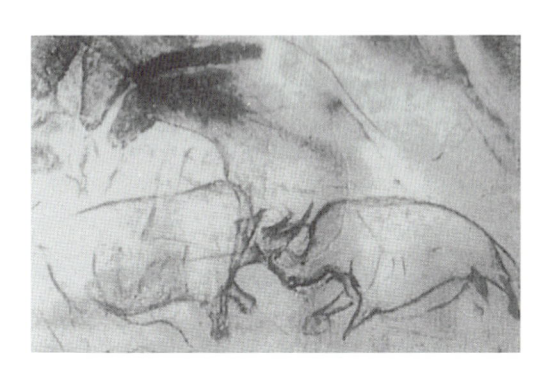

図9-16 クロマニヨン人類の想像復元図とその頭骨　上・下顎歯がかみ合う．現代人は上顎歯が下顎歯にかぶさる（駒井）．

図9-17
ショーベ洞窟（南フランス）の動物の線刻画は精密な技法で描かれている．放射性炭素分析により約3万年前の世界最古の壁画と判明した．
　マンモス，サイ，ライオン，バイソン，ウマ，ホラアナグマ，フクロウなど多数描かれている（Valladas H, ら　Nature 413. 2001）．

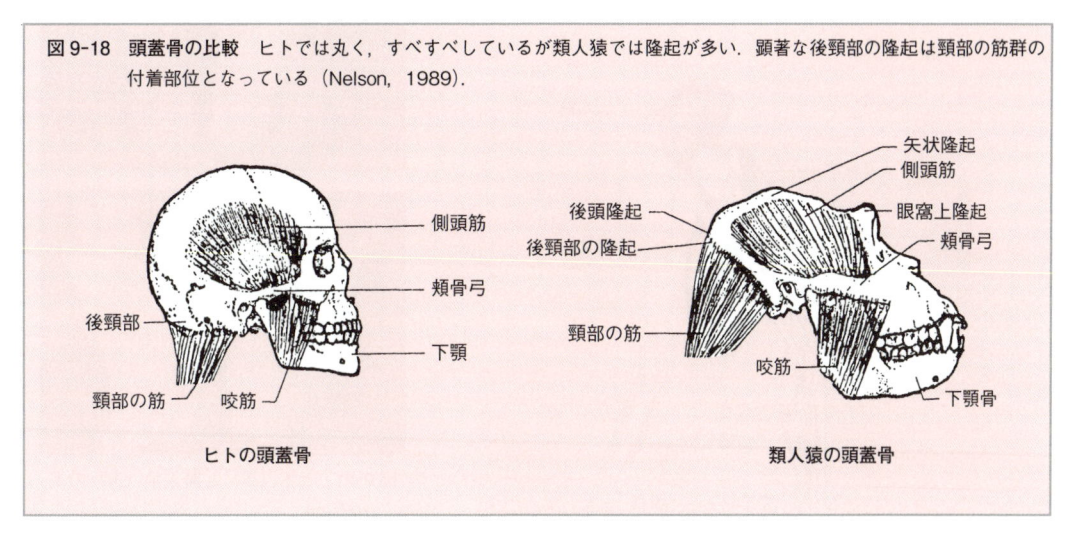

図9-18 頭蓋骨の比較　ヒトでは丸く，すべすべしているが類人猿では隆起が多い．顕著な後頸部の隆起は頸部の筋群の付着部位となっている（Nelson, 1989）．

ヒトの頭蓋骨：側頭筋，頬骨弓，下顎，後頸部，頸部の筋，咬筋

類人猿の頭蓋骨：矢状隆起，側頭筋，後頭隆起，後頸部の隆起，眼窩上隆起，頬骨弓，頸部の筋，咬筋，下顎骨

第9章　ヒトへの進化──Ⅵ．ヒトの進化

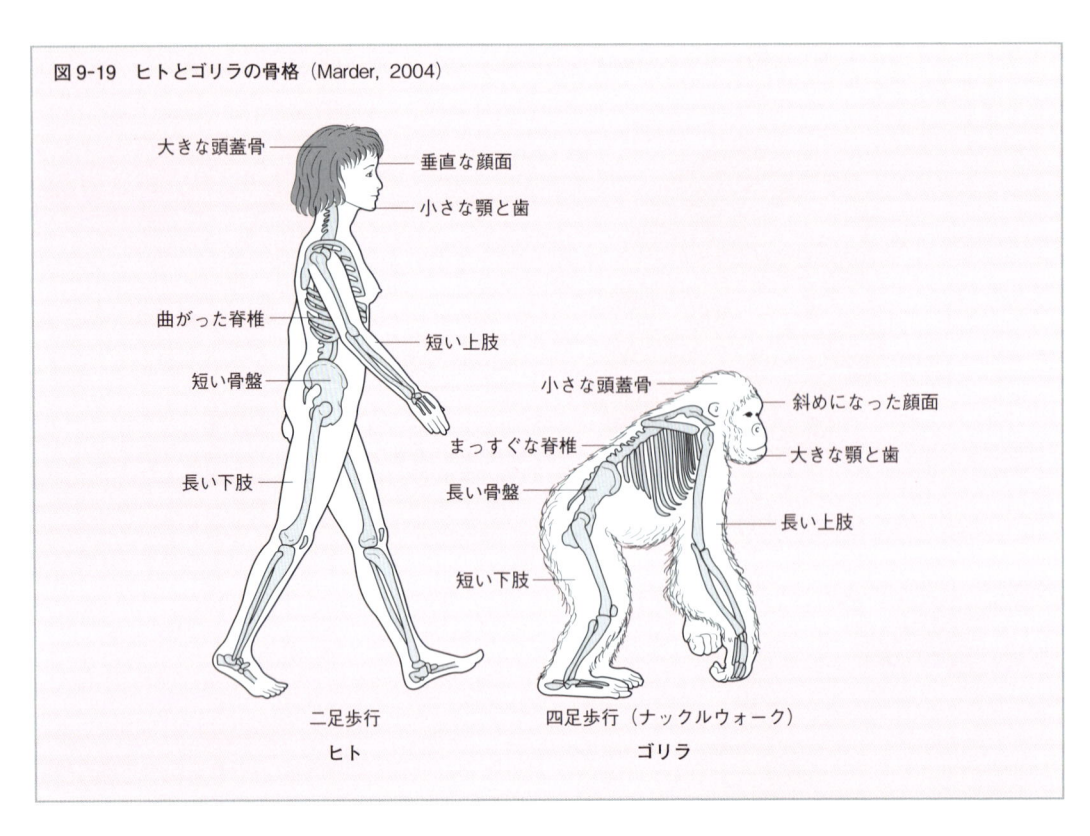

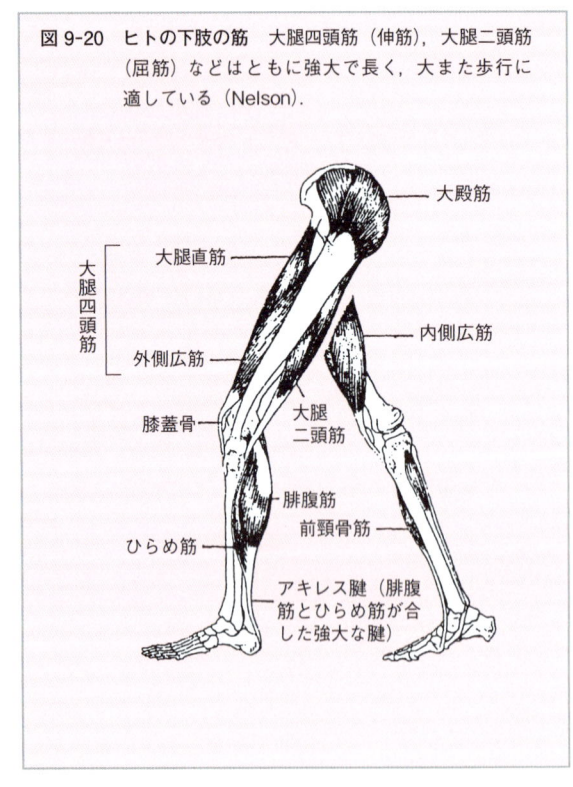

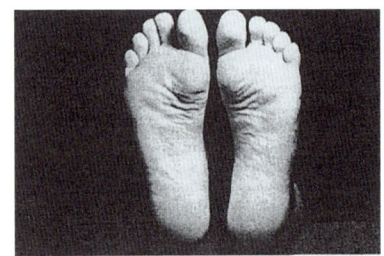

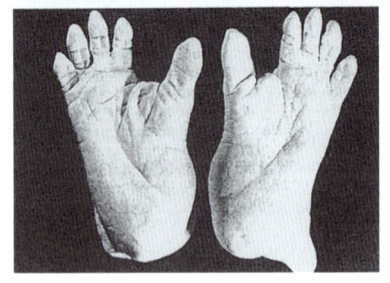

図 9-19 ヒトとゴリラの骨格（Marder, 2004）

ヒト：大きな頭蓋骨、垂直な顔面、小さな顎と歯、曲がった脊椎、短い上肢、短い骨盤、長い下肢
二足歩行

ゴリラ：小さな頭蓋骨、斜めになった顔面、大きな顎と歯、まっすぐな脊椎、長い骨盤、長い上肢、短い下肢
四足歩行（ナックルウォーク）

図 9-20 ヒトの下肢の筋　大腿四頭筋（伸筋），大腿二頭筋（屈筋）などはともに強大で長く，大また歩行に適している（Nelson）.

大殿筋、大腿直筋、大腿四頭筋、外側広筋、内側広筋、膝蓋骨、大腿二頭筋、腓腹筋、前頸骨筋、ひらめ筋、アキレス腱（腓腹筋とひらめ筋が合した強大な腱）

図 9-21 ヒト（上）と類人猿（下）の足（Nelson）

ヒトの足は歩行や体の支持によく適応している．足指は短く物をにぎる能力は失っている．体重を支えるのはかかとであり，足の外縁，親指のつけ根のふくらみ，そして足指，特に第一指が発達している．

経細胞の密度が高い．ヒトは密度の高い脳細胞を入れ，保護するために，大きくすべすべした円形の頭蓋骨をもっている．ヒトの頭蓋骨は鼻口部がなく球状である．ヒトの鼻口部は頭蓋骨の大きな進化によって小さくなった．あごと歯は小さくなり，犬歯は発達せず，頬骨は丸くなり，耳は扁平で頭の両側に位置し，前頭部の位置は高くなった．さらに，頭は脊髄の上端にのり，小さい頸の筋だけで支えられている．頭を四方に動かす動物は，頭を支えるために丈夫な筋群が必要であり，頭蓋骨にある大きな骨の隆起はこれらの筋群の付着部となっている．

まとめと問題

1) 生体物質の化学進化を説明する．
2) 原始生命体の起原に関する諸仮説を説明する．
3) 生命システムの進化の仮説について説明する．
4) ヒトの直立二足歩行における体制の変化をまとめる．
5) 霊長目に共通した特徴を述べ，また，DNA の塩基配列のレベルでの違いを調べる．

第 10 章　生物と地球環境

　地球の将来について悲観論と楽観論が混在している．悲観論に基づくと，人間の生産活動が地球温暖化やオゾン層の破壊をもたらし，砂漠化による食糧減産や熱帯病の流行によって人間の健康被害と文明の停滞が不可逆的に起こる．楽観論は，温暖化ガスやオゾン破壊物質の排出制限を行い省エネルギー技術を開発することによって，将来も持続可能な発展を期することができると考える．どちらの見方が正しいのだろうか．

　地層には数千万年から数億年の間隔で生命のきわめて少ない地層があって，何らかの急激な環境の変化があったと考えられており，その原因は，巨大隕石の衝突や地殻の変動，火山の大爆発などと推測されている（☞192頁「コラム：花粉分析」）．また，これらの他にも，地球の公転半径や地軸の傾きの変化によって起こる日照時間の増減や気流や海流の変化などによって，地球の各地域は，寒冷化，凍結，温暖化を不規則な周期で現在も繰り返しており，その程度が大きく急激な場合には人類の生存はきわめて困難になる．

　天変地異に備えることは難しいとしても，私たちの活動によって子孫の存在をおびやかすことは避けなければならない．そのためにはどうしたらよいのか，地球の歴史と人類の歩みを振り返って解決のヒントを探りたい．

I.　生態系

1-生態系の構造

　生態系（ecosystem）は生物要因である群集（community）とそれを取り巻く非生物要因である環境（environment）を総合した言葉である．例えば，サンゴ礁に生息する生物と環境は1つの生態系をつくっている．生態学（ecology）は生態系を研究する学問で，生物どうしの相互作用，あるいは生物とそれらの周囲の物理環境との相互作用を調べるものである．群集とは一定の地域に生息する異なった個体群の集団で，個体群どうしはお互いに影響を与えている．個体群（population）とは同一種の個体（individual）の集団で，一定の地域に生存しているものをいう．

　生物は地球上で均一に分布しているわけではなく，地域によって特徴がある．例えば，熱帯地方にペンギンはいないし，南極にヤシの木が生えているわけではない．生物相の違いは主に土壌や気候といった生息環境の違いに依存している．このような地上の大規模な生物圏を生物群系（バイオーム）という．例えば，ツンドラ，タイガ，砂漠，サバンナ，熱帯雨林，温帯林，熱帯

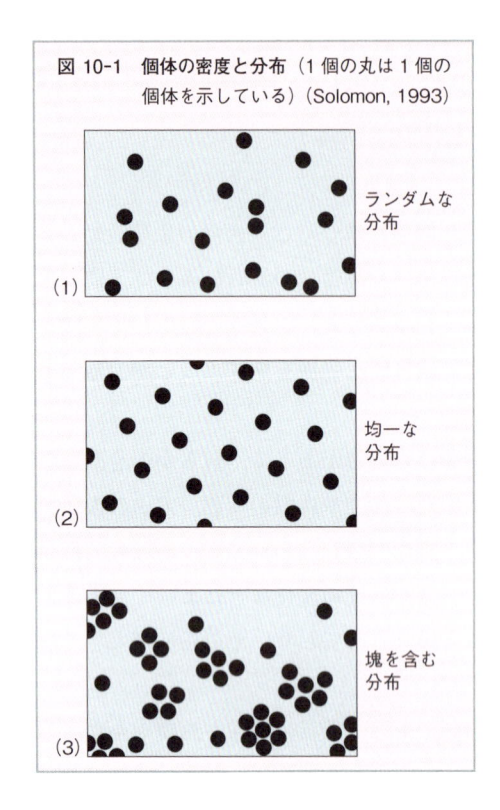

落葉樹林，などである．

[1] 個体群生態学

　個体群はいくつかの性質をもっている．第一に個体数の密度と個体の分布の仕方である．

　(1) ランダムに個体が分布する場合，個体数は18.7個，面積を10 m^{2}とすれば密度は1.87個/m^{2}となる（図10-1）．現実にはこのような分布をすることはなさそうである．

　(2) 均一に個体が分布する例で，同じ面積とすれば，密度は2.07個/m^{2}となる（図10-1）．畑で人為的に野菜をつくっている場合このような分布になる．自然界では競争がある場合には，このような分布をとる．例えば，ある種の植物が近くに仲間が成長しないように毒性の物質を出すことがある．

　(3) 集合性に個体が分布する場合で，例えば哺乳動物が家族単位で暮らしている場合このような分布を示す（図10-1）．

図10-1 個体の密度と分布（1個の丸は1個の個体を示している）(Solomon, 1993)
(1) ランダムな分布
(2) 均一な分布
(3) 塊を含む分布

　個体群のもつ性質の第二は時間の経過に伴う個体数の変化である．その個体群に外からの個体の流入または外への個体の流失がない場合，個体群の成長率は出生する個体の割合（出生率）と死亡する個体の割合（死亡率）に依存し，次の式で表される．

$$dN/dt = rN$$

（ただしNはその個体群の個体数，tは時間，rは成長率を示している）

（成長率(r) = 出生率 − 死亡率）

成長率が＋であれば時間とともに個体数は増加し，−であれば減少する．成長率が＋のときある個体群の個体数（N）と時間（t）の関係をグラフに表すと（図10-2(1)）のようになる．カーブはこのようにJ型を示し，指数関数的に個体数が増加することになる．しかし，自然界は限定的な数の個体しか維持することができないのでこのようなことは起こらない．

　ある環境において生存できる最大の個体数を環境収容力（carrying capacity；K）という．これを加えて成長率を示すと，ロジスティック曲線を示す式になる．（図10-2(2)）

$$dN/dt = rN(K−N)/K$$

このS字上のカーブをロジスティック曲線という．個体数（N）が小さいときは(K−N)/Kがほぼ1で，急速に数が増えるが，個体数が環境収容力（K）に近づくと，(K−N)/Kはほぼ0になり，個体数はほとんど増加しなくなる．

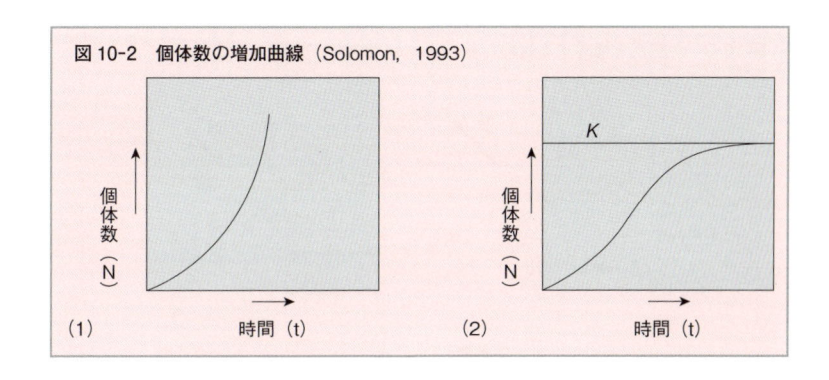

図 10-2　個体数の増加曲線 (Solomon, 1993)

　個体群は常に環境収容力 K で安定しているわけではない．一時的に急に増えたり，反対に急に減少したりする．この要因は例えば，捕食者の急激な増加や減少があげられる．あるいは，その個体群の生息域に洪水や山火事といった自然災害の影響もありうる．

[2]　群集の生態学　―群集を構成する生物―

　群集は同じ非生物的環境のなかで相互に影響を与え合っている複数の種の集団をいい，3種のカテゴリーの生物から構成されている．(1) 生産者（producer）または独立栄養生物（autotroph）とよばれるカテゴリーで生物相としては藻類を含む植物，光合成細菌，化学合成細菌が相当する．(2) 消費者（consumer）または従属栄養生物（heterotroph）とよばれるカテゴリーで生物相としては動物プランクトンを含む草食動物（一次消費者）や肉食動物（二次消費者や三次消費者など）が相当する．(3) 分解者（decomposer）とよばれるカテゴリーで従属栄養生物である．細菌類や菌類（キノコやカビ）が相当する．これら3種のカテゴリーは密接にかかわっている（図10-3）．いずれも欠くことはできない．生産者は太陽光のようなエネルギーを用いて二酸化炭素と水などから有機物を合成する．消費者は他の生物を捕食し，消化し，自らの体をつくる素材やエネルギー源とする．分解者は特殊な消費者で，死んだ生物を単純な無機塩類や二酸化炭素まで分解し，生産者が再利用できるように素材を提供している．

[3]　生物間の相互作用

1. 生息場所（habitat）と生態的地位（ニッチ）（ecological niche）

　生息場所とは文字どおりその生物が住み，繁殖している場所を示している．生態的地位とは群集のなかでのその生物の果たしている役割のことで，したがって他の種（すなわち個体群）の生物との相互作用を含んでいる．群集のなかでは，それぞれの個体群に属する生物の生態的地位は天候や生息場所により影響を受けるが，同時に別な個体群の生物によっても影響を受ける．この生物学的影響は共生，寄生，競争，捕食と被食を含む．

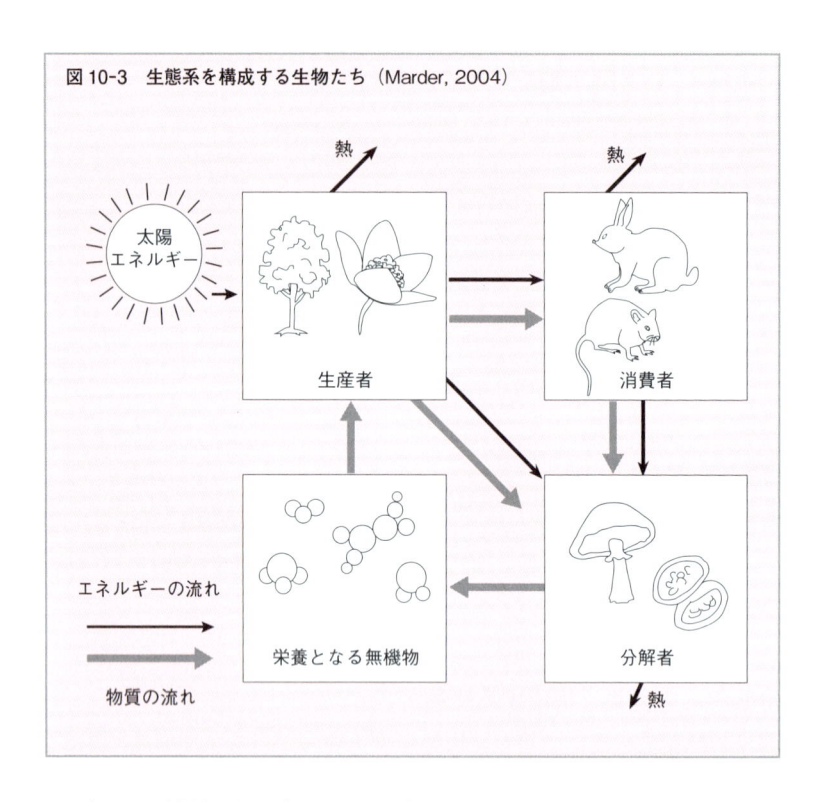

図 10-3 生態系を構成する生物たち（Marder, 2004）

表 10-1 種間相互作用（Mader, 2004）

相互作用の名称	予想される結果
寄生（＋－）	寄生種は増加，宿主（寄生された種）は減少
片利共生（＋○）	一方の種は増加，他方の種は変化しない
相利共生（＋＋）	両種とも増加
競争（－－）	両種とも減少
補食－被食（＋－）	補食者は増加，被食者は減少

＋：増加，－：減少，○：不変

2. 群集内の生物間相互作用

　種間相互作用（異なった個体群間の相互作用）には共生的関係とそれ以外の関係がある（**表10-1**）．共生的関係には第一に寄生（parasitism）がある．この場合寄生生物はその数を増やしていくが，寄生された宿主はその数を減少していく．第二に片利共生（commensalism）がある．この場合，一方の種の個体群は増加するが，他方の数は変化しない．第三に相利共生（mutualism）がある．この場合相互作用している種の個体群はともに利益を得てその数を増やす．それ以外に競争的関係（competition）がある．この場合両方の種の個体群が減少する．さらに，捕食と被食の関係（predation）がある．明らかに捕食者は数を増し，捕食された生物は減少する．

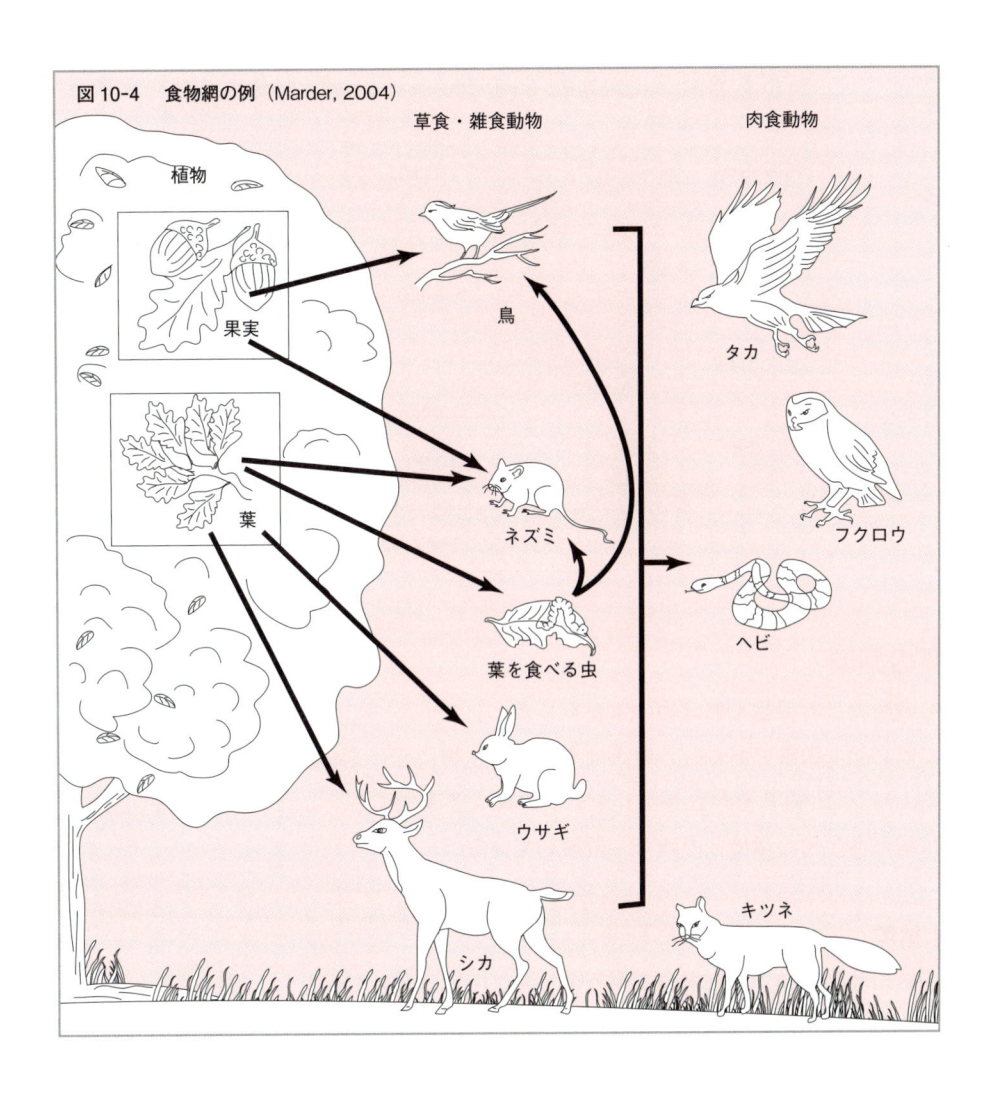

図10-4 食物網の例 (Marder, 2004)

3. 食物網と生態ピラミッド

　前述の生産者が一次消費者に食べられ，それらが二次消費者に食べられ，さらに，それらが三次消費者に食べられるとき，そのエネルギーと栄養の流れを食物連鎖（food chain）という．実際には，これらの関係は直線状ではなくお互いに複雑に絡み合っているので，食物網（food web）とよぶのが適切である（図10-4）．

　捕食と被食の関係を考える．捕食者と被食者との間では被食者の5〜20%のエネルギーが捕食者に伝えられる．この関係は連鎖の栄養段階（trophic level）とよばれるどの段階でも生じている．したがって，全体でみたときにはそれぞれの栄養段階を構成する生物のエネルギーの総量はレベルが上がるほど小さくなっている（図10-5）．この関係はエネルギーだけではない．単位面積当たりで表したその生物の乾燥重量（g/m^2）や，それぞれの栄養段階の生物の個体数でも，レベルが上がるほどその値は小さくなる．これを生態ピラミッドという．

図 10-5　理想化された生態ピラミッド（Campbell & Reece, 2005）

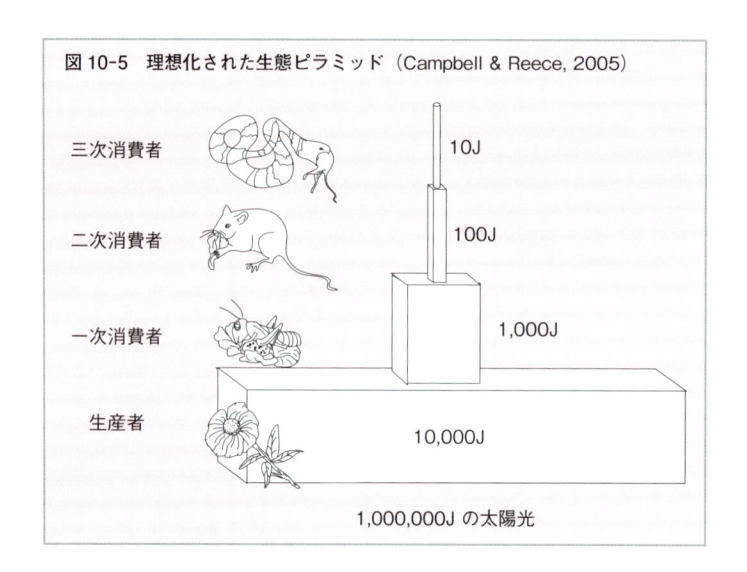

三次消費者　10J
二次消費者　100J
一次消費者　1,000J
生産者　10,000J
1,000,000J の太陽光

2-物質の循環

　すべての生物は有機物や無機物の栄養を必要としている．二酸化炭素や水は光合成を行う生物にとっては必須な栄養であるし，窒素はすべての生物にとって必須な核酸やタンパク質の構成要素である．リンは ATP を含むヌクレオチドの構成要素である．これらの化合物や元素は生物間または生物と非生物の環境との間で，循環している．

［1］　水循環

　太陽からの熱により，海水中の水が蒸発し大気中に雲として保たれ，温度が下がると，雨や雪となって海洋や陸地に降り注ぐ．陸地でも水は蒸発し，また植物からも蒸散（transpiration）により水が空気中に放出される．地上に降り注いだ水は重力にしたがって再び海に流れていく．陸地ではこれらの水は湖や川といった地表の水としても存在するし，また地下水としても存在する．南極や北極では水は氷として存在している．地球の水のなかでおよそ3%が淡水として存在している．

［2］　炭素循環（図10-6）

　炭素循環を図に示す．この循環のなかで，陸上では植物は大気中から二酸化炭素を取り込み，光合成（photosynthesis）によって有機物を合成している．植物，動物そして分解者が呼吸すると，炭素は二酸化炭素として再び大気中に放出される．水中の生態系では，炭素は重炭酸イオン（HCO_3^-）として水棲の光合成生物の炭素源となる．死んだ生物が分解者によって分解されず地中深くに残り，石炭，石油あるいは天然ガスといった化石燃料になる場合がある．海洋では貝殻の炭酸カルシウムとして海底に沈殿する．人間活動も炭素循環のなかに組み込まれている．化石燃料を燃やすことによって大気中に二酸化炭素を放出する．また森林のような植生を破壊するこ

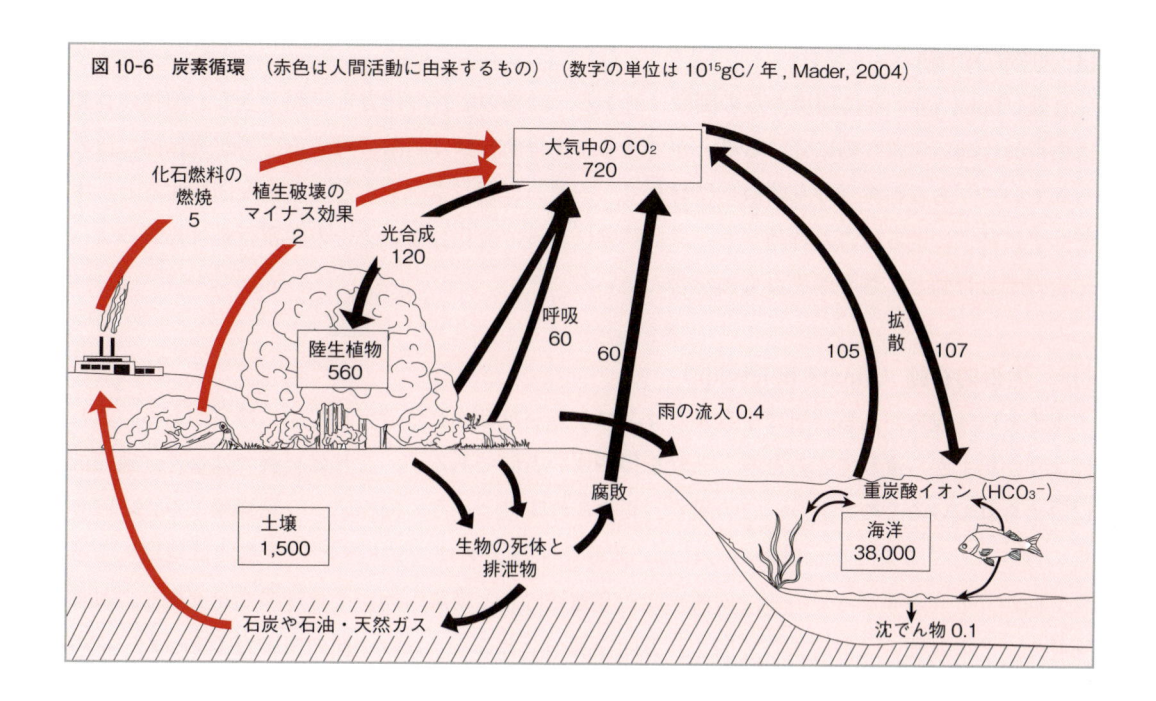

図 10-6 炭素循環 （赤色は人間活動に由来するもの）（数字の単位は 10^{15}gC/年, Mader, 2004）

とによって本来吸収される二酸化炭素が減少し，結果として大気中の二酸化炭素の増加の原因となっている（図 10-6）．

［3］ 窒素循環

大気の 78% は窒素で豊富に存在しているが，生物はこのままでは利用できない．窒素固定細菌のおかげでつくられるアンモニウムイオン（NH_4^+）や酸化された硝酸イオン（NO_3^-）が植物に利用される．アンモニウムイオンは死んだ生物が分解されても生ずる．硝酸イオンはまたバクテリアによって窒素ガスにまで再び還元され，大気中へ戻る．人間活動により化石燃料が燃やされると，窒素酸化物やイオウ酸化物が大気中に放出される．

［4］ リン循環

地上では岩が風化し雨によりリン酸イオン（PO_4^{3-}）が流れてきて土壌に浸透し，これを植物が利用する．動物が植物を食べることによって，リン酸を利用し，分解者が動物を分解する．一部のリン酸は水中に流れ込み水生生物によって利用される．リン酸は ATP のようなヌクレオチドや核酸の構成要素であり，またタンパク質のリン酸化や脱リン酸化は生体の重要な機能調節の手段である．さらに骨や歯の重要な構成要素である．水，炭素，窒素の循環と異なり，リンの循環の特徴はこれが大気中には含まれないことである．

3-動物の行動

行動（behavior）とは環境からの刺激に対する，動物の応答の仕方と定義できる．動物の行動は生得的行動と学習行動に分けることができる．生得的行動は刺激に対する応答が遺伝的に決められていて，ある刺激（カギ刺激）に対して，一連の行動パターンをとる．一度開始すると，中断せずに終了に至る．この行動パターンは経験によって変化しない．一方学習行動は経験によって変容する行動で，さまざまなものを含んでいる．

[1] 生得的行動（innate behavior）

走性という現象がある．川に生息するマスのような魚は流れに逆行して泳ぐ性質がある．これはエサが川上から流れてくるとき，それを得やすい方向であるが，これは経験ではなく，遺伝的に決められているものであり，この場合，正の流れ走性という．同様に，一見複雑にみえる渡り鳥の渡りにもこのような行動がみられる．渡りをするズグロムシクイという鳥では地域によって，向かう方向が異なっている．南西へ向かう地域の鳥と南東へ向かう地域の鳥を交配して雑種を得た．その雑種の鳥が成長して向かう方向を調べたところ，ほぼ中間の南の方であった．この種の鳥の渡り行動は少なくとも一部は遺伝的に決められていることを示している．

図10-7 複雑な学習：洞察力
(Solomon, 1993)

[2] 学習（learning）

多くの例では，動物は行動を過去の経験によって変えることができる．慣れ（habituation）は外部からの刺激が繰り返し起きるとき，反応が段々弱くなっていくことをいう．都会にいるカラスやハトが人間が近づいても逃げなくなるのはこのためと考えられる．

2種類の刺激の関連付けによって生じた学習，または刺激と反応が関連付けられた学習として条件付け（conditioning）がある．古典的（classical）条件付けは前者の例である．犬に肉の粉末を見せたところ唾液を垂らした．このとき無関係な刺激として，ベルを鳴らした．肉とベルの2種の刺激を繰り返した後，ベルの音だけを聞かせた．犬は涎を垂らすようになった．犬は2種の刺激を関連付けて学習し，ベルの刺激に対して反応するようになったと考えられる．

行動上の反応と報酬または罰が関連付けられた例としてオペラント（operant）条件付けがある．スキナー（BF Skinner）はラットを箱に入れ，箱の内側にレバーを付け，これが押されるとエサが出るしくみにした．ラットが偶然レバーを押すとエサが出た．これが繰り返されるとラットは学習し，レバーを押

すという反応とエサという報酬を関連付け，エサを得るためにレバーを押すようになった．

学習にはこれ以外にも，刷り込み（imprinting）という現象がある．ローレンツ（K Lorentz）はガチョウの卵を使って次のことを示した．卵がふ化してすぐのヒナは初めて見た動くものの後を追って移動する．これを親として認識していることになる．これも学習の例である．チンパンジーのような動物は洞察力（insight）ともいえる複雑な学習を行うことができる．チンパンジーは高いところにあるエサを取るのに，台を積み重ねることができた（図 10-7）．

コラム

― ヒト個体群の生態学 ―

ヒトも生物である以上その個体群すなわちある地域，国または地球全体に住むヒトの集団は個体群生態学の性質をもつことになる．その1つは個体数の変動と時間の関係がロジスティック曲線を描くということである．しかし図 10-16 にみられるように地球の人口は J 型をしており，S 型をしていない．このことは人口の爆発的増加が続いていて地球の未来を危惧することにつながるのかもしれない．国別の年齢構成（人口ピラミッド）が三角型を示す国がある．15歳以下の子供の割合が全体の半分近くで，年齢が上がるにつれ，極端に人口が減っていく．これは高い出生率と短い平均寿命のためである（図 10-8）．一方日本の年齢別人口構成は相当に異なっている（図 10-9）．これは第二次世界大戦後のベビーブームの影響と長い平均寿命と低い出生率（2004年の合計特殊出生率1.29）のためである．このような国も多く，人口問題は一様ではない．

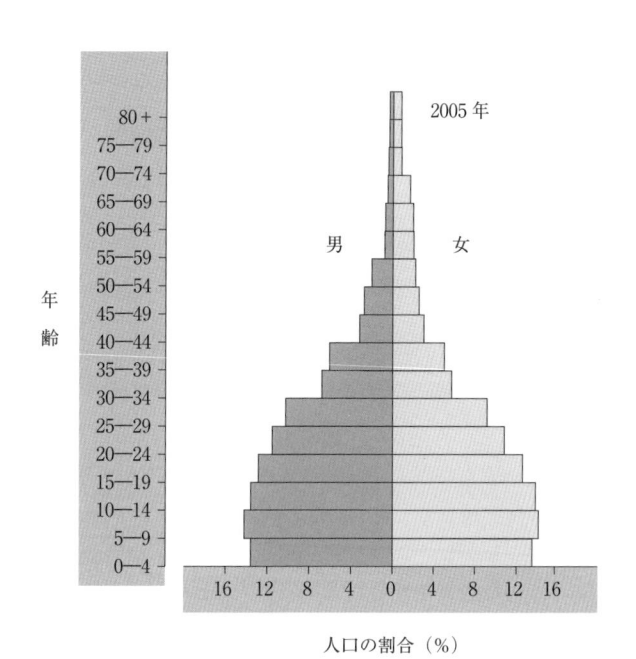

図 10-8 ある発展途上国の人口ピラミッド（Raver, 2007）

図10-9 日本の人口ピラミッド

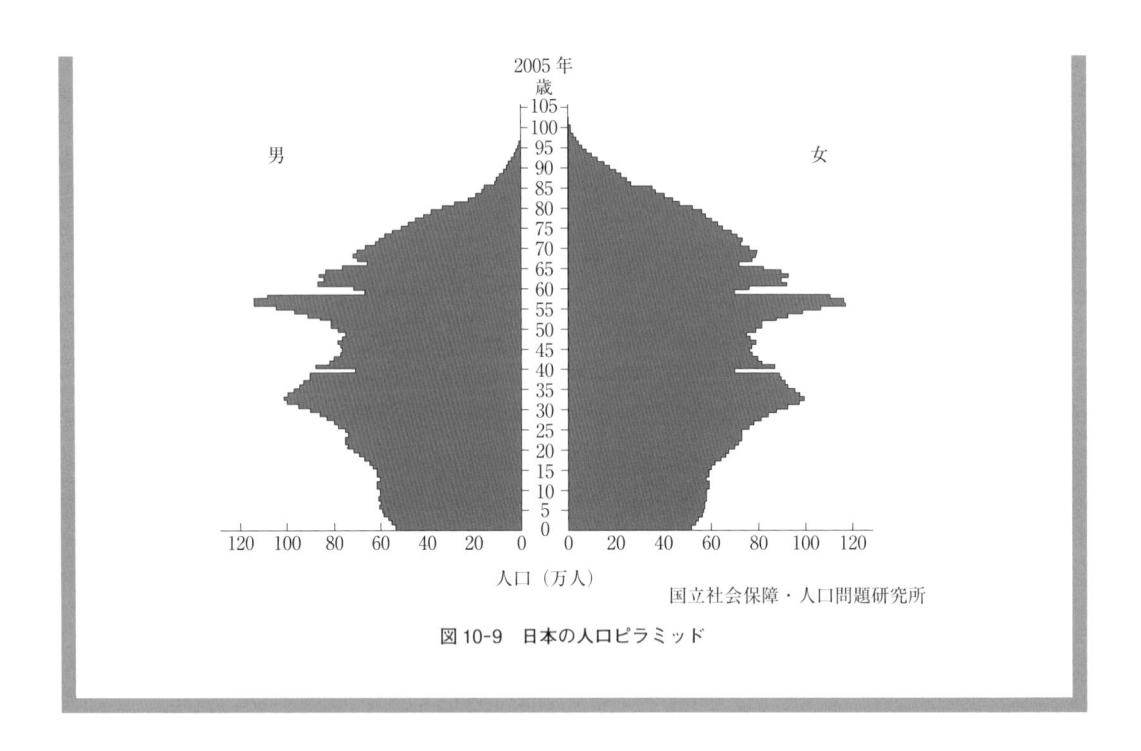

II. 人間の活動と森林の破壊

人間の活動と地球環境の相互作用に関する画期的な出来事は，第一が食糧獲得の方法が狩猟採取から農耕牧畜に移ったこと，第二が産業革命によって大量のエネルギーを消費する社会になっ

> **コラム**
>
> — 花粉分析 —
>
> 時代の推定に用いられているもっとも一般的な方法は ^{14}C 年代法である．全炭素原子中の ^{14}C の割合が過去のすべての時代を通して一定であるとの仮定の基に，試料中の動植物中の ^{14}C の減少割合から年代推定を行う．しかし，この方法の前提となる大気中の ^{14}C の割合は宇宙線量の変化によって時代変動がある．数千万年から数億年の歴史の指標は地層を形成する岩石であるが，数万年以内の歴史を研究する指標は土壌の重なりである年縞と ^{14}C 年代法を併用する．
>
> 年縞は，年間の気候の変化によって土壌や海底に形成される縞模様の堆積物の層である．花粉は外皮が堅牢なため分解することなく年縞に残存しているので，年代ごとの植生を推定することができる．

たことである（☞202頁「コラム：生物環境年表」）．農耕牧畜の発達によって森林の伐採と開墾が行われ環境を大きく変容させた．産業革命によってさらに大量のエネルギーを消費して，大量生産・大量消費の世界を生み出した．経済的には効率を図りながら資源の利用には非効率であることに疑問を挟む余地のないほど，人々は生活の向上を目指した．

　政治や商業の中心地である現代の主要都市は，人口の集中による人口密度の増大を，森林を伐採しその居住地域を拡大することによって解消してきた．しかし，森林の伐採によって消滅したり人口密度の増大を解消できずに衰退していった文明も知られている．その例として，トルコのエーゲ海沿岸の都市エフェソスと太平洋の孤島イースター島を紹介しておこう．

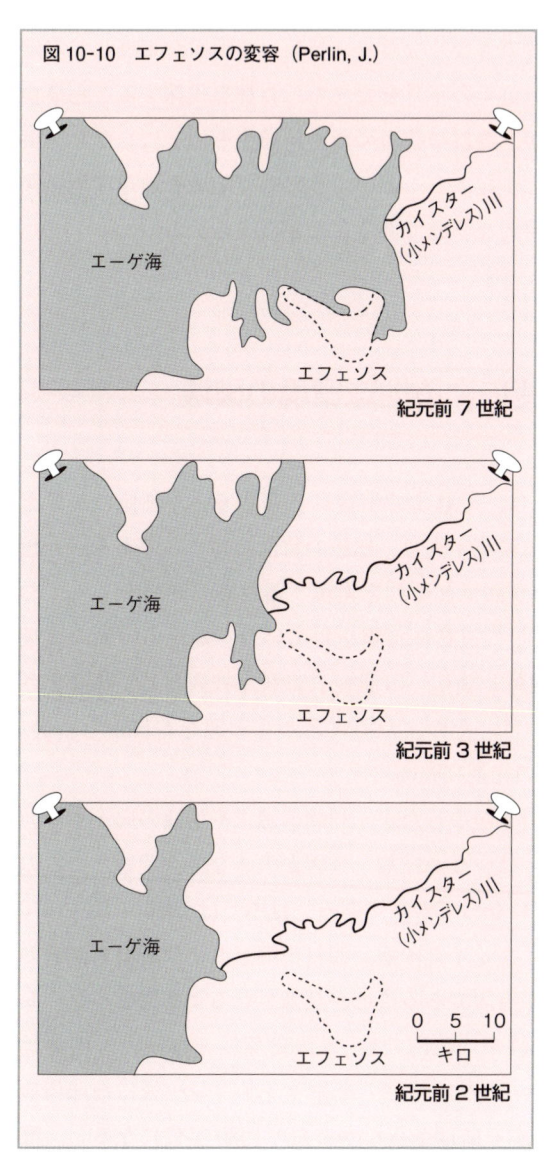

　紀元前7世紀頃のギリシャ時代から港湾都市として繁栄したエフェソスは，その住宅資材や食糧やエネルギー資源を付近を流れるカイスター川の流域の森林から得ていた．この川の沿岸の土の中に残っている植物の花粉を観察すると，紀元前10世紀以前の地層からはナラ類などの落葉広葉樹の花粉がたくさん発見されるが，その後オオバコなどの草となり，次に小麦に替わっているという．人々が森林を切り開いて牧草地をつくり，開墾して小麦畑としたことが推測される．その後，海岸線の後退が起こってエフェソスは内陸都市に変化し，港湾都市としての役割を失っている（図10-10）．海岸線の後退は，森林の伐採が土地の保水力の低下をもたらし，土砂が川に流れ込んで下流に運ばれたためと推測されている．

　文明の衰退のもっと悲惨な例はイースター島にみられる．5世紀頃にポリネシア人が定住を始め，最盛期の16世紀には数百の部族に7,000人の人口を擁していたという．島民は祭祀を最重要の行事として祭祀場をつくり，高さ6 m，重さ数十トンの巨石像を彫って祭祀場に運んで儀式を行ったらしい．土壌中の花粉の分析によると5世紀当時，島はやせた土地ながら森林に覆

図10-10　エフェソスの変容（Perlin, J.）

紀元前7世紀

紀元前3世紀

紀元前2世紀

第10章　生物と地球環境——II．人間の活動と森林の破壊

われていた．しかし，人口の増加に伴って，開墾や燃料のほか，巨石像の運搬のために島民は木を大量に伐採した．そのため，住居用の木材が不足して洞窟生活を余儀なくされたばかりでなく，土地が浸食されて食糧確保が困難となったため，部族どうしの戦いが始まって食人までもが行われるようになった．18世紀にヨーロッパ人によって発見された頃は，各部族は原始的な生活を送りながら少ない食糧を得るために戦闘に明け暮れていたという．他の古代都市についても，森林の伐採がその衰退の原因となっている例は多い．

森林では一般に生態系が平衡状態にあって，無機物から有機物を合成する植物（**生産者**），生産者を摂取する動物（**消費者**），そして生産者や消費者を分解する微生物（**分解者**）が，極相という変動の小さい状態を形成している．裸地から森林が形成されて極相に至る過程を**一次遷移**といい，一般に次の段階を経る．裸地に草本が侵入して土壌が形成される——徐々に陽樹林が出現する——土壌に日光が届かなくなって陽樹が生育できなくなる——替わって陰樹が生長して安定した極相に至る．裸地から極相の形成までには数百年の年月を要する．森林を伐採すると動植物や微生物の生態系が変化して**二次遷移**が始まるが，農耕や牧畜のために植生を均一にしたり昆虫などの消費者を駆除すると土壌が貧しくなり劣化が起こる．どのようにして地域や地球環境を保持し，人口の増加と食糧の生産を管理するかが重要な課題であることが認識される．

III. 大量生産・大量消費による地球環境の破壊

15世紀のヨーロッパに花開いたルネッサンスは，それまで聖書に依存していた価値の基準を人間の理性に転換した（☞202頁「コラム：生物環境年表」）．知恵の冒険の始まりである．人類は，工夫をして生活を快適なものにしたいという欲望とそれを実現するための知恵をもっており，この知恵によって有史以前から森林を開拓して道具や食糧を得ていた．知恵の冒険の成果は，まず17世紀に哲学や理学や医学の分野で顕著となり，19世紀には科学技術として体系化された．18世紀中葉にイギリスに興った産業革命は，その主たるエネルギー源を薪炭から石炭，石油へと転換しながら，20世紀初頭までに当時の先進列強国に広がった．

産業の発達はその始まりから地域的な公害を引き起こしたが，利潤の追求や生活の向上あるいは国力の増強などの大義によって顧みられることは少なかった．公害が大きな社会問題となるのは人権意識が社会に浸透し始めた1950年代後半になってからである．日本では1960年代～1970年代になって四大公害病といわれる，水俣病，イタイイタイ病，四日市喘息および新潟水俣病の原因と責任が明らかにされ，地球の大気や海川が有限であることが認識されるようになった．レイチェル・カーソンはDDTなどの農薬の危険性を「沈黙の春」（1962年）で訴えた．国連は1972年に**国連人間環境会議**を開催して「かけがいのない地球」をキャッチフレーズに地球環境の保全を訴えたが十分な防止施策の実施を喚起するには至らなかった．1980年代になると，酸

表 10-2　環境と開発に関する世界委員会（ブルントラント委員会）報告書「Our Commom Future — 1987 年—」の概要

主な項目	具体的問題		
未来への驚異	・酸性雨 ・砂漠化	・熱帯林の破壊 ・温暖化	・オゾン層の破壊
持続可能な開発に向けて	・成長の回復 ・資源基盤の保全	・人間の基本ニーズの充足 ・技術の方向転換	・人口の抑制 ・環境と経済の統合
人口と人的資源	・家族計画 ・健康の改善	・女性の自立 ・教育の推進	
食糧の安全保障	・生産基盤の保全	・農業技術の普及・発展	
種の保存	・生物多様性の保全	・保護区域の拡大	
エネルギー	・エネルギー需要の確保 ・再生可能エネルギーの使用	・化石燃料による環境汚染の防止 ・省エネルギー対策	
共有財産の管理	・海洋	・宇宙	・南極
平和と安全保障	・砂漠化による難民発生の防止	・環境悪化の早期発見	・軍縮の促進

　日本政府の提案を受けて，1984 年に国連が設置した賢人会議．1980 年代に顕在化した地球環境問題を包括的にとらえ，国連環境開発会議に指導概念を提供して国際的施策の立案に道を拓いた．「持続可能な開発」という言葉で「将来世代のニーズを損なうことなく現在の世代のニーズを満たすこと」との概念を表現した．
　委員長は後のノルウェー首相のブルントラント女史．

図 10-11　世界のエネルギー消費の年次推移（IEA, 2002）

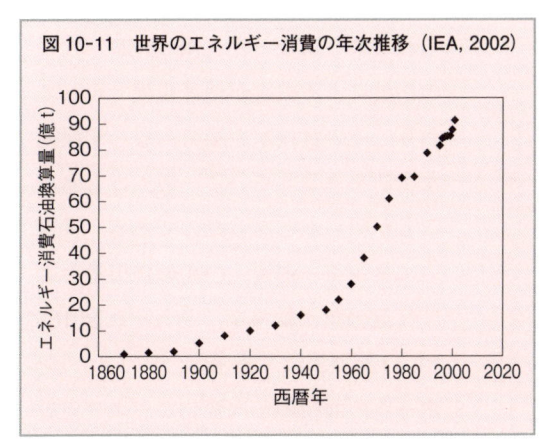

図 10-12　CO_2 排出量の年次推移（米国オークリッジ研究所）

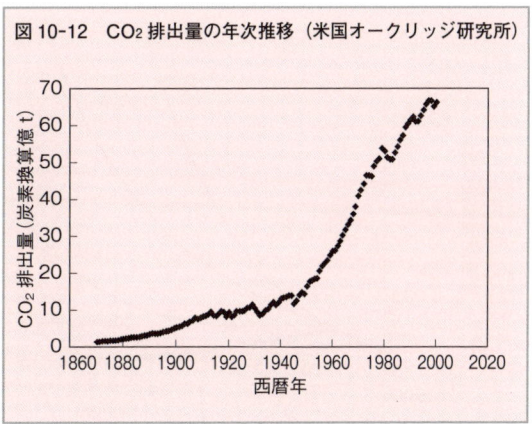

図 10-13　平均気温の年次推移と将来予想（IPCC, 2001）

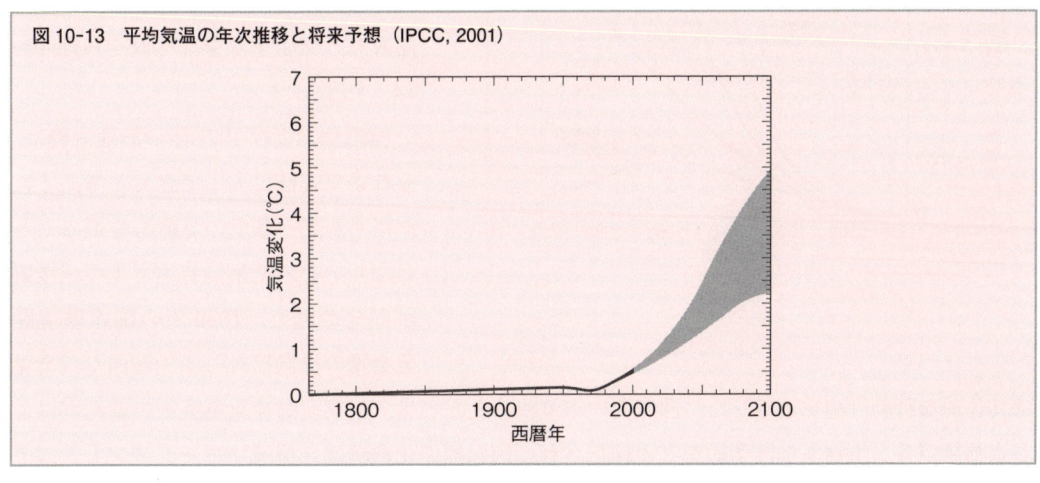

第 10 章　生物と地球環境——Ⅲ．大量生産・大量消費による地球環境の破壊

図 10-14　オゾンホールの最大面積の年次推移（気象庁）

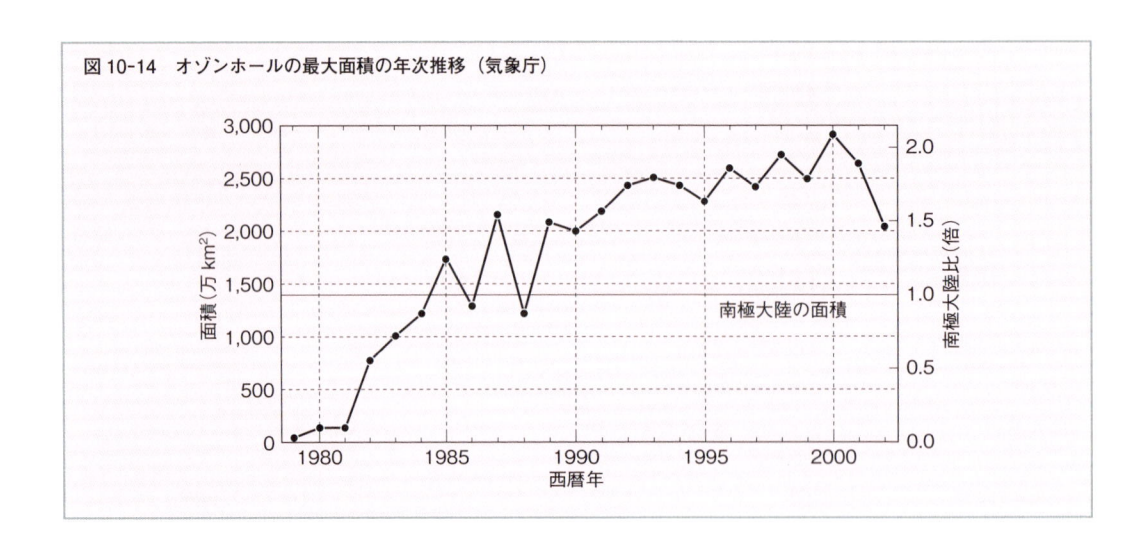

図 10-15　成層圏の塩素濃度と皮膚癌発生の将来予想（UNEP, 2002）
Montreal, London, Copenhagen, および Beijing はモントリオール議定書およびその後の改訂に従った場合の推定値

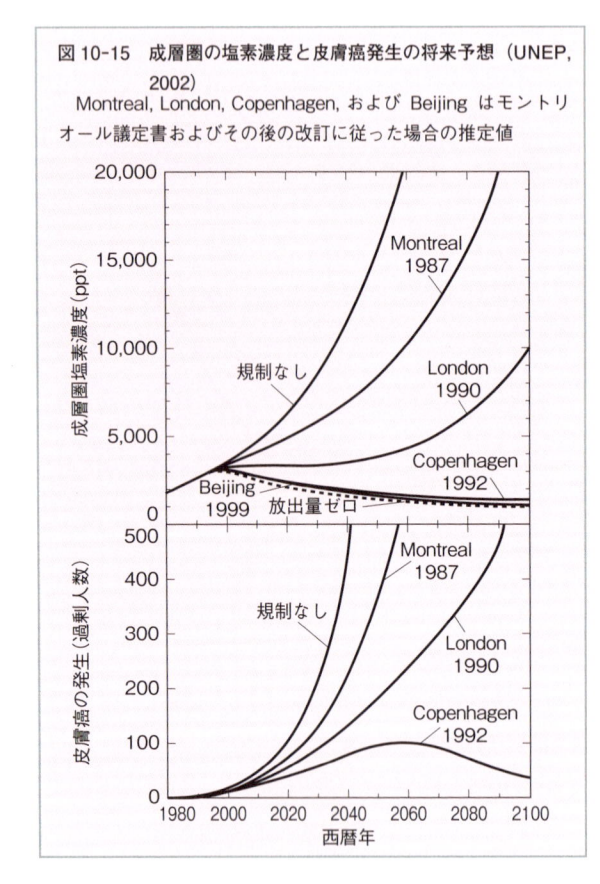

性雨による森林の立ち枯れや南極上空のオゾンホールが注目され，大気中の炭酸ガス濃度が高まっていることが知られるようになった（表10-2）．人類の活動による被害が地球規模で現れており，その責任が企業のみならず快適な生活を享受している一般人にもあることが明らかとなったのである．世界のエネルギー消費，CO_2 の排出量および気温の年次推移を，それぞれ図10-11，12，13 に，南極上空のオゾンホールの面積の年次変化，および成層圏の塩素濃度の将来予想とそれに伴う皮膚癌の発生予想を，それぞれ図10-14，15 に示す．

1972 年および 1979 年の**石油危機**は，それまで安価に入手できると考えていたエネルギー基盤の見直しを迫ることとなり，その結果，省エネルギー技術が開発された．1992 年の**国連環境開発会議**の提案に対して先進国や産業界は具体的な行動計画を策定した．国家間の取り決めとしては，気候変動枠組み条約の締約国による京都議定書，生物多様性条約などが採択され，国際標準化機構は「環境マネージメントシステ

ム―要求事項及び利用の手引」(ISO 14001) をつくった．日本国内では，日本経済団体連合会が企業行動憲章に地球環境問題への取り組みを導入し，各自治体が地域アジェンダ21を策定した．

　地球が誕生したときに大気中にあった膨大な量のCO_2は，海水に溶け石灰岩に固定されて徐々に減少し，動植物の呼吸と植物による炭素の循環がほぼ平衡状態を保っていた．しかし，人類は生産活動によってCO_2を植物の固定能力を超えて蓄積し，都市化によって自然の遷移を妨げている．人類が将来にわたって生存を続けるためには，生態系を管理するための知識と能力と節制が要求される時代になったということができる．

IV. 持続可能な発展への行動

　先進国の生活の豊かさは，産業の発展に支えられた衣・食・住および医療技術の進歩や公衆衛生の整備によるところが大きい．一方，子孫や発展途上国の人々にも先進国と同等の快適さを保障するためには，消費エネルギーを削減し人口増加を抑制しなければならないことは明白である．世界の人口の年次変化と将来予想を図 10-16 に示す．人口増加を抑制し，エネルギーや食糧の不公平な分配を是正する手段はまだみえていない．

　冒頭の人類の将来への悲観論は科学技術の否定に基づくことが多い．しかし，20世紀の日本における平均寿命の伸長と乳幼児死亡率の低下（図 10-17）は科学技術を肯定する根拠となろう．さらに2回の石油危機を経て，日本は世界に先駆けて省エネルギー技術を開発し，経済発展と省エネルギーの両立を図った（図 10-18）．いたずらに科学技術を否定することによって少産多死の社会にすることはむしろ避けるべきである．将来予想に基づく監視システムの構築や，省エネルギー技術やリサイクル技術の開発，国際協力と異文化理解の精神の涵養によって，地球環

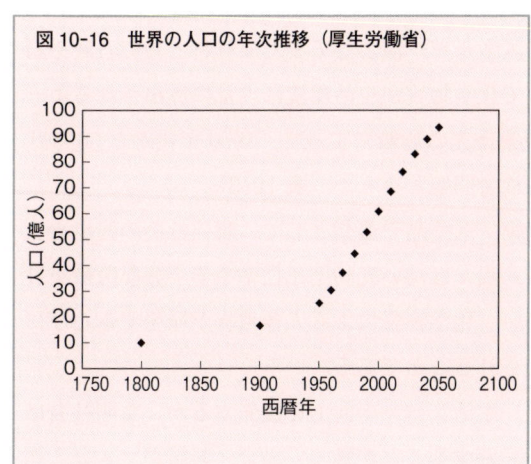

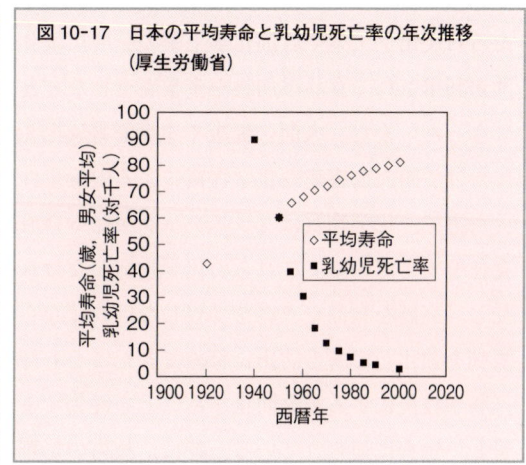

図 10-16　世界の人口の年次推移（厚生労働省）

図 10-17　日本の平均寿命と乳幼児死亡率の年次推移（厚生労働省）

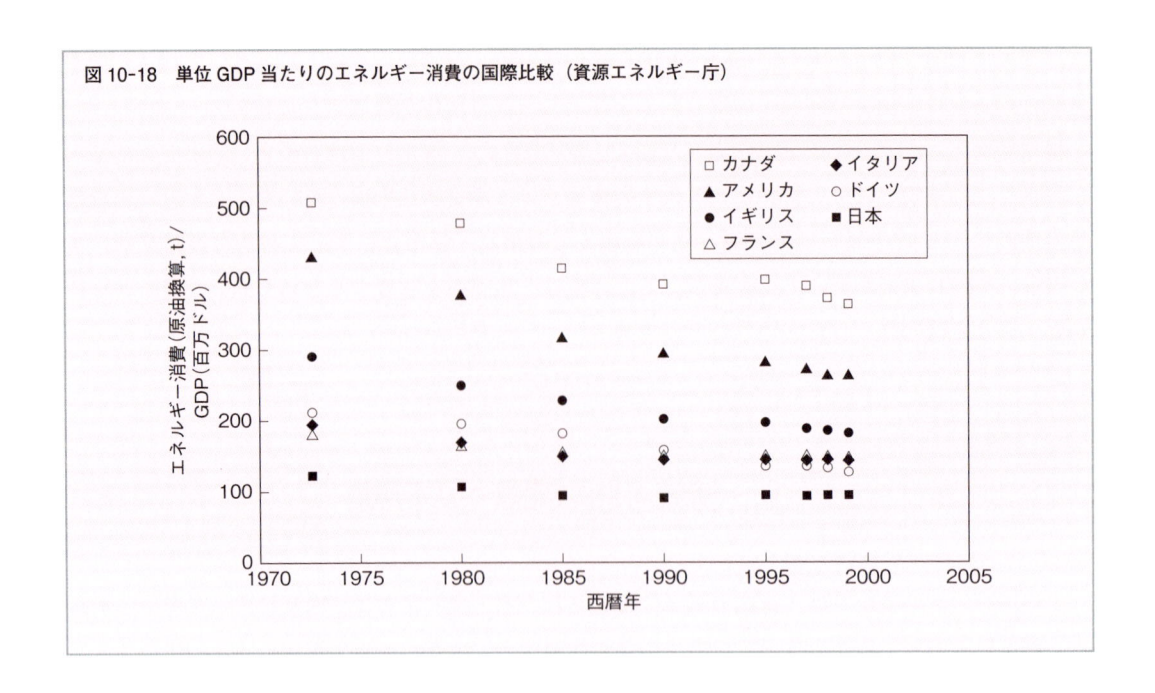

図10-18 単位GDP当たりのエネルギー消費の国際比較（資源エネルギー庁）

境の危機を克服することが求められている．

近年，欧米の省エネルギー技術も進歩して日本の優位が安定したものではなくなってきつつある．更なる工夫が期待されるところである．

V. 科学技術は人間を幸せにするか

　近代社会は産業革命以後急速に科学技術を取り入れてきた．19世紀後半から20世紀前半にわたる石炭化学工業や石油化学工業の発展により，エネルギー源としてまた原材料として石炭や石油が利用され，食品添加物や産業廃棄物などとして化学物質が生活環境に大量に放出されるようになった．また，人間の健康や生命を軽んじた産業優先の施策によって，1950年代から60年代にかけて四大公害病や化学物質による中毒事件が社会問題となった（**表10-3**）．

　一方で，化学物質はプラスチック製品や合成繊維，医薬品や農薬として，現代社会の医療や衣食住を支えている．これらの化学物質がなければ，我々は高い乳幼児死亡率や不十分な医療を甘受し，高価な食品や衣料を受容しなければならない．化学物質による人体被害が発生するたびに規制を強化して害の防止に努めてきたことも評価されることである．

　科学技術による害を防止することを優先するか，生活レベルの向上を優先するか，文明社会は難しい選択に迫られている．特に，技術の影響を評価することが難しい場合，判断がマスコミ報

表10-3 科学技術による健康被害と規制の歴史

年　代	ことがら	解　説
1800年代後半	石炭化学工業の発展	
1900年代前半	石炭化学工業の発展	合成着色料の普及
1947年頃	化学物質の法規制	食品添加物，医薬品，農薬の毒性試験
1950年代	四大公害病の確認	イタイイタイ病，水俣病，四日市喘息，新潟水俣病
1955年	森永ヒ素ミルク事件	粉ミルクにヒ素が混入して乳児が被害にあった事件
1958年	国連原子放射線の影響に関する科学委員会開催	
1962年頃	サリドマイド事件	睡眠薬が発生初期のヒト胎児に対して奇形を誘発
1962年	「沈黙の春」出版	DDTなど非分解性農薬の害を告発　⇒　使用中止
1963年	催奇形性試験を導入	器官形成期に投与試験を義務化
1966年	カネミ油症事件	製造過程でPCBが米ぬか油に混入
1972年	イタイイタイ病裁判	加害者立証責任の原則を確立
1976年	フリルフラマイド禁止	殺菌剤に突然変異誘発能を確認
1975年	アシロマ会議で遺伝子組換えに関するガイドライン討議	
	遺伝毒性試験を導入	
1980年頃	薬害エイズ，薬害C型肝炎	
1996年	「奪われし未来」出版	dioxin, DDT分解物など内分泌攪乱物質を告発
2004年	マラリア再興	WHOマラリア対策にDDTの使用を再開

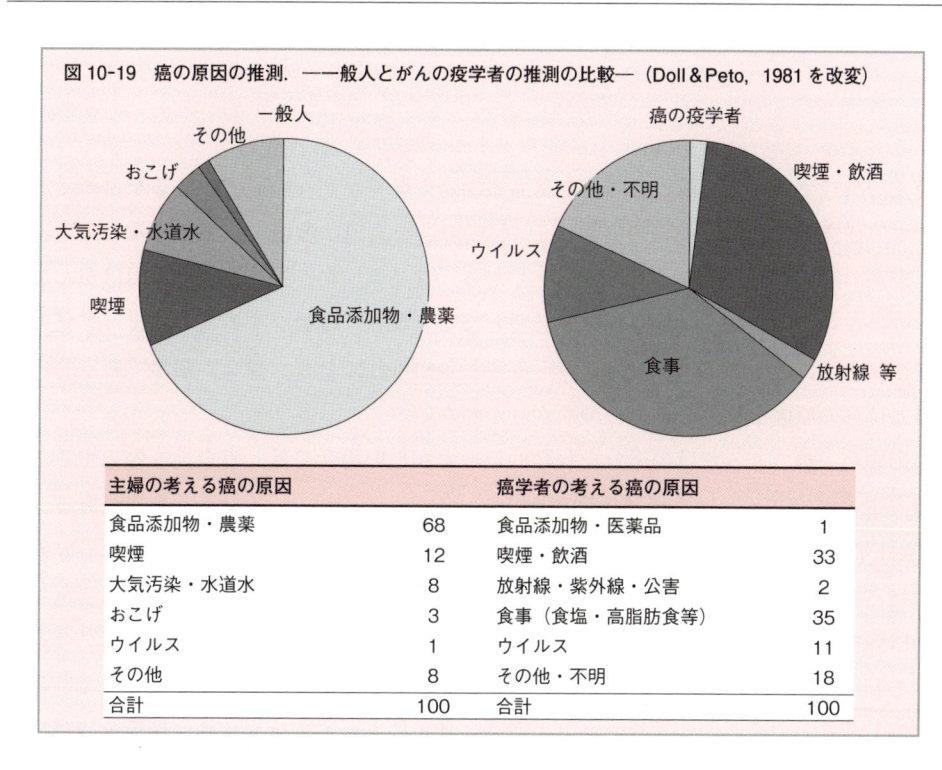

図10-19 癌の原因の推測．――一般人とがんの疫学者の推測の比較――（Doll & Peto, 1981を改変）

主婦の考える癌の原因		癌学者の考える癌の原因	
食品添加物・農薬	68	食品添加物・医薬品	1
喫煙	12	喫煙・飲酒	33
大気汚染・水道水	8	放射線・紫外線・公害	2
おこげ	3	食事（食塩・高脂肪食等）	35
ウイルス	1	ウイルス	11
その他	8	その他・不明	18
合計	100	合計	100

道に流されがちである．1970年代に化学物質の突然変異誘発能の検出系が多様な細胞系について考案されると，多くの化学物質に変異原性が検出され，発がん性が疑われると報道された．図10-19は，このような世相を背景として，一般人と研究者にがんの原因をたずねた調査の結果で

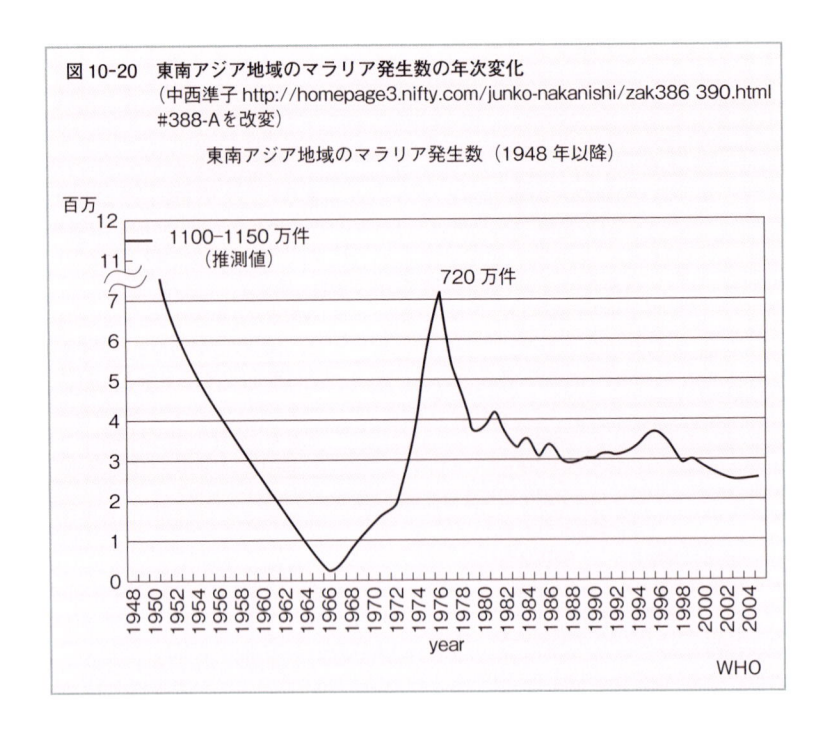

図 10-20　東南アジア地域のマラリア発生数の年次変化
（中西準子 http://homepage3.nifty.com/junko-nakanishi/zak386_390.html#388-A を改変）

ある．一般人は当時マスコミを賑わせていた食品添加物や農薬ががんの原因の 2/3 を占めるとしたのに対して，研究者は食品添加物の寄与は 1% 程度で主な原因は喫煙・飲酒と日常の食事によるとした．がんの原因が研究者の見解に近いとしたら，食品添加物を摂取しない努力はがんを予防することにはならないので，冷静な判断が必要となる．現在，呼吸をすることによって発生する活性酸素が細胞中に大量の DNA 損傷をつくることも知られており，少ない知識で断定的に結論を導くことは真の原因を見誤ることにつながりかねない．

人体への影響が予想できるだけの十分な科学的データがない場合には，安全性を優先するために規制を行うことができるという予防原則（precautionary measure）という考え方がある．この概念は 1990 年頃から政策立案者の選択肢の 1 つとされてきたが，すでに行われている放射線や遺伝子組換え技術の影響評価の基本原則と相通ずる概念である．この予防原則を拡大解釈して化学物質の排除を正当化したり，影響評価のための科学的根拠が得られた後も低いリスクを過大評価してその利点を無視する議論が行われることがある．化学物質等の影響についてはできるだけ正しく理解しようとすることが重要であり，さらに使用にあたっては永続的に影響を観察し続けることが求められる．

第二次世界大戦後に夢の殺虫剤として大量に使用された DDT が環境中で分解されずに生物に蓄積して被害を起こすことが警告されて（1962 年，沈黙の春），1970 年代には DDT の使用が禁止されるようになった．さらに 1992 年に DDT の分解物が内分泌攪乱作用をもち野生生物や人間の生殖活動に悪影響を及ぼすことが指摘された．ところが，DDT の人体影響が当初危惧され

たほどではなく，一方では1960年代に減少したマラリア患者がDDTの使用を中止することによって急速に増加し（図10-20），現在では全世界で2億人にのぼる罹患者と百万人に及ぶ死者がいると推定されている．この状況を考慮して，WHOは2006年にマラリアの予防のために屋内のDDTの散布を再開することとした．マラリア予防という公衆衛生の問題を優先するか，内分泌攪乱物質の自然界への拡散という環境問題を優先するかの決断ともいえるが，環境にほとんど影響を与えないでマラリアを予防する方法があったということである．一方的な先入観にこだわらずに現地のニーズに沿って生命の尊重を優先して広い視野で判断することの必要性を教えている．

現在の日本では，化学物質の毒性と使用基準について大変慎重な審査がなされているが，実験動物と人間の種差や複合的な摂取の影響，ひいてはずさんな製造管理など予測できない要因も多いので，できるだけ化学物質に接触をしない注意や製品および行政への監視は必要であることはいうまでもない．しかし，化学物質の毒性研究や行政の監視にあたって安全性を論ずる際に，思い込みや限られた情報に執着して最新の情報を得る努力をしないことの危険性もまた心しなければならない．

人間の歴史を振り返ると，アフリカから世界各地への拡散，狩猟採集から農耕牧畜への移行，そして数次の産業革命による生産手段の効率化など，ヒトは自然を破壊して生活の向上を図る性質をもっていると考えられる（☞202頁「コラム：生物環境年表」）．科学技術の急速な適用による地球環境の不可逆的な急激な変化が予測できる現在，単に不安を叫ぶだけでなく，不利益をもたらす科学技術を制するための科学技術の開発を重視することが期待されている．

まとめと問題

1) 物質循環の例を説明する．
2) 地球温暖化やオゾン層の破壊などの地球環境問題について，国や国際機関はどのような将来予想をしているかを調べる．
3) 国民1人当たりのエネルギー消費や国内総生産などの経済指標，および平均寿命や乳幼児死亡率などの健康指標を，国際間で比較してみる．
4) 科学技術をどのように用いたらよいかをいろいろな人と議論して，子孫に残すべき社会を考える．

コラム

― 生物環境年表 ―

年代	時代・暦年	出　来　事		人間の活動の評価
150		宇宙の誕生		
100億年前				
46		地球の誕生	原始大気：CO_2, H_2O	
38		生命の誕生（単細胞生物）		地球凍結
		光合成生物の誕生		地球温暖化
10億年前		多細胞生物の誕生	大気中の CO_2 濃度の上昇	
	カンブリア紀	海中生物の大発生	大気中の酸素濃度の上昇	
5		植物の上陸・魚類の出現	オゾン層の形成	
		脊椎動物の上陸		ペルム紀の大絶滅
2	ジュラ紀	恐竜の繁栄	パンゲア大陸分裂	（温暖期）
1億年前				
5000万年前	第三紀			恐竜の絶滅（寒冷期）
1000万年前		類人猿の誕生		
500				
200		アファール猿人の誕生		
100万年前		ホモ・エレクトスの誕生		（世界への拡散）
50				
20		ホモ・サピエンスの誕生		
10万年前		狩猟採集の時代		未知の土地への移動拡散
5				
		定住生活の開始		
1万年前		農耕牧畜の開始		大規模環境破壊の始まり
	後氷河期	金属器の使用		
		古代文明		
2000	1AD	ローマ		
1000年前	1000AD	中世		
500	1500AD	ルネッサンス		智恵の冒険の始まり
		市民革命	欧州から米国への人口流出	
		産業革命		智恵への信頼
100年前	1900AD		大量生産大量消費の始まり	
50	1950AD	原爆	大気中の CO_2 の急激な増加の始まり	智恵と技術への反省
		公害	1972　国連人間環境会議	地球の有限性の認識
		地球環境問題	1992　国連環境開発会議	「持続可能な開発」の提唱
10	2000AD			（温暖化）

第10章　生物と地球環境―― V．科学技術は人間を幸せにするか

<参考文献>

Alberts, B. et al.：Molecular Biology of The Cell（6th ed）. Garland Science, 2008.

Alberts, B. et al.：Essential cell biology. Garland Publishing, 1998.

Bloom, N. & Fawcett, D.W.：Histology（11th ed）. W.B. Saunders Company, 1975.

Campbell NA, Reece JB Pearson, Benjamin Cummings：Biology 7th ed. San Francisco, 2005.

Carlson, B.M.：Human embryology & developmental biology（2nd ed）. Mosby Inc., 1999.

Darnell., J.H.：Molecular Cell Biology（3rd ed）. Scientific American Books, 1995.

Deuchar, E.M.：Cellular interactions in animal development.Halsted Press, 1975.

Duplessis, H. et al.：Illustrated Human Embryology. Masson, 1972.

江上信雄，飯野徹雄：生物学（上，下）. 東京大学出版会, 1985.

藤田恒夫：入門人体解剖学（第3版）. 南江堂, 1989.

Gilbert, S.F.：Developmental Biology（7th ed）. Sinauer Associates, 2003.

Graham, T.M.：Biology. CBS College Publishing, 1982.

Guyton, A.C.：Physiology of the Human Body（5th ed）. W.B. Saunders Company, 1979.

Hamilton, W.J. et al.：Human Embryology（4th ed）.：Williams & Wilkins, 1972.

石　弘之訳：クライブ・ポンティング　緑の世界史. 朝日新聞社, 1996.

石　弘之, 他：環境と文明の世界史. 洋泉社, 2004.

Kessel, R.G. & Kardon, R.H.：Tissues & Organs. Freeman, 1979.

北城恪太郎訳：レスター・ブラウン　プランB. ワールドウォッチジャパン, 2004.

Langman, J.：Medical Embryology（8th ed）. Williams & Wilkins, 2000.

Larsen, W.J.：Essentials of human embryology. Churchill livingstone, 1998.

Marder, S.S.：Biology（8th ed）. McGraw-Hill, 2004.

Martini, F.H & Timmons, M.J.：Human Anatomy. Prentice Hallm Inc. 1995.

Moore, K.L. & Persaud T.V.N.：The developing human clinically oriented embryology（6th ed）. W.B. Saunders Company, 1998.

Nelson, G.E.：Biological principles with human applications（3rd ed）. John Wiley & Sons, 1989.

大野　乾：性の分化と性染色体の進化：細胞遺伝学, 佐々木本道編, 裳華房, 1994.

Purves, W.K., et al.：Life, The Science of Biology（8th ed）. Sinauer Associates, Inc., 2004.

Raven PH, Johnson GB, Losos JB, Mason KA, Singer SR：Biology 8th ed. McGraw-Hill International, Boston, 2008.

Roberts, M.B.V.：Biology（a functional approach）（3rd ed）. Thomas Nelson, 1983.

Rugh, R.：The Frog. McGraw—Hill, 1951.

佐々木本道編：細胞遺伝学. 裳華房, 1994.

塩川光一郎, 他訳：発生生物学（上）. トッパン, 1991.

Shimuta K., *Nakajo N., Uto K., Hayano Y., Okazaki K., and Sagata N.：Chk1 is transiently activated and targets Cdc25A for degradation at the Xenopus midblastula transition, *EMBO* Journal, **21**, 3694-3703（2002）.

Snell, R.S.：Clinical Embryology for Medical Students（3rd ed）. Little Brown, 1983.

Solomon, E.P. et al.：Biology（3rd ed）. Saunders College Publishing, 1993.

Villee, C.A. et al.：Biology. CBS College Publishing, 1985.

Voet, D. & Voet, J.G.：Biochemistry（2nd ed）. John Wiley & Sons, 1995.

Wallace, R.A. et al.：Biosphare—The realm of life（2nd ed）. Scott, Foresman & company, 1988.

渡辺強三, 他：両生類の発生と変態. 西村書店, 1987.

安田善憲, 鶴見精二訳：ジョン・パーリン　森と文明. 晶文社, 1995.

索引

和文索引

あ

- アカパンカビ ……………………108
- アクチンフィラメント …………33
- アクロセントリック染色体 …118
- アセチル CoA ……………………82
- アデニン ……………………………10
- アデノシン三リン酸 ……………76
- アデノシン二リン酸 ……………77
- アポ酵素 ……………………………75
- アポトーシス ……………………65
- アミノアシル tRNA ……………111
- アミノ基 ……………………………4
- アミノ酸 ……………………………4
- アミノ酸代謝 …………………108
- アルカプトン尿症 ……………108
- アルコール発酵 …………………81
- アレル ……………………………103
- アロステリック酵素 ……………76
- アロステリック部位 ……………76
- アンジェルマン症候群 ………131
- アンチコドン ……………………111

い

- イースター島 …………………193
- 異化 …………………………………73
- 鋳型 ………………………………108
- 鋳型鎖 ……………………110, 111
- 異型核分裂 ………………………95
- 移行（輸送）小胞 ………………28
- 一次精母細胞 ……………………96
- 一次卵母細胞 ……………………98
- 遺伝暗号 …………………………113
- 遺伝子 ………………103, 117, 128
- 遺伝子型 …………………………105
- 遺伝子組換え …………………101
- 遺伝子座 …………………………106
- 遺伝子の相互作用 ……………106
- 遺伝子の本体 …………………107
- 遺伝子変異 ………………………130
- 遺伝子量効果 …………………119
- 遺伝性疾患 ………………………119
- 遺伝的浮動 ………………………174
- 遺伝様式 …………………………126
- イントロン ………………………111

う

- ウイルス ……………………………15
- ウラシル ……………………12, 111
- 運動神経 …………………………56
- 運搬 RNA ………………………111

え

- 栄養膜細胞層 …………………162
- エキソン ……………………………111
- エストロゲン ……………98, 163
- エピジェネティック …………128
- エフェソス ………………………193
- 塩基 …………………………………9
- 塩基置換 …………………………119
- 塩基対 ……………………………10
- 塩基等価性 ………………………10
- 沿軸中胚葉 ………………………158
- 猿人 ………………………………175

お

- 横紋筋 ………………………………45
- オートクリン ……………………58
- 岡崎フラグメント ………109, 110
- オゾン層 …………………………170

か

- 外細胞塊 …………………………154
- 開始因子 …………………………115
- 開始コドン ………………………115
- 解糖 …………………………………81
- 解糖系 ………………………………81
- 外部環境 …………………………51
- 開放血管系 ………………………52
- 化学進化 …………………………167
- 化学浸透圧 ………………………85
- 核型 ………………………………116
- 学習行動 …………………………190
- 核小体 ………………………………26
- 獲得免疫 …………………………64
- 核膜 ………………………………23
- 核膜（小）孔 ……………………24
- 家系図 ……………………………119
- 家系分析 …………………………126
- かけがいのない地球 …………194
- 下垂体後葉 ………………………59
- 下垂体前葉 ………………………59
- 家族性大腸腺腫症 ……………133
- 片親性ダイソミー ……131, 134
- 割球 ………………………………143
- 活性中心 …………………………73
- 活性部位 …………………………73
- 活動電位 …………………………55
- 滑面小胞体 ………………………26
- 可変部位 …………………………67
- カルビン・ベンソン回路 ………79
- カルボキシ基 ……………………4
- がん遺伝子 ………………………133
- 感覚器 ……………………………51
- 感覚神経 …………………………56
- 環境収容力 ………………………184
- がん抑制遺伝子 ………………133

き

- キアズマ …………………………101
- 器官 ………………………………39
- 器官形成 …………………………148
- 基質 …………………………………73
- 基質顆粒 …………………………32
- 基質特異性 ………………………73
- 基質レベルのリン酸化 …………85

索 引
205

寄生……186
基本粒子……32
キメラ……122, 131
ギャップ結合……22
キャップ構造……111
胸腺……67
共優性……106, 126
極性頭部……8
極体……99
均衡型……120, 122
筋組織……45
筋板……159

く
グアニン……10
クエン酸回路……82
組換え……106
組換え価……106
グラーフ卵胞……99
クラインフェルター症候群
……124, 131
グリコーゲン……6
グリコシド結合……4
クリステ……31
グリセリン……8
グリセロール……8
クロマチン……23
クロマチン線維……88, 91
クロロフィル……78
群集……183

け
形質細胞……66
形質転換……107
形成体……148
結合組織……41
欠失……122
血小板……50
血友病……127
ゲノム……103
ゲノムの刷り込み……128, 129, 130
嫌気呼吸……81
原口上唇部……141
原始結節（ヘンゼン結節）……155

原始生命体……168
原始線条……155
原始地球……168
原始卵胞……98
原人……176
減数分裂……90
原腸胚……145

こ
コアセルベート……169
高エネルギーリン酸結合……77
好塩基球……64
公害……194, 198
光化学系Ⅰ……78
光化学系Ⅱ……78
効果器……51
光学顕微鏡……14
交感神経系……56
好気呼吸……81
抗原……66
膠原（コラーゲン）線維……41
抗原提示細胞……68
光合成……77
光合成色素……78
好酸球……64
甲状腺……59
合成開始複合体……115
酵素……73
酵素・基質複合体……73
酵素作用によるリン酸化……82, 83
抗体……66
好中球……64
行動……190
合胞体層……162
酵母菌……81
光リン酸化……79, 85
呼吸……81
呼吸基質……81
黒尿病……108
極微小管……91
国連環境開発会議……196
国連人間環境会議……194
個体……183
個体群……183

五炭糖……4
骨格筋……45
骨組織……44
コドン……113
コネクソン……22
コヒーシン……88, 94, 95
ゴルジ装置（体）……28
コレステロール……9
痕跡器官……171
コンパクション……153

さ
サイクリン……89
サイクリン・Cdk複合体……89
サイクリン依存性キナーゼ……89
臍帯……161
最適pH……74
最適温度……73
再発率……124
細胞……13
細胞外基質……41
細胞間結合……22
細胞呼吸……81
細胞骨格……33
細胞死（アポトーシス，PCD）
……151
細胞質分裂……92, 95
細胞周期……87
細胞傷害性T細胞……65
細胞小器官……18
細胞性免疫……66
細胞板……92
細胞壁……18
細胞膜……19
サブメタセントリック染色体
……118
酸化的リン酸化……85
酸性ホスファターゼ（ACPase）
……31

し
耳介結節……171
雌核発生……129
しきい形質……127

子宮内膜 161
軸索 53
自己複製 169
自己分泌 58
視床下部 59
雌性前核 142
自然選択（淘汰） 174
自然免疫 64
持続可能な開発 195
持続可能な発展 197
シトシン 10
シナプス 53
シナプトネマ構造 94, 101
四分染色体 94
脂肪酸 7
姉妹染色分体 91
終止コドン 114, 116
樹状細胞 64
樹状突起 53
受精 138
出生前診断 165
受動輸送 22
種の多様性 171
受容体 58
循環系 52
種と学名 15
条件付け 190
常染色体 116
常染色体優性 124, 125
常染色体劣性 124, 125
消費者 185
上皮組織 40
食物網 187
食物連鎖 187
自律神経 53
心筋 47
神経管 158
神経系 52, 53
神経細胞 53
神経組織 47
神経堤 158
神経伝達物質 53
神経胚 147
神経板 158

神経ひだ（隆起） 147
新人 178
新生児マススクリーニング 126
伸長因子 116
浸透率 125

す
髄鞘 56
水素結合 10
スーパーコイル 91
ストロマトライト 170
スプライシング 27, 119
スプライセオソーム 112
刷り込み 191

せ
精原細胞 96
精細管 96
精細胞 97
生産者 185
精子 97
精子細胞 96
成熟卵胞 99
星状体 91
生殖細胞 93
生殖腺刺激ホルモン 98
性染色体 116
精巣女性化症候群 136
生息場所 185
生態学 183
生態系 183, 194
生態系の多様性 171
生態的地位 185
生体物質 168
生得的行動 190
性の分化 134
生物多様性 171
生物の痕跡 170
セイムセンス変異 119
生命誕生 167
生命の起原 169
生命の条件 169
脊索 157
赤道面 91, 94, 95

赤血球 50
接合子 142
接着帯 22
セパレース 92
セルロース 6
線維芽細胞 42
染色質 23
染色体 88, 133
染色体異常 119, 122, 130
染色分体 91
先体 97
先体反応 138
選択的透過性 22
セントラルドグマ 27
線毛 36

そ
相互転座 120, 122
桑実胚 143
臓側葉 160
相同器官 171
相同染色体 91, 116
相補性 10
相利共生 186
組織 39
外側中胚葉 160
粗面小胞体 26

た
ダーウィン 174
ターナー症候群 124
ターミネーター 111
体液 52
体液性免疫 66
対合 94
対合複合体 94, 101
体細胞分裂 90
代謝 73
体節 159
ダイソミー 116
胎盤 162
対立遺伝子 103
対立形質 103
多因子遺伝 127

ダウン症関連領域……………123
ダウン症候群…………………120
多精拒否………………………141
脱水素酵素…………………82, 83
脱炭酸酵素………………………82
脱分極……………………………53
多糖類……………………………6
単球………………………………64
弾性線維…………………………43
単相………………………………94
炭素循環………………………188
単糖類……………………………4
タンパク質合成………………114
タンパク質人工合成系………114
タンパク質ワールド…………169
短腕……………………………118

ち
窒素循環………………………189
チミン……………………………10
着床……………………………155
中間径フィラメント……………33
中間雑種………………………106
中間中胚葉……………………159
中心体……………………………36
中枢神経系………………………47
チュブリン…………………33, 88
長腕……………………………118
チラコイド内腔…………………78

つ
椎板……………………………159

て
定常部位…………………………67
デオキシリボース………………9
デオキシリボ核酸………………9
適応放散………………………171
デスモソーム（接着斑）………22
転移RNA………………………111
転移酵素………………………116
電子…………………………78, 84
電子伝達系…………………78, 82
電子伝達体………………………84

転写……………………………111
デンプン…………………………6
伝令RNA………………………110

と
糖衣………………………………20
同位体……………………107, 113
同化………………………………73
透過型電子顕微鏡………………14
同型核分裂…………………92, 95
動原体……………………………88
動原体微小管……………………91
洞察力…………………………191
糖脂質……………………………8
透明帯……………………………99
独立の法則……………………104
トリカルボン酸（TCA）回路…83
トリグリセリド（中性脂肪）…7
トリソミー……………………122
トリプレットコード…………114

な
内細胞塊………………………153
内部環境…………………………51
内分泌系…………………………58
ナチュラルキラー細胞…………64
ナリ接合………………………105
慣れ……………………………190
軟骨組織…………………………43
ナンセンス変異………………119

に
二価染色体………………………94
二酸化炭素の固定………………80
二次精母細胞……………………96
二重らせんモデル………………10
二次卵母細胞……………………99
二糖類……………………………4
二倍体…………………………116
二命名法…………………………15
乳酸菌……………………………81
乳酸発酵…………………………81
ニューロン………………………53

ぬ
ヌクレオチド……………………9

ね
ネガティブフィードバック機構
…………………………………51

の
脳下垂体前葉……………………98
濃縮液胞…………………………28
能動輸送…………………………22
濃度勾配……………………79, 85
乗換え…………………………101

は
灰色三日月環…………………141
肺炎球菌………………………107
配偶子……………………………93
胚盤……………………………155
胚盤胞…………………………154
胚盤葉下層……………………155
胚盤葉上層……………………155
排卵………………………………99
バクテリオファージ……………16
バクテリオファージ T_2 ……107
白血球………………………50, 64
発生反復説……………………171
パネットの方形………………106
パラクリン………………………58
反応速度…………………………74

ひ
光エネルギー……………………78
非極性尾部………………………8
皮筋板…………………………159
微小管……………………………33
必須（必要）アミノ酸…………5
ピッチ……………………………10
ヒトゲノム計画………………106
皮板……………………………159
表現型…………………………103
表現度の差異…………………125
標識……………………………107

ピルビン酸……………………81

ふ
フィードバック調節……………76
フェニルアラニン………………113
フェニルケトン尿症……………126
フォルミルメチオニン…………115
不完全浸透………………………125
不均衡型……………………120, 122
副交感神経系……………………56
副甲状腺…………………………61
副腎髄質…………………………61
副腎皮質…………………………61
複相………………………………91
複対立遺伝子……………………126
付着茎……………………………161
プライマー………………………110
プライマーゼ……………………110
プラダー・ウィリ症候群………131
ブルントラント委員会…………195
フレームシフト…………………119
不連続複製モデル………………109
プロゲステロン…………………163
プロセシング……………………112
プロティノイドミクロスフェア
　　…………………………169
プロトン……………………78, 84
プロモーター……………………111
分化………………………………149
分解者……………………………185
分子系統樹………………………172
分子進化の中立説………………174
分染法……………………………117
分泌顆粒…………………………29
分離の法則………………………103
分離比………………………106, 124
分裂間期…………………………87

へ
平滑筋……………………………47
閉鎖血管系………………………52
閉鎖帯……………………………22
ベーアの法則……………………172
壁側葉……………………………160

ヘッケル…………………………171
ヘテロ接合………………………105
ヘテロ接合性の喪失……………134
ペプチジル tRNA ………………116
ペプチド結合……………………4
ペプチド鎖………………………4
ヘミ接合…………………………105
ヘミデスモソーム（半接着斑）
　　…………………………22
ヘリカーゼ………………………110
片利共生…………………………186
変性………………………………74
扁平嚢……………………………28
鞭毛………………………………98

ほ
補因子……………………………75
保因者……………………………127
放射冠……………………………99
放出因子…………………………116
紡錘体……………………………91
胞胚………………………………143
傍分泌……………………………58
母系遺伝…………………………127
補酵素……………………………75
補体系……………………………64
ホメオスタシス…………………51
ホモ接合…………………………105
ポリ A……………………………111
ポリウリジル酸…………………113
ポリペプチド……………………4
ホルモン…………………………52
ホロ酵素…………………………75

ま
マクロファージ…………………64
末梢神経系………………………47
慢性骨髄性白血病………………132

み
ミカエリス・メンテンの式……75
三毛猫……………………………131
水循環……………………………188
ミスセンス変異…………………119

水の分解…………………………78
三つ組暗号………………………114
密度勾配遠心法…………………108
ミトコンドリア…………………31
ミトコンドリア遺伝……………127
ミラー……………………………167

む
無髄神経…………………………56
無性生殖…………………………137

め
メタセントリック染色体………118
免疫グロブリン…………………66

も
モザイク…………………………122
モノソミー…………………122, 124

ゆ
雄核発生…………………………129
有機化合物………………………167
有髄神経…………………………56
優性形質…………………………103
有性生殖…………………………138
雄性前核…………………………142
優性の法則………………………103

よ
羊膜腔……………………………155
葉緑体……………………………33
予定運命…………………………148
予防原則…………………………200

ら
ライオニゼーション……………130
ラギング鎖………………………110
ラベル……………………………107
卵…………………………………99
卵黄栓……………………………145
卵黄嚢……………………………161
卵割………………………………143
卵管采……………………………99
卵管膨大部……………………99, 138

卵丘 …………………………99
ランゲルハンス島 ……………61
卵原細胞 ………………………98
卵胞液 …………………………98
卵胞細胞 ………………………98

り

リーディング鎖 ……………110
リソソーム …………………31
リボース ………………………9
リボ核酸 ………………………9
リボザイム ……………113, 169
リボソーム ……………26, 115
リボソームRNA ……………111
流動モザイクモデル …………19
リン酸ジエステル結合 …10, 110
リン脂質 ………………………8
リン循環 ……………………189
リンパ球 ………………………64

れ

霊長（サル）目 ……………175

ろ

劣性形質 ……………………103
連鎖 …………………………106
連続形質 ……………………127

六炭糖 …………………………4
ロジスティック曲線 ………184
ロバートソン転座 …………122

欧文(等)索引

A
ABO 血液型 ……………… 126
ADP ……………………… 77
ATP ……………………… 76
ATPase …………………… 85
ATP 合成酵素 …………… 85
ATP 分解酵素 …………… 77
A 部位 …………………… 115

B
B 細胞 …………………… 64

C
Cdk インヒビター ……… 89
Cdk 活性化キナーゼ …… 89
Cki ……………………… 89
Class II MHC …………… 68
Class I MHC ……………… 68
CoA ……………………… 82
CoQ ……………………… 84
C 末端 …………………… 116

D
DDT ……………………… 200
DNA ……………………… 9
DNA の複製 ……………… 87
DNA ポリメラーゼ ……… 110
DNA ポリメラーゼ I …… 110
DNA ポリメラーゼ III …… 110
DNA リガーゼ …………… 110
DNA ワールド …………… 170

F
FAD ……………………… 83
FADH$_2$ ………………… 83
FSH ……………………… 98

G
G$_1$ 期 …………………… 87
G$_2$ 期 …………………… 87

H
HLA 抗原 ………………… 69

I
Igf2 …………………… 128

M
MHC ……………………… 66
mRNA …………………… 110
mRNA 前駆体 …………… 111

N
NAD ……………………… 82
NADH …………………… 82
NADH 脱水素酵素複合体 … 84
NADP …………………… 79
NADPH ………………… 79
N 末端 …………………… 116

P
Ph ……………………… 133
pre-mRNA ……………… 111
P 部位 …………………… 115

R
RNA ……………………… 9
RNA スプライシング …… 112
RNA 分解酵素 …………… 113
RNA ポリメラーゼ ……… 111
RNA ワールド …………… 169
rRNA …………………… 111
R 型菌 …………………… 107

S
SNPs …………………… 117
SRY 遺伝子 …………… 131, 134
S 型菌 …………………… 107
S 期 ……………………… 87

T
T$_2$ ……………………… 107
tRNA …………………… 111
T 細胞受容体 …………… 66
T 細胞 …………………… 64

X
X クロマチン …………… 130
X 染色体不活性 ………… 131
X 染色体不活性化 ……… 130
X 連鎖優性 …………… 124, 125
X 連鎖劣性 …………… 124, 125

Y
Y 連鎖 ………………… 124, 125

数字
13 トリソミー症候群 …… 120
^{15}N …………………… 108
18 トリソミー症候群 …… 122
1 遺伝子 1 酵素説 ……… 108
^{32}P …………………… 107
^{35}S …………………… 107
5p モノソミー症候群 …… 122
9+2 構造 ………………… 97

記号
α−グルコース …………… 6
β−グルコース …………… 6

索 引
211

【著者略歴】

佐々木 史江
- 1970年 東京都立大学大学院生物学博士課程修了
- 1970年 鶴見大学歯学部助手
- 1974年 同大学講師
- 1977年 同大学助教授
- 1989年 同大学教授（生物学）
- 2009年 同大学名誉教授
- 現在に至る 理学博士

堀口 毅
- 1977年 早稲田大学大学院生物物理学博士課程修了
- 1978年 鶴見大学歯学部助手
- 1983年 日本大学松戸歯学部専任講師
- 1989年 同大学助教授
- 2000年 同大学教授（生物学）
- 2010年 同大学特任教授
- 2011年 早稲田大学法学学術院講師（生物学）
- 2015年 フラワーアート教室 mariette CFO
- 現在に至る 理学博士

岸 邦和
- 1977年 東京医科歯科大学大学院医学研究科博士課程修了
- 1977年 東京医科歯科大学助手
- 1984年 杏林大学保健学部講師
- 1990年 同大学教授，同大学大学院保健学研究科教授（人類遺伝学）
- 1993年 同大学大学院国際協力研究科教授（環境衛生学）併任
- 2015年 同大学名誉教授
- 現在に至る 医学博士

西川 純雄
- 1974年 東京都立大学理学部生物学科卒業
- 1975年 神奈川歯科大学助手
- 1990年 鶴見大学歯学部助手
- 1993年 同大学講師
- 2001年 同大学助教授
- 2007年 同大学准教授（生物学）
- 2012年 同大学学内教授（生物学）
- 2015年 同大学教授（生物学）
- 2019年 同大学名誉教授
- 現在に至る 歯学博士

臨床検査学講座
生物学 第3版

ISBN 978-4-263-22303-1

- 2001年 4月10日 第1版第1刷発行
- 2005年 1月20日 第1版第5刷（補訂）発行
- 2006年 3月10日 第2版第1刷発行
- 2008年 1月20日 第2版第3刷発行
- 2009年 3月10日 第3版第1刷発行
- 2023年 1月10日 第3版第15刷発行

著者 佐々木 史江
　　 堀口 毅
　　 岸 邦和
　　 西川 純雄

発行者 白石 泰夫

発行所 医歯薬出版株式会社

〒113-8612 東京都文京区本駒込1-7-10
TEL （03）5395-7620（編集）・7616（販売）
FAX （03）5395-7603（編集）・8563（販売）
https://www.ishiyaku.co.jp/
郵便振替番号 00190-5-13816

乱丁，落丁の際はお取り替えいたします　　印刷・杜光舎印刷／製本・愛千製本所
© Ishiyaku Publishers, Inc., 2001, 2009. Printed in Japan

本書の複製権・翻訳権・翻案権・上映権・譲渡権・貸与権・公衆送信権（送信可能化権を含む）・口述権は，医歯薬出版（株）が保有します．
本書を無断で複製する行為（コピー，スキャン，デジタルデータ化など）は，「私的使用のための複製」などの著作権法上の限られた例外を除き禁じられています．また私的使用に該当する場合であっても，請負業者等の第三者に依頼し上記の行為を行うことは違法となります．

JCOPY ＜出版者著作権管理機構 委託出版物＞

本書をコピーやスキャン等により複製される場合は，そのつど事前に出版者著作権管理機構（電話03-5244-5088, FAX 03-5244-5089, e-mail:info@jcopy.or.jp）の許諾を得てください．